地 形 测 量

主　编　杨爱琴　赵效祖
副主编　唐　均　邓桂凤　钱伶俐
参　编　冀念芬　胡智育　陈洪志

科学技术文献出版社
SCIENTIFIC AND TECHNICAL DOCUMENTATION PRESS

·北京·

图书在版编目（CIP）数据

地形测量/杨爱琴，赵效祖主编 . —北京：科学技术文献出版社，2016. 8
（2023. 9重印）
ISBN 978-7-5189-1406-7

Ⅰ.①地… Ⅱ.①杨… ②赵… Ⅲ.①地形测量 Ⅳ.①P217

中国版本图书馆 CIP 数据核字（2016）第 110840 号

地形测量

策划编辑：赵 斌　　责任编辑：赵 斌　　责任校对：赵 瑗　　责任出版：张志平

出 版 者　科学技术文献出版社
地　　址　北京市复兴路 15 号　邮编　100038
编 务 部　（010）58882938，58882087（传真）
发 行 部　（010）58882868，58882870（传真）
邮 购 部　（010）58882873
官 方 网 址　www.stdp.com.cn
发 行 者　科学技术文献出版社发行　全国各地新华书店经销
印 刷 者　北京虎彩文化传播有限公司
版　　次　2016 年 8 月第 1 版　2023 年 9 月第 11 次印刷
开　　本　787×1092　1/16
字　　数　386 千
印　　张　16.75
书　　号　ISBN 978-7-5189-1406-7
定　　价　48.00 元

前　言

本书是按照教育部 2012 年印发的《高等职业学校专业教学标准（试行)》——高职测绘地理信息类专业对人才培养的要求及课程设置的，是为高职高专院校编写的地形测量教材。

本书编写中，邀请了生产单位的专业技术人员讨论研究，按照测绘生产过程，形成了编写方案。本书主要以测量学基本知识、平面控制测量、高程控制测量、测量数据简易处理、地形图测绘和地形图应用等 6 个学习情境来具体介绍，详细阐述了测量学的基本理论、基本方法和基本仪器。

本书由易到难，注重以应用为主线，坚持工学结合的思想，强调学习者动手能力的培养；数据处理突出计算机、计算器、测量软件的应用，简化计算过程，拓宽学生视野；同时介绍了测绘新技术及其应用。

本书由甘肃工业职业技术学院杨爱琴和甘肃交通职业技术学院赵效祖担任主编。甘肃工业职业技术学院唐均和甘肃交通职业技术学院赵效祖编写学习情境一；甘肃工业职业技术学院杨爱琴编写学习情境二、学习情境三；湖南安全技术职业学院邓桂凤和长江工程职业技术学院钱伶俐编写学习情境四；甘肃工业职业技术学院冀念芬编写学习情境五；湖南安全技术职业学院胡智育和江西应用工程职业学院陈洪志编写学习情境六；绍兴市城市勘测院工程师郭杭峰与甘肃工业职业技术学院唐均合作编写附录部分。全书由杨爱琴统稿。

本书由广东工贸职业技术学院张坤宜教授主审，特此致谢！

本书参考了国内有关教材的内容，在此，向相关作者表示衷心感谢！由于编者水平有限，书中错误在所难免，恳请读者不吝指正。

编　者

目　　录

学习情境一　课程导入

子情境 1　测绘科学概述

一、测绘科学技术在社会发展中的作用

测绘科学是人类认识和研究我们赖以生存的地球不可缺少的手段。伴随人类文明的不断进步，人类对自己的唯一家园——地球给予了越来越多的关注。人类需要保护地球，推进可持续发展。要关注和探索大区域或全球性的问题，必须由测绘提供基础数据的支持。地球的形状和大小，本身的变化如地壳板块的运动、地震预测、重力场的时空变化、地球的潮汐、自转的变化等也需要观测，这些观测将对人类进一步认识地球发挥着不可缺少的作用，要实现这些观测需要测绘技术的支持。

在国家建设中，包括发展规划，资源调查、开发与利用，环境保护，城市、交通、水利、能源、通信等任何建设工程，大到正负电子对撞机、核电站的建设，小到新农村的建设，建设工程的全部建设过程都需要测绘提供保障。

在信息化建设不断推进的今天，国家经济建设的各方面对测绘保障提出了越来越高的要求。要求测绘提供精确、实时的数据资料，并要求提供的地理空间信息数据和专业数据结合，来推进信息化进程。面向社会公众服务的相关公司和政府部门，也可以通过基于地理空间位置信息的指挥运作系统，来实现及时的服务和最大效率的发挥。如出租车公司的车辆管理，急救、消防的调度管理等；又如在物流管理中，利用地理空间信息数据和相关自动识别技术等的结合，构建零库存和最低物流成本的现代物流管理系统。基于地理空间信息建立的各种专业信息系统，进行信息共享平台的建设，来构建数字城市、数字区域和数字国家。

在国防建设和公众安全保障中，测绘提供准确、及时的定位和相关保障，其作用也在不断地发挥。现代化战争中的精确打击，需要提供高质量的测绘保障，提供实时、足够精度的定位数据。如战前作战方案的优化制定，作战过程中的战场态势评估及作战指挥，以及战后评估都需要在基于测绘获得的地理空间信息的基础上，建立作战指挥系统。人造地球卫星、航天器、远程导弹的发射等，都要随时观测、跟踪、校正飞行轨道，保证它们精确入轨飞行。在国界勘测中，通过测绘提供的国界线地理空间信息数据则是关系到国家主权和利益的重要数据，在国际交往和合作中发挥重要作用。在保障公众安全中，借助测绘提供的地理空间信息，可以使警力的作用得以最好的发挥。社会公众出于对个人财产或监控物的动态监控，对财产定位及其必要跟踪的需求也开始出现，并且不断增长；个人出游中也需要定位和指向。

在经济社会发展中，特别是在全世界都强调人与自然和谐发展、经济社会的可持续发展的今天，政府部门及相关机构越来越需要及时掌握自然与社会经济要素的分布状况及其变化特征，来制定和调整相关的政策，以实现对社会经济发展最大推动的期望。也希望在某种自然、社会危机或者风险事件出现的情况下，能够及时地获得地理空间信息数据的支持，以便迅速形成相关的决策和指挥系统，使全社会在防灾、减灾方面，将损失降低到最小。

由此，社会政治、经济的发展，使很多的部门和社会组成的各个层面都需要测绘的支持，测绘工作也将发挥越来越重要、不可缺少的作用。

二、测绘科学发展历史简介

在人类发展的历史长河中，人类的活动中产生了确定点的位置及其相互关系的需要。例如：远在公元前 1400 多年，古埃及尼罗河畔的农田在每次河水泛滥后的地界恢复需要测量；公元前 3 世纪，中国人的祖先已经认识并利用天然磁石的磁性，制成了"司南"磁罗盘用于方向的确定；而在公元前 2 世纪，大禹治水时就已经制造了"准绳，规矩"等测量工具，并成功地用于治水工程中。

随着人类对世界认识视野的拓宽，测绘科学也逐步完善形成。公元前 6 世纪，古希腊的毕达哥拉斯提出地球体的概念，200 多年后，亚里士多德进行了进一步的论证，又过了 100 年，埃拉托斯特尼（Eratosthenes）测算了地球子午圈的长度，并推算了地球的半径。现代全球测绘数据显示，地球的扁率（长短半径差与长半径之比）约为 298.3 分之一，已经是比较准确的描述。公元 8 世纪，我国的南宫说在今河南境内进行了子午圈实地弧度测量。到 17 世纪末，牛顿和惠更斯提出了地扁说，并在 18 世纪中由法国科学院测量证实了地扁说，使人类对地球的认识从球体推进到了椭球体。19 世纪初，法国的拉普拉斯和德国的高斯都提出了对地球更精确的描述，即地球是椭球性，总体应该为梨状。1873 年，利斯廷创造了大地水准面一词，以此面封闭形成的球体大地体来描述地球。1945 年，苏联的莫洛坚斯基创立了用地面重力测量数据直接研究真实地球表面形状的理论。由此，人类对地球的认识，经历了由天圆地方到圆形、椭球形、梨状的这样一个越来越准确的过程。

作为测绘主要成果形式的地图，在表现形式和制作方式上也发生了重大的进步。公元前 3 世纪之前，人类只是在陶片上记录一些地形的示意略图。公元前 2 世纪，中国人已经能在锦帛上绘制有比例和方位的地图，有了一定的精度。公元 2 世纪，古希腊的脱勒密在《地理学指南》中收集、整理了当时关于地球的认识，阐述了编制地图的方法，并提出了地区曲面在地图制图中投影的问题。中国西晋初年，裴秀编绘的《禹贡地域图》是世界最早的历史图集，他汇编的《地形方丈图》是中国全国大地图，并以"制图六体"奠定了制图的理论基础。16 世纪，测量仪器的技术上有了一个大进步，以荷兰墨卡托的《世界地图集》和中国罗洪先的《广舆图》为代表，达到新的水平，已经可以利用仪器直接测绘图件，再缩绘为不同比例的图。清初康熙年间我国首次用仪器测绘完成全国范围的《皇舆全览图》。

1930 年，我国首次与德国汉莎航空公司合作，进行了航空摄影测量。1933 年，同济大学设立测量系开始培养专业技术人才。1954 年，我国建立了 54 北京坐标系，并建立了青岛水准原点。1956 年，建立了黄海高程系。1958 年，颁布了我国《1：10 000、1：25 000、

1∶50 000、1∶100 000 比例尺地形图测绘基本原则（草案）》。1988 年 1 月 1 日，我国正式启用"1985 国家高程基准"，并在西安市径阳县永乐镇建立了新的大地坐标原点，并用 IUGG（国际大地测量与地球物理学联合会）75 参考椭球，建立了我国独立的参心坐标系，称为 1980 西安坐标系。20 世纪 90 年代以来，以全球卫星定位系统为主的现代空间定位技术快速发展，导致获得位置的测量技术和方法迅速变革。空间技术的迅速发展与广泛应用，迫切要求国家提供高精度、地心、动态、实用、统一的大地坐标系，作为各项社会经济活动的基础性保障。

2008 年 7 月 1 日起，我国启用 2000 国家大地坐标系（简称 2000 坐标系）。2000 坐标系是全球地心坐标系在我国的具体体现，其原点为包括海洋和大气的整个地球的质量中心。为测绘事业国际接轨奠定了良好的基础，如图 1-1 和图 1-2 所示。

图 1-1　国家大地坐标原点　　　　　　　图 1-2　国家水准原点

三、测绘科学及其分类

从研究的内容看，测绘科学是一门研究对地球整体及其表面形态、地理分布，以及外层空间物体有关信息的采集、处理、分析、描述、管理和利用的科学与技术。按照研究的重点内容和应用范围，测量学可分为以下多个学科：

大地测量学——研究地球的形状、大小、重力场及其变化，通过建立区域和全球的三维控制网、重力网及利用卫星测量等方法，测定地球各种动态的理论和技术学科。其基本任务是建立地面控制网、重力网，精确测定控制点的空间三维位置，为地形测量提供控制基础，为各类工程建设施工测量提供依据，为研究地球形状、大小、重力场及其变化、地壳变形及地震预报提供信息。

摄影测量与遥感学——研究利用摄影和遥感技术获取被测物体的信息，以确定物体的形状、大小和空间位置的理论和方法。由于获得相片的方法不同，摄影测量又分为航空摄影测量（简称航测，如图 1-3 所示），陆地摄影测量（简称陆摄），水下摄影测量和航空、航天遥感等。

工程测量学——研究在工程建设和自然资源开发的规划、设计、施工、竣工验收和运营

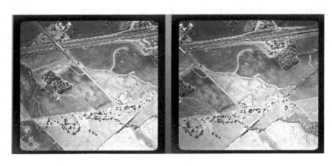

图1-3 航摄立体像对

中测量的理论和方法。工程测量学包括工程控制测量、地形测绘、变形监测及建立相应的信息系统等内容。

海洋测量学——以海洋和陆地水域为研究对象，研究海洋水下地形测量、航道及相关港口、码头的建设等工程的测量理论和方法。

地图制图学——研究各种地图的制作理论、原理、工艺技术和应用的一门科学。研究内容主要包括地图编制、地图投影学、地图整饰、地图印刷等。现代地图制图学向着制图自动化、电子地图制作及与计算机信息科学的结合，以及建立地理信息系统方向发展。

地球空间信息学——测绘学科的理论、技术、方法及其学科内涵不断地发生变化。当代由于空间技术、计算机技术、通信技术和地理信息技术的发展，致使测绘学的理论基础、工程技术体系、研究领域和科学目标为适应新形势的需要而发生深刻的变化。由"3S"技术（全球卫星定位系统GPS、遥感RS、地理信息系统GIS）支撑的测绘科学技术在信息采集、数据处理和成果应用等方面也在进入数字化、网络化、智能化、实时化和可视化的新阶段。测绘学已经成为研究对地球和其他实体与空间分布有关的信息进行采集、量测、分析、显示、管理和利用的一门科学技术。它的服务对象远远超出传统测绘学比较狭窄的应用领域，扩大到国民经济和国防建设中与地理空间信息有关的各个领域，成为当代兴起的一门新兴学科——地球空间信息学。

四、测绘新技术的发展

近十几年来，随着空间科学技术、计算机技术和信息科学的发展，GPS、RS、GIS、图形的显示形式等方面都发生了革命性的变化。测绘科学正从模拟走向数字化、信息化，从静态走向动态，从三维走向四维，地形图从单一的平面图纸走向动态的3D显示（如图1-4所示），使之更加直观，从仅向专业部门和单位服务，拓展到逐步向公众服务。测绘成果的价值更加显现，测绘工作效率革命性的提高，使测绘为公众服务成为可能。

全球卫星定位系统（GPS）的全称是Navigation Satellite Timing And Ranging Global Position System，也被称作NAVSTAR GPS，其意为"导航星测时与测距全球定位系统"，或简称全球卫星定位系统，如图1-5所示。GPS是以卫星为基础的无线电导航定位系统，具有全能性（陆地、海洋、航空和航天），全球性，全天候，连续性和实时性的导航、定位和定时的功能，能为各类用户提供精密的三维坐标、速度和时间。GPS是20世纪70年代美国军方组

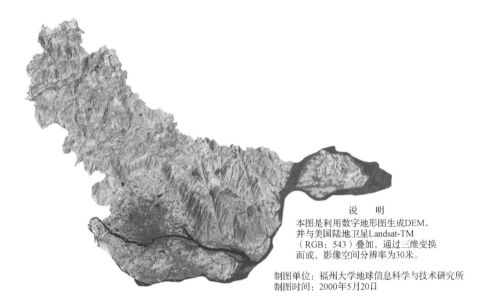

说　明

本图是利用数字地形图生成DEM，并与美国陆地卫星Landsat-TM（RGB：543）叠加，通过三维变换而成，影像空间分辨率为30米。

制图单位：福州大学地球信息科学与技术研究所
制图时间：2000年5月20日

图1-4　福州市三维景观图

空间部分：
广播GPS信号

用户部分：
接收设备

监控部分：
时间同步，跟踪定轨，中央控制

图1-5　GPS卫星与卫星系统

织开发的原主要用于军事的导航和定位系统，80 年代初开始用于大地测量。其基本原理是电磁波数码测距定位，即利用分布在 6 个轨道上的 24 颗 GPS 卫星，将其在参照系中的位置及时间数据电文向地球播报。地面接收机如果能同时接收 4 颗卫星的数据，就可以解算出地面接收机的三维位置和接收机与卫星时差 4 个未知数。由于其作业不受气候影响，而且解决了传统测量中的一些困难和问题，被广泛应用于测量工作中。根据其定位误差的特点，利用现代通信技术，已经在技术上有了很多的突破而被广泛应用。

广义的 GPS，包括美国 GPS、欧洲伽利略、俄罗斯格洛纳斯（GLONASS）、中国北斗等全球卫星定位系统，也称全球导航卫星系统（GNSS，Global Navigation Satellite System）。

遥感（RS）就是在一定的平台上，利用电磁波对观察对象的信息进行非接触的感知、采集、分析、识别、揭示其几何空间位置形状、物理性质的特征及相互联系，并用定期的遥感获得所采集信息的变化规律。由丁遥感设备都采用飞机、卫星等高速运转的运载工具，在高空进行，视场大，可在大范围观察、采集信息，效率非常高，可以说为全面、及时、动态地观察地球提供了技术手段。近年来，由于技术的进步，遥感的分辨率不断提高，民用的遥感图片几何分辨率已经到米级、分米级，因此应用范围在不断扩大，如图 1-6 和图 1-7 所示。

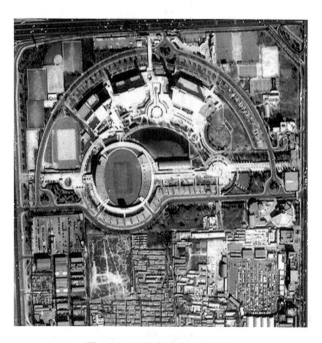

图1-6 北京奥体中心遥感图

地理信息系统（GIS）是在计算机技术支持下，把采集的各种地理空间信息按照空间分布及属性，进行输入、存储、检索、更新、显示、制图，并提供和其他相关专业的专家系统、咨询系统相结合，以便综合应用的技术系统。通过 GIS 系统，利用互联网可将采集的地理信息数据实现共享，针对政府、各种社会经济组织，乃至个人对地理信息的需求提供服务。从而使采集的地理信息数据最大限度地发挥作用。

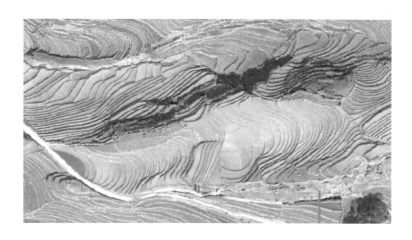

图 1-7 某农村地区遥感图

3S 技术集成（如图 1-8 所示），即利用 GPS 实时高精度定位，利用 RS 大面积进行遥感，处理后生产并提供地理空间信息服务产品，用 GIS 构建地理空间信息服务规范体系，利用 3S 技术集成及互联网全面提供地理空间信息服务，推进在信息化建设进程中地理空间信息基础数据平台的建设。作为支撑信息化的支柱之一，3S 技术集成，是当前国内外的发展趋势，将使测绘工作中，从地理空间信息数据采集到提供服务的整个流程都发生革命性的进步，使全球性大面积、从静态到动态、快速高效的地理空间信息数据采集、处理、分发和服务得以实现。同时，也将使测绘在社会经济发展中的地位和作用得到空前的提升，并向地球空间信息科学跨越和融合。

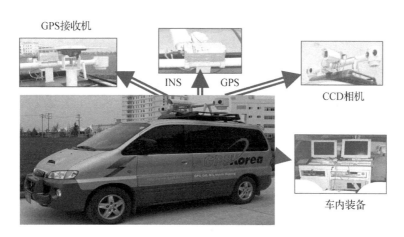

图 1-8 3S 技术集成

五、本课程的地位与作用

在研究全球性测绘的同时，在所有的建设工程中，依然需要工程测量给予保障服务。在所有的工程建设中，从勘测、规划和设计各个阶段，需要工程及相关区域的高精度、大比例的地形信息，即需要大比例尺地形图，供工程规划、选址和设计使用。在城市建设中，也需要提供建设工程区域的大比例尺地形图（如1：5000及更大比例尺的地形图），以满足建设区域的详细规划和工程规划设计等工作的需要。由于城乡建设的不断发展，地物、地貌不断地发生新的变化，为确保提供现势性最好的地形图来保证使用的效果，必须不断、及时地对地形图进行修测和补测。在必要的情况下，根据变化情况，需要定期地进行地形图的全面更新。这些测绘的大比例尺地形图，也可以作为缩绘比例尺更小地形图（如图1-9所示）的数据源。由此就形成了一门研究如何把建设区域内的地貌和各种物体的几何形状及空间位置，按照国家统一的地形图图式符号和比例尺，运用测量学的理论、方法和工具测绘成地形图的理论、技术和方法的地形测量学。在地形测量学中，包含了大量的测绘基本概念、基本原理和方法，因此本课程主要学习大比例尺地形图测绘的常规方法，从中掌握测绘基本原理和方法，为后续课程的学习打下坚实的基础。

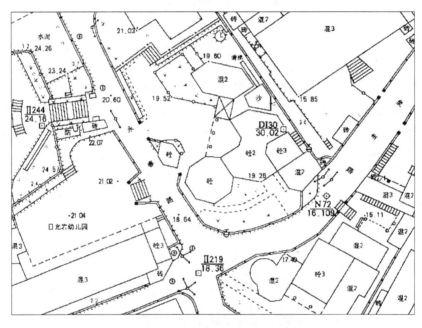

图1-9 某城区居民地1：500地形图样图

子情境2 测量学基本知识

一、地球形状与坐标系建立

（一）地球的形状和大小

地球是一个南北稍扁、赤道稍长、平均半径约为6371km的椭球体。测量工作是在地球表面进行的，而地球的自然表面有高山、丘陵、平原、盆地、湖泊、河流和海洋等高低起伏的形态，其中海洋面积约占71%，陆地面积约占29%。下面先介绍重力、铅垂线、水准面、大地水准面、参考椭球面的概念及关系。

如图 1-10 所示，由于地球的自转，其表面的质点 P 除受万有引力的作用外，还受到离心力的影响。P 点所受的万有引力与离心力的合力称为重力，重力的方向称为铅垂线方向。测量工作取得重力方向的一般方法是，用细线悬挂一个垂球 G，细线即为悬挂点 O 的重力方向，通常称它为垂线或铅垂线方向。

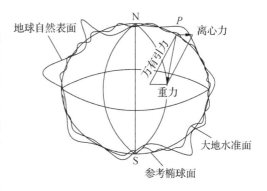

图 1-10　地球的自然表面、
大地水准面、参考椭球面

假想静止不动的水面延伸穿过陆地，包围整个地球，形成一个封闭曲面，这个封闭曲面称为水准面。水准面是受地球重力影响形成的，是重力等位面，物体沿该面运动时，重力不做功（如水在这个面上不会流动），其特点是曲面上任意一点的铅垂线垂直于该点的曲面。根据这个特点，水准面也可定义为：处处与铅垂线垂直的连续封闭曲面。由于水准面的高度可变，因此，符合该定义的水准面有无数个，其中与平均海水面相吻合的水准面称为大地水准面，大地水准面是唯一的。大地水准面围成的空间形体称为大地体，它可以近似地代表地球的形状。

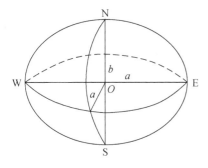

图 1-11　地球椭球体

由于地球内部质量分布不均匀及自转和公转，使得重力受其影响，大地水准面成为一个不规则、复杂的曲面，因此，大地体成为一个无法用数学公式描述的物理体。如果将地球表面上的点位投影到大地水准面上，由于它不是数学体面，在计算上是无法实现的。经过长期测量实践数据表明，大地体近似于一个以赤道半径为长半轴，以地轴为短轴的椭圆，并以短轴为旋转轴，旋转形成的椭球。所以测绘工作取大小与大地体很接近的旋转椭球作为地球的参考形状和大小，如图 1-11 所示。

旋转椭球又称为参考椭球，其表面称为参考椭球面。

我国目前采用的旋转椭球体的参数值为：

$$长半径 \ a = 6 \ 378 \ 137m$$

$$短半径 \ b = 6 \ 356 \ 752m$$

$$扁率 \ \alpha = (a - b)/a = 1/298.257$$

由于旋转椭球的扁率很小，在测区面积不大，可以近似地把地球当作圆球，其平均半径 R 可按下式计算：

$$R = \frac{1}{3}(2a + b) \tag{1-1}$$

在测量精度要求不高时，其平均半径 R 近似值取 6371km。

若对参考椭球面的数学式加入地球重力异常变化参数的改正，便可得到大地水准面的较为近似的数学式。这样从严格意义上讲，测绘工作是取参考椭球面为测量的基准面，但在实际工作中仍取大地水准面作为测量工作的基准面。当对测量成果的要求不十分严格时，则不必改正到参考椭球面上。另外，实际工作中又十分容易地得到水准面和铅垂线，所以用大地水准面作为测量的基准面便大为简化了操作和计算工作。因而，水准面和铅垂线便成为实际测绘工作的基准面和基准线。

（二）测量坐标系统与地面点位的确定

测量工作的基本任务是确定地面点的空间位置，需要用 3 个量来确定。在测量工作中，这 3 个量通常用该点在基准面（参考椭球面）上的投影位置和该点沿投影方向到基准面（一般是用大地水准面）的距离来表示。测量工作中，通常用下面几种坐标系来确定地面点位。

1. 地理坐标系

按坐标系所依据的基本线和基本面不同及求坐标的方法不同，地理坐标系又分为天文地理坐标系和大地地理坐标系。

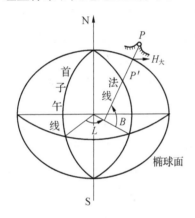

图 1-12　大地地理坐标系

如图 1-12 所示，N、S 分别是地球的北极和南极，NS 称为自转轴，包含自转轴的平面称为子午面，子午面与地球表面的交线称为子午线，通过格林尼治天文台的子午面称为首子午面，通过地心垂直于地球自转轴的平面称为赤道面，赤道面与椭球面的交线称为赤道。

如图 1-12 所示，以通过地面点位的法线为依据，以地球椭球面为基准面的球面坐标系称为大地地理坐标系，地面点的大地地理坐标用大地经度 L 和大地纬度 B 来表示。某点 P' 的大地经度为过 P' 点的子午面与首子午面的夹角 L；某点 P 的大地纬度为通过 P 点的法线与赤道平面的夹角 B。

大地经、纬度是根据起始大地点（又称大地原点，该点的大地经纬度与天文经纬度一致）的大地坐标，按大地测量所得的数据推算而得的。我国于 20 世纪 50 年代和 80 年代分别建立了 1954 年北京坐标系（简称 54 坐标系）和 1980 年西安坐标系（简称 80 坐标系）。限于当时的技术条件，我国大地坐标系基本上是依赖于传统技术手段实现的。54 坐标系采用的是克拉索夫斯基椭球体，该椭球在计算和定位的过程中，没有采用中国的数据。该系统在我国范围内符合得不好，不能满足高精度定位及地球科学、空间科学和战略武器发展的需要。20 世纪 80 年代，我国大地测量工作者经过 20 多年的艰巨努力，完成了全国一、二等天文大地网的布测。经过整体平差，采用 1975 年 IUGG（国际大地测量和地球物理学联合会）第 16 届大会推荐的参考椭球参数，建立了我国 80 坐标系。54 坐标系和 80 坐标系在我国经济建设、国防建设和科学研究中发挥了巨大作用。但其成果受技术条件制约，精度偏低，无法满足现代技术发展的要求。经国务院批准，根据《中华人民共和国测绘法》，我国自 2008 年 7 月 1 日起启用 2000 国家大地坐标系（简称 2000 坐标系）。2000 坐标系是全球地心坐标系在我国的具体体现，其原点为包括海洋和大气的整个地球的质量中心。2000 坐标系采用的地球椭球参数如下：

$$长半轴\ a = 6\ 378\ 137\text{m}$$

$$扁率\ f = 1/298.257\ 222\ 101$$

$$地心引力常数\ GM = 3.986\ 004\ 418 \times 10^{14}\mathrm{m^3/s^2}$$
$$自转角速度\ \omega = 7.292\ 115 \times 10^{-5}\mathrm{rad/s}$$

如图 1-13 所示，以通过地面点位的铅垂线为依据，以大地水准面为基准面的球面坐标系称天文地理坐标系。地面点的天文地理坐标用天文经度 λ 和天文纬度 φ 来表示。某点 P 的天文经度为过 P 点的子午面与首子午面的夹角 λ；某点 P 的纬度为通过 P 点的铅垂线与赤道平面的夹角 φ。

大地坐标和天文坐标，自首子午线起，向东 0°～180° 称东经，向西 0°～180° 称西经；自赤道起，向北 0°～90° 称北纬，向南 0°～90° 称南纬。例如，北京某点的大地地理坐标为东经 $L = 116°28'$，北纬 $B = 39°54'$。

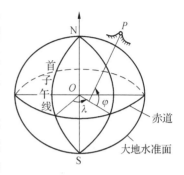

图 1-13　天文地理坐标系

2. 高斯平面直角坐标系

当测区范围较小，把地球表面的一部分当作平面看待时，所测得地面点的位置或一系列点所构成的图形，可直接用相似而缩小的方法描绘到平面上去。如果测区范围较大，就不能把地球很大一块地表面当作平面看待，必须采用适当的投影方法来解决这个问题。我国采用的是高斯投影法，并由高斯投影来建立平面直角坐标系。高斯投影又称横轴椭圆柱等角投影，它是德国数学家高斯于 1825—1830 年首先提出的。实际上，直到 1912 年，由德国的另一位测量学家克吕格推导出实用的坐标投影公式后，这种投影才得到推广。所以，该投影又称为高斯—克吕格投影。如图 1-14 所示，假想有一个椭圆柱面横套在地球椭球体外面，并与某一条子午线（此子午线称为中央子午线或轴子午线）相切，椭圆柱的中心轴通过椭球体中心；然后用一定的投影方法，将中央子午线两侧各一定经差范围内的地区投影到椭圆柱面上；再将此柱面展开即成为投影面，如图 1-15 所示，此投影为高斯投影，也是正形投影的一种。高斯平面投影的特点：投影后，中央子午线无变形；角度无变形，图形保持相似；离中央子午线越远，投影变形越大。

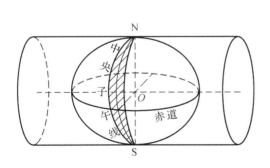

图 1-14　横轴椭圆柱等角投影

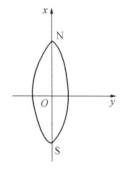

图 1-15　高斯投影

（1）高斯投影 6° 分带

如图 1-16 所示，投影带是从首子午线起，每隔经度 6° 划分一带，称为 6° 带，将整个地

图1-16 高斯投影6°分带

球划分成60个带。带号从首子午线起自西向东偏，0°~6°为第1号带，6°~12°为第2号带……位于各带中央的子午线，称为中央子午线，第1号带中央子午线的经度为3°，任意号带中央子午线的经度λ_0，可按下式计算：

$$\lambda_0 = 6N - 3 \qquad (1-2)$$

式中：N为6°带的带号。

我国6°带中央子午线的经度，由东经75°起，每隔6°至135°，共计11带，即从13带到23带。

（2）高斯投影3°分带

当要求投影变形更小时，可采用3°带投影或1.5°带投影法，也可采用任意分带法。

如图1-17所示，3°带是从经度为1.5°的子午线起，以经差每3°划分一带，自西向东，将全球分为120个投影带，并依次以1、2、3、……、120标记带号，以N_3表示，我国3°带共计22带（24~45带）。各投影带的中央子午线经度以L_3表示，L_3与其带号N_3有下列关系：

$$L_3 = N_3 \times 3° \qquad (1-3)$$

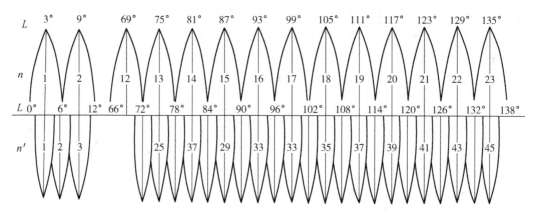

图1-17 高斯平面直角坐标系6°带投影与3°带投影的关系

（3）高斯平面直角坐标系

如图1-18（a）在投影面上，中央子午线和赤道的投影都是直线，并且以中央子午线和赤道的交点O作为坐标原点，以中央子午线的投影为纵坐标x轴，向北为正，以赤道的投影为横坐标y轴，向东为正，4个象限按顺时针顺序Ⅰ、Ⅱ、Ⅲ、Ⅳ排列。如图1-18（b）所示，我国地理位置在北半球，x坐标都是正的，y坐标则有正有负，为了避免y坐标出现负值，规定将x坐标轴向西平移500km，即所有点的y坐标均加上500km。此外，由于每个投影带都有这样一个坐标相同的点，为说明点所在的投影带，在y坐标前再冠之以投影带的带号。这种在y坐标值上加了500km和带号后的横坐标称为通用坐标，亦即国家统一坐标。例如，有一点通用坐标$y = 19\,123\,456.789$m，该点位在19带内，其相对于中央子午线而言的横坐标则是：首先去掉带号，再减去500 000m，最后得自然坐标$y = -376\,543.211$m。

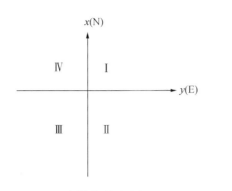

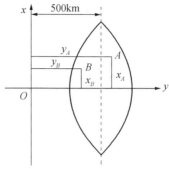

(a) 高斯平面直角坐标　　　　(b) 坐标原点西移后的高斯平面直角坐标

图 1-18　高斯平面直角坐标

例 1-1　某点在中央子午线的经度为 117° 的 6° 投影带内，且位于中央子午线以西 1006.45m，求该点横坐标的自然值和通用值。

解： ①该 6° 带的中央子午线的经度为 117°，则该带的带号为：

$$N = (117 + 3)/6 = 20 \text{ 带}$$

②该点位于中央子午线以西 1006.45m，所以该点横坐标的自然值为 -1006.45m。

③依据：通用值 = ［带号］+ 500km + 自然值，该点的横坐标通用值为 20 498 993.55。

例 1-2　已知某点的坐标为（3 325 748.046，37 581 245.498）。求：是几度投影带？投影带的带号及中央子午线的经度？横坐标的自然值？

解： ①因为横坐标的带号为 37，所以是 3° 投影带。依据 $L_3 = N_3 \times 3°$ 可知中央子午线的经度为：

$$L_3 = 3 \times 37 = 111°$$

②横坐标的自然值 = 581 245.498 - 500 000 = 81 245.498m

3. 独立平面直角坐标系

在小范围内（一般半径不大于 10km 的范围内），把局部地球表面上的点，以正射投影的原理投影到水平面上，在水平面上假定一个直角坐标系，用直角坐标描述点的平面位置。

独立平面直角坐标建立方法，一般是在测区中选一点为坐标原点，以通过原点的真南北方向（子午线方向）为纵坐标 x 轴方向，以通过原点的东西方向（垂直于子午线方向）为横坐标 y 轴方向。为了便于直接引用数学中的有关公式，以右上角为第 I 象限，顺时针排列依次为 II、III、IV 象限。为了避免测区内出现负坐标值，坐标原点选在测区的西南角。直角坐标系建立以后，地面上各点的位置都可以用坐标（x，y）表示，即地面点可用坐标反映在图纸上，图上的点也可用坐标准确地反映在地面上。独立平面坐标施测完毕以后，尽量与国家坐标系联测，以便测量成果通用。

（三）高程系统

1. 高程

测量工作中，为了确定地面点的空间位置，除了要知道它的平面位置外，还要确定它的高程。地面点到大地水准面的铅垂距离，称为该点的绝对高程，简称高程（或海拔），用 H

表示，如图 1-19 所示。地面点 A、B 点的绝对高程分别为 H_A、H_B。海水受潮汐和风浪的影响，是个动态曲面。我国在青岛设立验潮站，长期观测和记录黄海海水面的高低变化，取其平均值作为大地水准面的位置（其高程为零），作为我国计算高程的基准面，并建立了水准原点。目前我国采用的"1985 国家高程基准"，青岛水准原点高程为 72.2604m，全国各地的高程都以它为基准进行测算。

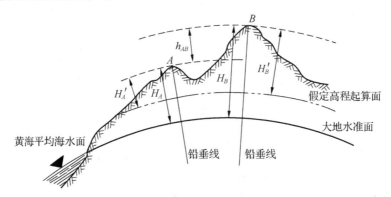

图 1-19　高程和高差

当个别地区采用绝对高程有困难时，可采用假定高程系统，即以任意水准面作为起算高程的基准面。地面点到任一水准面的铅垂距离称为该点的相对高程或假定高程。如图 1-19 中的 H'_A、H'_B。

2. 高差

地面上两点间的高程之差称为高差，用 h 表示。高差有方向且有正负之分，如图 1-19 所示，A、B 两点的高差为：

$$h_{AB} = H_B - H_A = H'_B - H'_A \qquad (1-4)$$

由此可见，两点间的高差与高程起算面无关。当 h_{AB} 为正时，B 点高于 A 点；当 h_{AB} 为负时，B 点低于 A 点。B、A 两点的高差为：

$$h_{BA} = H_A - H_B = H'_A - H'_B$$

A、B 两点的高差与 B、A 两点的高差绝对值相等，符号相反，即

$$h_{AB} = -h_{BA}。$$

二、测量上常用的度量单位

（一）长度单位

自 1959 年起，我国规定计量制度统一采用国际单位制。计量制度的改变，需要有一定的适应过程，所以在一定时期内，许可使用我国原有惯用的计量单位，即市制，并规定了市制与国际单位制之间的关系。

国际单位制中，常用的长度单位名称和符号如下：

基本单位为米（m），除此之外还有千米（km）、分米（dm）、厘米（cm）、毫米（mm）、微米（μm）、纳米（nm）。其关系如下：

$$1m = 10dm = 100cm = 1000mm = 1 \times 10^6 \mu m = 1 \times 10^9 nm$$

长度的市制单位有：里、丈、尺、寸，其关系为：

$$1 \text{ 里} = 150 \text{ 丈} = 1500 \text{ 尺} = 15000 \text{ 寸}$$

$$1m = 3 \text{ 尺}$$

长度的市制单位规定用到1990年止。

（二）面积单位

面积单位是 m^2，大面积则用公顷或 km^2 表示，在农业上常用市亩作为面积单位，其关系为：

1 公顷 $= 1 \times 104 m^2 = 15$ 市亩，$1 km^2 = 100$ 公顷 $= 1500$ 市亩，1 市亩 $= 666.67 m^2$

（三）体积单位

体积单位为 m^3，在工程上简称"立方"或"方"。

（四）角度单位

测量上常用的角度单位有度分秒制、弧度制和梯度制3种。

①度分秒制：1 圆周角 $= 360°$，$1° = 60'$，$1' = 60''$。

②弧度制：等于半径长的圆弧所对的圆心角叫作1弧度的角，用 ρ 表示。

③梯度制：1 圆周角等于400gon。

子情境3　测量工作基本内容

一、测量工作基本内容

地球表面是高低起伏，其外形是相当复杂的。测绘工作的基本任务是，用测绘技术手段确定地面点的位置，即地面点定位。地面点定位过程有测绘和测设两个方面：测绘是利用测量手段测定地面点的空间位置，并以图形、数据等信息表示出来的过程；测设是利用测量手段把设计拟定的点位标定到地面上的过程（工程测量学中讲述）。实际测量工作中，一般不能直接测出地面点的坐标和高程，通常是求得待定点与已测出坐标和高程的已知点之间的几何位置关系，然后再推算出待定点的坐标和高程。

如图1-20所示，在 $\triangle MNP$ 中，设 M、N 点坐标已知，P 点为待定点，通过测量 M、N 的坐标方位角 α 或边长 D，即可解算出 P 点的位置。

如图1-21所示，A 点的高程已知，B 点为待定点，欲求 B 点的高程，则要测量出 A、B 点间高差 h_{AB}，便可推算出 B 点高程。

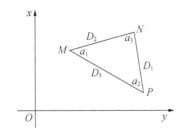

图1-20　地面点平面位置定位元素

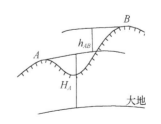

图1-21　地面点高程定位元素

由此可见，传统测量的基本工作是角度测量、距离测量和高差测量。角度、距离和高差是确定地面点相对关系的基本元素，也是测量的基本观测量。现代测量技术水平发展很快，在空间定位技术中，只要使用 GPS 卫星和地面接收机就能进行地面定位，GPS 原理与定位在后续课程中讲述。

二、测量工作基本原则

地表形态和地面物体的形状是由许多特征点决定的。在进行地形测量时，就需要测定（或测设）许多特征点（也称碎部点）的平面位置和高程，再绘制成图。如果从一个特征点开始逐点进行施测，虽然可得到待测各点的位置坐标，但由于测量工作中存在不可避免的误差，会导致前一点的测量误差传递到下一点，使误差积累起来，最后可能使点位误差达到不可允许的程度。因此，测量工作必须按照一定的原则进行。在实际测量工作中，应遵循以下3 个原则。

（一）整体原则

即"从整体到局部"的原则。任何测绘工作都必须先总体布置，然后分期、分区、分项实施，任何局部的测量过程必须服从全局的定位要求。

（二）控制原则

即"先控制后碎部"的原则。也就是先在测区内选择一些有控制意义的点（称为控制点），把它们的平面位置和高程精确地测定出来，然后再根据这些控制点，测定出附近碎部点的位置。这种测量方法可以减少误差积累，而且可以同时在几个控制点上进行测量，加快工作进度。

（三）检核原则

即"步步检核"的原则。测量工作必须重视检核，防止发生错误，避免错误的结果对后续测量工作的影响。

三、水准面曲率对观测量的影响

水准面是一个曲面，在实际测量工作中，当测区范围较小时，可以把水准面看作水平面，以简化测量计算的复杂程度。理解水平面代替水准面后对距离、角度和高差的影响，以便实际工作中正确应用。

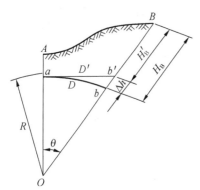

**图 1-22　用水平面代替水准面
对距离和高程的影响**

（一）对距离的影响

如图 1-22 所示，地面上 A、B 两点在大地水准面上的投影点是 a、b，用过 a 点的水平面代替大地水准面，则 B 点在水平面上的投影为 b'。

设 ab 的弧长为 D，ab' 的长度为 D'，球面半径为 R，D 所对圆心角为 θ，则以水平长度 D' 代替弧长 D 所产生的误差 ΔD 为：

$$\Delta D = D' - D = R\tan\theta - R\theta = R(\tan\theta - \theta)$$

将 $\tan\theta$ 用级数展开为：

$$\tan\theta = \theta + \frac{1}{3}\theta^3 + \frac{5}{12}\theta^5 + \cdots$$

因为 θ 角很小，所以只取前两项代入上式得：

$$\Delta D = R\left(\theta + \frac{1}{3}\theta^3 - \theta\right) = \frac{1}{3}R\theta^3$$

又因 $\theta = \dfrac{D}{R}$，则：

$$\Delta D = \frac{D^3}{3R^2}$$

$$\frac{\Delta D}{D} = \frac{D^2}{3R^2} \tag{1-5}$$

取地球半径 $R = 6371\text{km}$，并以不同的距离 D 值代入式（1-5），则可求出距离相对误差 $\Delta D/D$，如表 1-1 所示。

表 1-1　水平面代替水准面的距离误差和相对误差

距离 D（km）	距离误差 ΔD（mm）	相对误差 $\Delta D/D$
10	8	1：1 220 000
20	128	1：200 000
50	1026	1：49 000
100	8212	1：12 000

结论：当面积 P 为 100km^2 以内，进行距离测量时，可以用水平面代替水准面，而不必考虑地球曲率对距离的影响。

（二）对水平角的影响

从球面三角学可知，同一空间多边形在球面上投影的各内角和，比在平面上投影的各内角和大一个球面角超值 ε：

$$\varepsilon = \rho\frac{P}{R^2} \tag{1-6}$$

式中：ε 为球面角超值（″）；p 为球面多边形的面积（km^2）；R 为地球半径（km）；ρ 为 1 弧度的秒值（$\rho = 206\ 265″$）。

以不同的面积 P 代入式（1-6），可求出球面角超值，如表 1-2 所示。

表 1-2　水平面代替水准面的水平角误差

球面多边形面积 P（km^2）	球面角超值 ε（″）
10	0.05
50	0.25
100	0.51
300	1.52

结论：当面积 P 为 100km^2，进行水平角测量时，可以用水平面代替水准面，而不必考虑地球曲率对距离的影响。

（三）对高程的影响

如图 1-22 所示，地面点 B 的绝对高程为 H_B，用水平面代替水准面后，B 点的高程为 H'_B，H_B 与 H'_B 的差值，即为水平面代替水准面产生的高程误差，用 Δh 表示，则：

$$(R + \Delta h)^2 = R^2 + D'^2$$

$$\Delta h = \frac{D'^2}{2R + \Delta h}$$

式中：可以用 D 代替 D'，相对于 $2R$ 很小，可略去不计，则：

$$\Delta h = \frac{D^2}{2R} \tag{1-7}$$

以不同的距离 D 值代入式（1-7），可求出相应的高程误差 Δh，如表 1-3 所示。

表 1-3 水平面代替水准面的高程误差

距离 D（km）	0.1	0.2	0.3	0.4	0.5	1	2	5	10
Δh（mm）	0.8	3	7	13	20	78	314	1962	7848

结论：用水平面代替水准面，对高程的影响是很大的，因此，在进行高程测量时，即使距离很短，也应顾及地球曲率对高程的影响。

习题和思考题

1. 测量学研究的对象是什么？有哪些任务？

2. 简述测绘学的分支？

3. 测绘科学在国民经济中有哪些作用？

4. 何谓铅垂线？何谓大地水准面？它们在测量中的作用是什么？

5. 如何确定点的位置？

6. 测量学中的平面直角坐标系与数学中的平面直角坐标系有何不同？

7. 何谓水平面？用水平面代替水准面对水平距离、水平角和高程分别有何影响？

8. 何谓绝对高程？何谓相对高程？何谓高差？

9. 测量的基本工作是什么？

10. 测量工作的基本原则是什么？

11. 设有 500m 长、250m 宽的矩形场地，其面积有多少公顷？合多少市亩？

12. 已知某点 P 的高斯平面直角坐标为 $x_P = 2\ 050\ 442.5\text{m}$，$y_P = 18\ 523\ 775.2\text{m}$，则该点位于 6° 带的第几带内？位于该 6° 带中央子午线的东侧还是西侧？

13. 实际测量工作中依据的基准面和基准线分别是什么？

学习情境二　平面控制测量

子情境 1　平面控制测量基本知识

一、控制测量概述

"从整体到局部，从控制到碎部"是测量工作的原则。所谓"整体"，主要是指控制测量。控制测量的目的是在整个测区范围内，用比较精密的仪器和严密的方法测定少量大致均匀分布的点位的精确位置，包括点的平面位置 (x，y) 和高程 (H)，前者称为平面控制测量，后者称为高程控制测量。点的平面位置和高程也可以同时测定。所谓"局部"，一般是指细部测量，是在控制测量的基础上，为了测绘地形图而测定大量地物点和地形点的位置；或为了地籍测量而测定大量界址点的位置；或为了建筑工程的施工放样而进行大量设计点位的现场测设。细部测量可以在全面的控制测量的基础上分别进行或分期进行，但仍能保证其整体性和必要的精度。对于分等级布设的控制网而言，则上级控制网是"整体"，而下级控制网是"局部"。这样，也是为了能分期、分批地进行控制测量，并能保证控制网的整体性和必要的精度。

二、等级平面控制测量

传统的平面控制测量方法有三角测量、边角测量和导线测量等，所建立的控制网为三角网、边角网和导线网。三角网是将控制点组成连续的三角形，观测所有三角形的水平内角，以及至少一条三角边的长度（该边称为基线），其余各边的长度均从基线开始，按边角关系进行推算，然后计算各点的坐标；同时，观测三角形内角和全部或若干边长的称为边角网。测定相邻控制点间边长，由此连成折线，并测定相邻折线间水平角，以计算控制点坐标的称为导线或导线网。

国家基本平面控制网是由国家统一组织、统一规划，按照国家制定的统一测量规范建立的国家控制网。国家基本平面控制网的作用是满足国防、科研和经济建设等各种不同的需要。国家基本平面控制网按照从整体到局部、从高级到低级的原则布设，依次分为一、二、三、四等 4 个等级。一等三角锁是国家基本平面控制网的骨干，布设成大致沿经纬方向构成纵横交叉的锁系，其起算点的坐标采用天文观测求得。二等三角网在一等锁的基础上加密，即在一等锁环内布设成全面三角网。三、四等三角网是在二等三角网基础上的进一步加密，通常可作为各种比例尺地形测图的基本控制。国家基本平面控制网主要的建网方法是三角测量、导线测量和 GNSS（全球导航卫星定位系统）测量。国家基本平面控制网如图 2-1

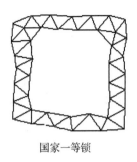
国家一等锁

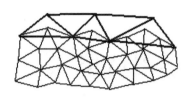
国家二等网

图 2-1　国家基本平面控制网

所示。

　　为城市规划和建设而建立的平面控制网称为城市平面控制网，为大中型工程建设而建立的平面控制网称为工程平面控制网。相对国家基本平面控制网而言，这两类平面控制网边长较短、精度较低、范围较小。它们都可以在国家基本平面控制网的基础上加密，当国家平面控制网不能满足它的要求时，必须单独建立城市或工程控制网。独立的城市或工程控制网，其首级控制应根据城市或工程的规模大小及精度要求确定，可以是国家等级的二等、三等或者四等。城市或工程平面控制网一般采用三角测量、边角测量、导线测量和 GNSS 测量的方法进行测量。

三、地形测图平面控制测量

　　地形测图平面控制测量完全为地形测图服务。目前，各种大比例尺地形测图大多在小范围内进行测量，例如一个城镇、一个矿区、一个工程工地。通常测区内国家三、四等三角点很少或者根本没有国家等级控制点。施测大比例尺地形图时，必须有一定数量的控制点，才能保证地形测图的精度。所以，首先必须在测区内以国家等级控制点为基础布设首级平面控制网，或者布设独立的首级平面高程控制网。从首级控制网的建立，到逐级加密至控制点密度可以满足直接做地形测图图根控制称为区域控制测量，将在"控制测量学"中来学习。这里主要研究地形测图图根控制测量。

　　地形图根控制测量分图根平面控制测量和高程控制测量。

　　图根平面控制测量的方法主要有小三角测量、导线测量和 GNSS 测量。

　　小三角测量是指四等以下的三角测量，它是将地面已知点和未知点构成一系列三角形（锁状或网状），观测各三角形的内角，由已知数据和观测数据推算未知点坐标。这是一种传统的控制测量方法，通视条件要求高、选点困难、观测量大、效率低，但观测量是角度，对仪器设备的要求低，所以长期以来得到很广泛的应用，这种方法目前实际应用逐渐减少。

　　导线测量是将地面已知点和未知点构成一系列的折线，观测相邻折线的水平夹角（折角）和折线的水平距离（边长），由已知数据和观测数据推算未知点坐标。导线测量因选点灵活、工作效率高，在电磁波测距技术普及的今天，是地形平面控制测量的主要方法，广泛应用于实际生产中。

　　GNSS 测量是一种现代的控制测量方法，在地形平面控制测量中，特别是 RTK（能够在野外实时得到厘米级定位精度的测量方法，采用了载波相位动态实时差分法，是 GNSS 应用的重大里程碑），它的出现为地形测图，各种控制测量带来了新曙光，极大地提高了外业作业效率，比导线测量更灵活、更快捷，是目前正在推广使用的新方法。

地形测图平面控制测量的等级，在国家四等以下分为一、二级边角组合网或一级导线、二级（10″级）小三角或二级导线和图根控制测量三级。导线测量也可以依 CJJ/T 8—2011《城市测量规范》，在四等以下设立三级导线，即一级、二级和三级导线。地形测图平面控制测量的等级，我国各行业部门的规定略有差异。以下列出 CJJ/T 8—2011《城市测量规范》的有关技术指标，如表 2-1 和表 2-2 所示。

表 2-1　边角组合网的主要技术指标

等级	测角中误差（″）	平均边长（m）	起始边相对中误差	最弱边相对中误差	测回数		三角形闭合差（″）
					DJ_2	DJ_6	
一级	±5	1.0	1/40 000	1/20 000	2	6	±15
二级	±10	0.5	1/20 000	1/10 000	1	2	±30

表 2-2　导线测量主要技术指标

等级	测角中误差（″）	导线全长（km）	平均边长（m）	方位角闭合差（″）	测距中误差（mm）	测距相对中误差
一级	±5	3.6	300	$10\sqrt{n}$	±15	1/14 000
二级	±8	2.4	200	$16\sqrt{n}$	±15	1/10 000
三级	±12	1.5	120	$24\sqrt{n}$	±15	1/6000

地形测图平面控制测量要保证各种比例尺测图的精度，单位面积内的各级控制点必须满足一定的要求。各种比例尺测图控制点的密度要求与地形复杂程度、隐蔽状况有关。一般平坦开阔地区每平方千米，对于 1∶2000 比例尺测图应不少于 15 个，1∶1000 比例尺测图应不少于 50 个，1∶500 比例尺测图应不少于 150 个。对于地形复杂及城镇建筑区，控制点的密度应视实际情况加大。

四、地形测图平面控制测量的外业工作

地形测图平面控制测量工作在传统实际生产中分为外业和内业两大部分。

地形测图平面控制测量外业工作是指地形平面控制测量在测量现场的野外作业，主要包括踏勘、选点、埋设标志、角度测量、边长测量等工作。传统将在室内进行的数据处理称为内业工作，主要包括检查观测数据、平差计算、资料整理等工作。现在由于计算机的广泛使用，传统的内业工作也可以在现场迅速完成。

（一）踏勘与设计

在地形测图任务确定之后，首先要收集有关资料，着手地形平面控制测量的设计工作。要收集测区内和测区附近已有的各级控制点成果资料和各种比例尺地形图，并到测区实地勘

察测区范围大小、地形条件、交通条件、物资供应情况及已有控制点保存情况。根据踏勘结果、现有仪器设备情况和测图技术要求，在小比例尺地形图上拟定地形平面控制测量方案，并绘制控制网图。测区范围很小，或者没有可用的地形图时，也可以直接到测区现场，边踏勘边选点。

拟定平面控制测量方案首先要考虑起算数据的问题。平面控制测量的起算数据可以利用测区内或测区附近的国家等级控制点。如果没有可利用的控制点，也可以采用GNSS测量的方法获得起算数据。

拟定平面控制测量方案要确定首级控制的等级及加密方案。首级控制的等级主要与测区范围大小有关，测区范围越大，首级控制的等级越高，相应的加密级次越多。大面积地形测图，可以三、四等平面控制作为首级控制；小范围地形测图可以一、二级小三角测量或一、二级导线测量作为首级控制。首级控制也可以采用GNSS测量。

拟定平面控制测量方案要确定控制测量的方法。控制测量的方法要根据测区地形条件和现有仪器设备情况来确定。GNSS测量、导线测量是目前广泛采用的控制测量方法。无论采用哪种方法，设计的控制网都必须满足相关的测量规范要求。

（二）选点与埋标

拟定平面控制测量方案后，就要到现场在实地上把控制点标定出来。由于变化，实地情况可能与图上有较大的差别，这时就要对原设计方案进行修改调整。所选择的控制点点位应满足下列要求：

①土质坚实，便于保存。应避免在土质松散或易于受损坏的地方选点。

②方便架设仪器和观测。

③需要观测的方向必须通视。

④同一控制点需要观测方向的边长应相近，以减小调焦引起的观测误差。

⑤必须满足规范对图形的技术要求。例如：使用导线要考虑的总长、边长、边数；使用三角锁网需要考虑三角形个数、三角形传递边长的求距角最大角度、最小角度；交会测量时要考虑交会角、交会边长等。

⑥视野开阔，图根以上等级的控制点要便于加密发展，图根控制点要便于测图。

控制点实地选定后，应按规范埋设点位标志，如图2-2（a）、图2-2（b）所示，并做点之记，如图2-2（c）所示。按一般要求，图根控制以上等级的控制点都应埋设永久性标志，永久性标志的规格要符合规范要求。图根控制点可以采用埋设永久性标志和临时性标志

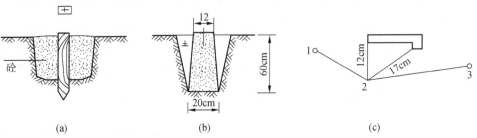

图2-2　导线点标志和点之记

相结合的方式。控制点应统一编号，并绘制控制网略图备用。

（三）角度测量

地形平面控制中的角度测量，根据控制等级的不同，通常采用 DJ$_2$ 型或 DJ$_6$ 型经纬仪或全站仪进行观测。观测前，应对所使用的仪器进行检校，保证仪器各项指标满足规范要求。多测回水平角观测，应按规范对每测回配置度盘；多方向水平角观测应注意选择好零方向，一测站观测方向数超过 3 个时，应严格按全圆方向观测法操作程序进行观测。

导线折角的观测，一般以导线前进方向为准，统一观测左角，并在记录手簿上注明起始方向号。

当独立的连接角不参加闭合差计算时，其观测错误无法被发现。所以，应特别注意连接角的观测。

地形平面控制中的角度观测，特别是图根控制中的角度观测，由于边长一般较短，仪器对中误差和目标偏心误差对水平角有较大影响。所以，要特别注意仪器的对中和目标的对中。仪器的光学对中比垂球线对中精度更好，要尽量采用光学对中。照准点上的目标应尽量采用细而直的觇标，太短的边可悬挂垂球线作为照准目标。觇标应严格垂直，觇标尖端和垂球尖端应精确对准点位。

水平角观测的各种限差应满足规范要求，不合格的成果应重测。

地形平面控制测量中，水平角观测的限差主要有：测回间方向值互差、采用全圆方向观测法时的归零差和三角形角度闭合差。前两种限差与使用的经纬仪精度有关；后一种限差与平面控制等级有关。各种限差的具体规定，按设计任务书指定的规范执行。

（四）距离测量

导线测量中要进行距离测量。根据控制的等级不同，可以采用不同精度的测距仪或全站仪进行距离测量。测距仪或全站仪要进行检验，合格后才能用于实际生产。

采用测距仪或全站仪进行距离观测时，应同时观测竖直角，记入观测手簿，以便将观测的斜距换算成水平距离。除图根导线外，对其他等级导线进行距离观测时，应同时读取温度和气压，记入观测手簿，以便对观测的距离进行气象改正计算。

采用测距仪或全站仪进行距离观测，距离观测读数的次数、较差和仪器精度指标都要满足有关测量规范的要求。不合格的成果应重测。

场地平坦的地区，无测距仪器时，也可以采用钢尺丈量距离。丈量距离的钢尺要经过检定。不同等级的导线，丈量距离精度有不同的要求。钢尺丈量距离应满足规范的要求。

子情境2　角度测量

一、角度测量原理

角度测量是测量工作的基本内容之一，其目的是为了确定地面点的空间位置，包括水平角测量和竖直角测量。水平角测量用于确定地面点的平面位置，竖直角测量用于确定地面点的高程。

（一）水平角及其测量原理

地面一点到两个目标点连线在水平面上投影的夹角称为水平角，它也是过两条方向线的铅垂面所夹的两面角。如图 2-3 所示，O、A、B 为 3 个高度不同的地面点，那么方向线 OA 和 OB 所夹的 $\angle AOB$ 不是水平角。

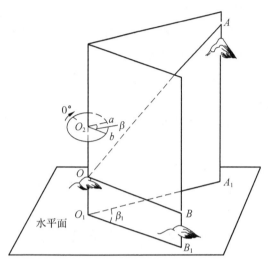

根据水平角的定义，将 O、A、B 三点分别沿铅垂线方向投影到水平面上，其投影线 O_1A_1 和 O_1B_1 所夹的 β_1，即为方向线 OA 和 OB 所夹的水平角。为了测定水平角的大小，可以设想在过顶角 O 点上放置一水平刻度圆盘，即水平度盘，圆盘中心 O_2 位于过 O 点的铅垂线上。那么方向线 OA 和 OB 在水平度盘上的投影，相对于水平度盘上的读数分别为 a 和 b，则水平角 β_1 就是两个读数之差，即 $\beta = \beta_1 = b - a$。

两条方向线由装在仪器上的望远镜提供，这就是水平角的测角原理。

图 2-3　水平角观测原理

（二）竖直角及其测量原理

竖直角是指在同一竖直面内，视线与指标线（水平或铅垂方向）的夹角。当指标线为水平线时，竖直角又称为倾角，通常用 α 表示。其测角原理如图 2-4 所示，视线 AB 与水平线 AB' 的夹角 α，即为方向线 AB 的倾角。

当指标线指向天顶方向时，竖直角又称为天顶距，通常用 Z 表示，它与竖直角有如下关系：

$$Z = 90° - \alpha \qquad (2-1)$$

如图 2-5（a）所示，当视线在竖直面内的投影高于水平线时，倾角 α 为正，称为仰角；如图 2-5（b）所示，当视线在竖直面内的投影低于水平线时，竖直角 α 为负，称为俯角。其角值自水平线起 $0° \sim \pm 90°$。

因此，竖直角测量，也可直接进行天顶距测

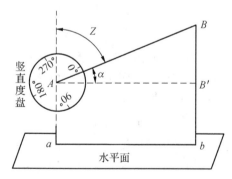

图 2-4　竖直角观测原理

量，原理如图 2-4 所示。为了测定竖直角的大小，需设置一个竖直度盘（竖盘），竖盘平面必须与过视线的铅垂面平行，其中心在过 A 点的水平线上；竖盘能够上下转动，且有一指标线处于铅垂位置，不随度盘的转动而转动。为使指标线处于铅垂位置，必须设置一指标水准管与之相连。显然，水平视线与照准目标的视线在竖直度盘上的读数差就是所要测量的竖直角的大小。

二、角度测量仪器及其使用

角度测量仪器有经纬仪和全站仪。国产经纬仪按其精度划分，有 DJ_{07}、DJ_1、DJ_2、DJ_6，

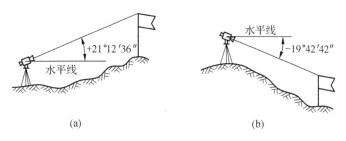

图2-5　仰角与俯角

其中字母 D、J 分别表示"大地测量"和"经纬仪"汉语拼音的第一个字母，07、1、2、6分别表示该仪器一测回方向观测中误差的秒数。

（一）DJ$_6$ 光学经纬仪基本构造及使用

DJ$_6$ 光学经纬仪由照准部、水平度盘和基座三大部分组成，如图2-6和图2-7所示。

1. 照准部

照准部是指水平度盘之上，能绕其旋转轴旋转的全部部件的总称，包括望远镜（用于瞄准目标，由物镜、目镜、调焦透镜、十字丝分划板组成），管水准器（用于整平仪器），竖轴（照准部旋转轴的几何中心），横轴（望远镜的旋转轴），竖盘指标管水准器（用于指示竖盘指标是否处于正确位置），光学对点器（用来对中地面点位），读数显微镜（用来读取水平度盘和竖直度盘的读数）和调节螺旋等。

照准部在水平方向的转动，由水平制动螺旋控制，其在纵向的转动由垂直制动螺旋控制；竖盘指标管水准器的微倾运动由竖盘指标管水准器微动螺旋控制；照准部上的管水准器，用于仪器的精平。

2. 水平度盘

水平度盘用来测量水平角，它是圆环形的光学玻璃盘，圆盘的边缘上刻有分划，分划为 0°～360° 按顺时针注记。水平度盘的转动通过复测扳手或水平度盘转换手轮来控制。图2-7中18是常见 DJ$_6$ 光学经纬仪使用的度盘转换手轮。在转换手轮的外面有一个护盖，使用转换手轮之前要先把护盖打开，然后拨动转换手轮将水平度盘的读数配置为需要的数值；不用的时候一定要注意把护盖盖上，避免不小心碰动转换手轮而导致读数错误。

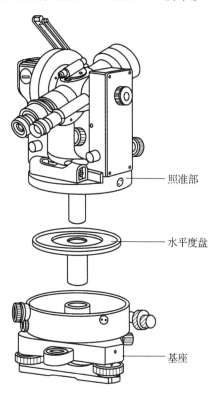

照准部

水平度盘

基座

图2-6　DJ$_6$ 光学经纬仪的结构

3. 基座

基座就是仪器的底座。经纬仪的照准部通过竖直轴固定在基座上，照准部旋转时，基座不动。基座是通过中心连接螺旋将仪器固定在三脚架上的。基座上有 3 个脚螺旋，1 个圆水准气泡，脚螺旋用于仪器的整平。

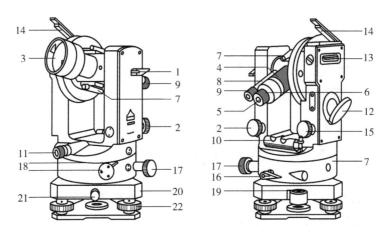

图 2-7 DJ₆ 光学经纬仪各部件名称

1—望远镜制动螺旋；2—望远镜微动螺旋；3—物镜；4—物镜调焦螺旋；5—目镜；6—目镜调焦螺旋；7—粗瞄准器；8—度盘读数显微镜；9—度盘读数显微镜调焦螺旋；10—照准部管水准器；11—光学对中器；12—度盘照明反光镜；13—竖盘指标管水准器；14—竖盘指标管水准器观察反射镜；15—竖盘指标管水准器微动螺旋；16—水平方向制动螺旋；17—水平方向微动螺旋；18—水平度盘变换手轮与保护盖；19—圆水准器；20—基座；21—轴套固定螺旋；22—脚螺旋

（二）经纬仪各部件名称及作用

经纬仪的外形和各部件的名称，如图 2-7 所示。

水平方向制动螺旋 16 和水平方向微动螺旋 17，可使照准部围绕竖轴做水平转动、制动和微动，主要作用是照准目标。望远镜制动螺旋 1 和望远镜微动螺旋 2，可使望远镜围绕水平轴上下转动、制动和微动，主要作用是精确照准目标。竖盘指标管水准器 13，通过该水准器的微动螺旋 15，可调节其气泡居中，主要作用是使竖盘指标处于正确位置，以便测量竖直角。照准部管水准器 10 和圆水准器 19，通过分别调节 3 个脚螺旋和升降脚架使两水准器气泡居中，主要作用分别是精平仪器和粗平仪器。

水平度盘变换器 18，拨动手轮可使水平度盘处在所需要的位置上（置盘），手轮外有护盖，用于防止碰动手轮。光学对中器 11，通过此镜可以看到地面点位。当仪器精确水平时，若从目镜中看到地面点位于对中器的小圆圈中心，说明仪器已对中整平。轴套固定螺旋 21，松开它时，整个照准部可从轴套中抽出；固定它时，在观测过程中，水平度盘可始终保持不动，否则，易带动水平度盘引起测角误差。因此，在使用仪器时，不可轻易松动此螺旋。粗瞄准器 7，通过其管内的十字标志，可以粗略照准观测目标。度盘照明反光镜 12，调整反光镜可使度盘亮度均匀，分划影像清晰，便于准确读数。

（三）DJ₆ 光学经纬仪读数方法

测微尺读数装置的光路如图 2-8 所示。将水平度盘和垂直度盘均刻画为 360 格，每格的角度是 1°，顺时针注记。而测微尺 60 个分格的宽度恰好等于度盘上 1°影像的宽度，因此测微尺上一小格代表 1′。

如图 2-8 所示，注记有"水平"（或"H"、"—"）字样窗口的像是水平度盘分划线及其测微尺的像；注记有"竖直"（或"V"、"⊥"）字样窗口的像是竖盘分划线及其测微尺的像。读数方法为："度"数由落在测微尺0~6的度盘分划线的注记读出，测微尺的"0"分划线与度盘上的"度"分划线之间的小于1°的角度在测微尺上读出，最小读数可以估读到测微尺上1格的十分之一，即0.1′或6″。图2-8的水平度盘读数为180°06′18″（180°06.3′），竖盘读数为75°57′06″（75°57.1′）。

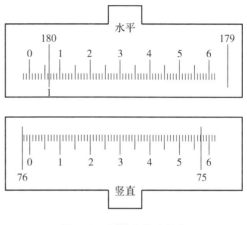

图2-8　测微尺的读数窗

（四）经纬仪的使用

经纬仪的使用包括对中、整平、调焦和照准、读数及置数等基本操作，现将操作方法介绍如下。

1. 对中

对中的目的是使仪器中心与测站点标志中心位于同一铅垂线上。具体做法是：首先将三脚架安置在测站上，使架头大致水平且高度适中。可先用垂球大致对中，概略整平仪器后取下垂球，再调节对中器的目镜，松开仪器与三脚架间的连接螺旋，两手扶住仪器基座，在架头上平移仪器，使分划板上小圆圈中心与测站点重合，固定中心连接螺旋。平移仪器，整平可能受到影响，需要重新整平，整平后光学对中器的分划圆中心可能会偏离测站点，需要重新对中。因此，这两项工作需要反复进行，直到对中和整平都满足要求为止。

2. 整平

整平的目的是使仪器竖轴竖直和水平度盘处于水平位置。

如图2-9（a）所示，整平时，先转动仪器的照准部，使照准部水准管平行于任意一对脚螺旋的连线；然后用两手同时以相反方向转动该两脚螺旋，使水准管气泡居中，注意气泡移动方向与左手大拇指移动方向一致；再将照准部转动90°，如图2-9（b）所示，使水准管垂直于原两脚螺旋的连线；最后转动另一脚螺旋，使水准管气泡居中。如此重复进行，直到在这两个方向上气泡都居中为止。居中误差一般不得大于1格。

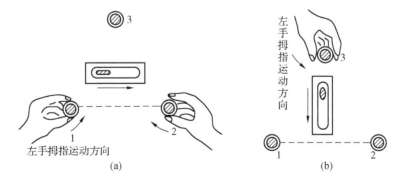

图2-9　用脚螺旋整平方法

3. 调焦和照准

照准就是使望远镜十字丝交点精确照准目标。照准前先松开望远镜制动螺旋与照准部制动螺旋，将望远镜朝向天空或明亮背景，进行目镜对光，使十字丝清晰；然后利用望远镜上的照门和准星粗略照准目标，使在望远镜内能够看到物象，再拧紧照准部及望远镜制动螺旋；转动物镜对光螺旋，使目标清晰，并消除视差；转动照准部和望远镜微动螺旋，精确照准目标：测水平角时，应使十字丝竖丝精确地照准目标，并尽量照准目标的底部，如图 2-10（a）所示；测竖直角时，应使十字丝的横丝（中丝）精确照准目标，如图 2-10（b）所示。

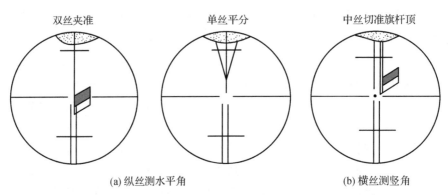

双丝夹准　　　　　　　单丝平分　　　　　　中丝切准旗杆顶

（a）纵丝测水平角　　　　　　　　　　（b）横丝测竖角

图 2-10　角度测量瞄准照准标志的方法

4. 读数

调节反光镜及读数显微镜目镜，使度盘与测微尺影像清晰，亮度适中，然后按前述的读数方法读数。

（五）全站仪的使用

全站型电子速测仪（简称全站仪）是集测角、测距、自动记录于一体的仪器。由光电测距仪、电子经纬仪、数据自动记录装置三大部分组成。下面以南方 NTS-350 全站仪为例，介绍全站型电子速测仪的结构和使用方法。

1. 南方 NTS-350 全站仪的结构

南方 NTS-350 系列全站仪的测距精度为 $3mm + 2mm/km \times D$（D 为测距边长，以 km 为单位），测角精度根据系列型号的不同分为 $\pm 2''$、$\pm 5''$。南方 NTS-350 系列全站仪的基本构造如图 2-11 所示。

南方 NTS-350 系列全站仪除能进行角度测量和距离测量外，还能进行高程测量、坐标测量，坐标放样，以及对边测量、悬高测量、偏心测量、面积测量等。测量数据可存储到仪器的内存中，共能存储 8000 个点的坐标数据，或者 3000 个点的坐标数据和 3000 个点的测量数据（原始数据）。所存数据能进行编辑、查阅和删除等操作，能方便地与计算机相互传输数据。南方 NTS-350 系列全站仪采用电子自动补偿装置，可自动测量竖直角。

2. 反光棱镜与觇牌

与全站仪配套使用的反光棱镜与觇牌如图 2-12 所示。由于全站仪的望远镜视准轴与测距发射接收光轴是同轴的，故反光棱镜中心与觇牌中心一致。对中杆棱镜组的对中杆与两条铝脚架一起构成简便的三脚架系统，操作灵活方便，在低等级控制测量和施工放线测量中应

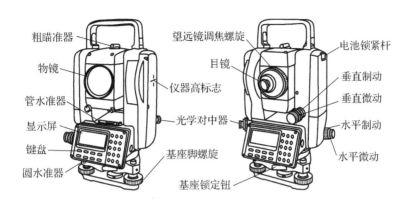

图 2-11　南方 NTS-350 全站仪

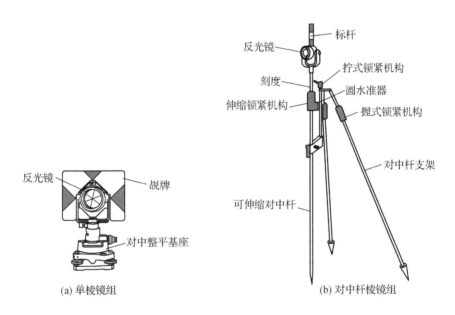

(a) 单棱镜组　　　　　　(b) 对中杆棱镜组

图 2-12　全站仪反光棱镜组

用广泛。在精度要求不很高时，还可拆去其两条铝脚架，单独使用一根对中杆，携带和使用更加方便。

（1）棱镜组的安置

如图 2-12（a）所示，将基座安放到三脚架上，利用基座上的光学对中器和基座螺旋进行对中整平，具体方法与光学经纬仪相同。将反光棱镜和觇牌组装在一起，安放到基座上，再将反光面朝向全站仪。如果需要观测高程，则用小钢尺量取棱镜高度，即地面标志到棱镜或觇牌中心的高度。

（2）对中杆棱镜组的安置

如图 2-12（b）所示，使用对中杆棱镜组时，将对中杆的下尖对准地面测量标志，两条架腿张开合适的角度并踏稳，双手分别握紧两条架腿上的握式锁紧装置，伸缩架腿长度，使圆气泡居中，便完成对中整平工作。对中杆的高度是可伸缩的，在接头处有杆高刻画标志，可根据需要调节棱镜的高度，刻画读数即为棱镜高度。

3. 南方 NTS-350 全站仪的使用

（1）安置仪器

将全站仪安置在测站上，对中整平，方法与经纬仪相同，注意全站仪脚架的中心螺旋与经纬仪脚架不同，两种脚架不能混用。安置反光镜于另一点上，经对中整平后，将反光镜朝向全站仪。

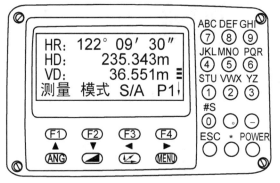

图 2-13　南方 NTS-350 全站仪面板

（2）开机

按面板上的 POWER 键打开电源，按 F1（↓）或 F2（↑）键调节屏幕文字的对比度，使其清晰易读；上下转动一下望远镜，完成仪器的初始化，此时仪器一般处于测角状态。面板如图 2-13 所示，有关键盘符号的名称与功能介绍如下。

ANG（▲）——角度测量键（上移键），进入角度测量模式（上移光标）；

◢（▼）——距离测量键（下移键），进入距离测量模式（下移键）；

◣（◄）——坐标测量键（左移键），进入坐标测量模式（左移键）；

MENU（►）——菜单键（右移键），进入菜单模式（右移光标），可进行各种程序测量、数据采集、放样和存储管理等；

ESC（退出键）——返回上一级状态或返回测量模式；

★（星键）——进入参数设置状态；

POWER（电源开关键）——短按开机，长按关机；

F1 ~ F4（功能键）——对应于显示屏最下方一排所示信息的功能，具体功能随不同测量状态而不同；

0 ~ 9（数字键）——输入数字和字母、小数点、负号。

开机时，要注意观察显示窗右下方的电池信息，判断是否有足够的电量并采取相应的措施，电池信息意义如下。

▤——电量充足，可操作使用；

▥——刚出现此信息时，电池尚可使用 1 小时左右，若不掌握已消耗的时间，则应准备好备用的电池；

▬——电量已经不多，尽快结束操作，更换电池并充电；

▬（闪烁到消失）——从闪烁到缺电关机大约可持续几分钟，电池已无电，应立即更换电池。

（3）温度、气压和棱镜常数设置

全站仪测中时发射红外光的光束随大气的温度和压力而改变，进行温度和气压设置，是通过输入测量时测站周围的温度和气压，由仪器自动对测距结果实施大气改正。棱镜常数是指仪器红外光经过棱镜反射回来时，在棱镜处多走了一段距离，这个距离对同一型号的棱镜来说是个固定的。例如，南方全站仪配套的棱镜为30mm，测距结果应加上 - 30mm，才能抵消其影响。 - 30mm 即为棱镜常数，在测距时输入全站仪，由仪器自动进行改正，显示正确的距离值。

预先测得测站周围的温度和气压，例如温度为 + 25℃，气压为 1017.5hPa。按 ◢ 键进入测距状态，按 F3 键执行"S/A"功能，进入温度、气压和棱镜常数设置状态；再按 F3 键执行"T-P"功能，先进入温度、气压设置状态，依次输入温度 25.0℃ 和气压 1017.5hPa，按 F4 回车确认，如图 2-14（a）所示；按 ESC 键退回到温度、气压和棱镜常数设置状态；按 F1 键执行"棱镜"功能，进入棱镜常数设置状态，输入棱镜常数 - 30，按 F4 回车确认，如图 2-14（b）所示。

（4）距离测量

照准棱镜中心，按 ◢ 键，开始距离测量，1~2 秒钟后在屏幕上显示水平距离 HD，例如"HD：235.342m"。同时，屏幕上还显示全站仪中心与棱镜中心之间的高差 VD，例如"VD：36.551m"，如图 2-15 所示。如果需要显示斜距，则按 ◢ 键，屏幕上便显示斜距 SD，例如"SD：241.551"。

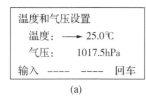
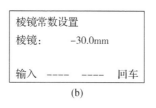
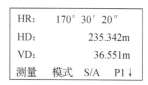

图 2-14 温度、气压、棱镜常数设置   图 2-15 测距屏幕

测距结束后，如需要再次测距，则按 F1 键执行"测量"即可。如果仪器连续地反复测距，说明仪器当时处于"连续测量"模式，可按 F1 键，使测量模式由"连续测量"转为"N 次测量"；当光电测距正在工作时，再按 F1 键，测量模式又由"N 次测量"转为"连续测量"。

仪器在测距模式下，即使还没有完全瞄准棱镜中心，只要有回光信号，便会进行测距。因此，一般先按 ANG 键进入角度测量状态，瞄准棱镜中心后，再按 ◢ 键测距。按 F1~F4 功能键可完成测量距离测量等操作，如表 2-3 所示。

表 2-3 南方 NTS-350 距离测量各功能键说明

页数	软键	显示符号	功能
第 1 页（P1）	F1	测量	启动距离测量
	F2	模式	设置距离测量模式：精测/跟踪/……
	F3	S/A	温度、气压、棱镜常数等设置
	F4	P1↓	显示第 2 页软键功能

页数	软键	显示符号	功能
第2页（P2）	F1	偏心	偏心测量模式
	F2	放样	距离放样模式
	F3	m/f/i	距离单位设置：米/英尺/英寸
	F4	P2↓	显示第1页软键功能

（5）角度测量

角度测量是全站仪的基本功能之一，开机一般默认进入测量角状态。南方 NTS-350 也可按 ANG 键进入测角状态，屏幕上的"V"为竖直角读数，"HR"（度盘顺时针增大）或"HL"（度盘逆时针增大）为水平度盘读数，水平角置零等操作按表 F1～F4 功能键完成，如表 2-4 所示。

表 2-4　南方 NTS-350 角度测量功能键的功能

页数	软键	显示符号	功能
第1页（P1）	F1	置零	水平角置为 0°00′00″
	F2	锁定	水平角读数锁定
	F3	置盘	通过键盘输入数字设置水平角
	F4	P1↓	显示第2页软键功能
第2页（P2）	F1	倾斜	设置倾斜改正的开和关
	F2	—	—
	F3	V%	垂直角与百分度的转换
	F4	P2↓	显示第3页软键功能
第3页（P3）	F1	H—蜂鸣	转至水平角 0°、90°、180°、270°的蜂鸣设置
	F2	R/L	水平角右/左计数转换
	F3	竖角	垂直角（高度角/天顶距）的转换
	F4	P3↓	显示第1页软键功能

三、水平角测量方法与技术

普通测量中常用的水平角观测方法有测回法和方向观测法两种。

（一）测回法

测回法适用于观测只有两个方向的单个水平角。如图 2-16 所示，A、B、C 三点分别为地面上的三点，欲测定∠ABC，一测回的操作步骤如下。

①将仪器安置在测站点 B，对中、整平。

②使仪器置于盘左位置（竖盘在望远镜的左边，又称正镜），精确瞄准目标 A，读取读

图 2-16　测回法观测水平角

数 $a_左$；顺时针旋转照准部，瞄准目标 C，并读取读数 $c_左$，以上称为上半测回。上半测回的角值 $\beta_左 = c_左 - a_左$。

③倒转望远镜成盘右位置（竖盘在望远镜的右边，又称倒镜），精确瞄准目标 C，读取读数 $c_右$；逆时针旋转照准部，精确瞄准目标 A，读得 $a_右$，以上称为下半测回。下半测回角值 $\beta_右 = c_右 - a_右$。上、下两个半测回构成一个测回。对 DJ$_6$ 光学经纬仪，若上、下半测回角度之差 $\beta_左 - \beta_右 \leqslant \pm 40''$，则取 $\beta_左$、$\beta_右$ 的平均值作为该测回角值，即：

$$\beta = \frac{1}{2}(\beta_左 + \beta_右) \tag{2-2}$$

测回法观测水平角的记录和计算实例如表 2-5 所示。

表 2-5　测回法观测手簿

测站：_____　　　　成像：_____　　　　仪器：_____　　　　时间：_____
观测者：_____　　　　记录者：_____　　　　天气：_____

测回	测站	竖盘位置	目标	水平度盘读数 （° ′ ″）	半测回角值 （° ′ ″）	一测回角值 （° ′ ″）	各测回平均角值 （° ′ ″）	备注
I	B	左	A	0 01 24	62 11 12	62 11 09	62 12 10	
			C	62 12 36				
		右	C	242 12 42	62 11 06			
			A	180 01 36				
II	B	左	A	90 01 12	62 11 06	62 11 12		
			C	152 12 18				
		右	C	332 12 24	62 11 18			
			A	270 01 06				

在测回法测角中，如只测一个测回可以不配置度盘起始位置。当测角精度要求较高，需要观测多个测回时，为了减小度盘刻画误差的影响，第一测回应将起始目标的读数用度盘变

换手轮调至 0°00′附近，其他各测回则按下式中的 m 配置度盘起始位置：

$$m = \frac{180°}{n}(i-1) \tag{2-3}$$

式中：n 为测回数；i 为测回序号。

用 DJ$_6$ 光学经纬仪观测时，所有限差如果不超过表 2-6 的要求，则取各测回平均值为最后成果。

表 2-6 DJ$_6$ 测回法水平角观测的限差

项目	半测回角值互差	各测回角值互差
限差	40″	24″

（二）方向观测法

当测站上的方向观测数在 3 个或 3 个以上时，一般采用方向观测法。该方法以某个方向为起始方向（又称零方向），依次观测其余各个目标相对于起始方向的方向值，则每一个角度即为组成该角的两个方向值之差。

如图 2-17 所示，P 为测站点，A、B、C、D 为 4 个目标点，欲测定 P 到各目标方向之间的水平角，操作步骤如下。

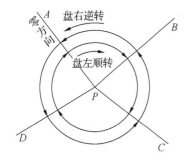

图 2-17 方向法观测水平角

1. 测站观测

①将仪器安置于测站点 P，对中、整平；在 A、B、C、D 中选定一个成像清晰、稳定的目标作为零方向（如图 2-17 所示 A 为零方向）。

②上半测回观测：观测顺序是 A—B—C—D—A，即盘左瞄准目标 A，将水平度盘读数配置为略大于 0°，检查瞄准情况后读取度盘读数并记录；松开制动螺旋，顺时针转动照准部，依次瞄准 B、C、D 的照准标志并读数；最后，再次瞄准起始方向 A 称为归零，并读数。两次瞄准 A 点的读数之差称为归零差。对于不同精度等级的仪器，其限差按 CJJ/T 8—2011《城市测量规范》要求，如表 2-7 所示。

表 2-7 方向观测法的各项限差

经纬仪型号	半测回归零差	一测回内 2C 互差	同一方向各测回较差
DJ$_2$ 型	8″	13″	9″
DJ$_6$ 型	18″	—	24″

③下半测回观测：观测顺序是 A—D—C—B—A，即纵转望远镜，盘右瞄准标志 A，读数并记录；松开制动螺旋，逆时针转动照准部，依次瞄准 D、C、B 并读数；最后，再次瞄准起始方向 A 称为下半测回归零。

上、下半测回构成一个测回，在同一测回内不能第二次改变水平度盘的位置。当精度要求较高，需测多个测回时，各测回间应按 $180°/n$ 配置度盘起始方向的读数。规范规定：3 个方向的方向法可以不归零，超过 3 个方向必须归零。

2. 记录计算

方向法的观测手簿如表 2-8 所示。上半测回各方向的读数从上往下记录，下半测回各方向读数则按从下往上的顺序记录。

表 2-8 方向法观测手簿

测站：_____ 成像：_____ 仪器：_____ 时间：_____

观测者：_____ 记录者：_____ 天气：_____

觇点	读数		2C (″)	平均读数 (° ′ ″)	一测回归零方向值 (° ′ ″)	各测回平均方向值 (° ′ ″)	备注
	盘左（L）(° ′ ″)	盘右（R）(° ′ ″)					
1	2	3	4	5	6	7	8
第Ⅰ测回	09″	36″		(0 02 22)			
A	0 02 06	180 02 36	−30	0 02 21	0 00 00	0 00 00	
B	39 29 42	219 30 06	−24	39 29 54	39 27 32	39 27 28	
C	52 08 12	232 08 42	−30	52 08 27	52 06 05	52 06 04	
D	100 48 54	280 49 30	−36	100 49 12	100 46 50	100 46 50	
A	0 02 12	180 02 36	−24	0 02 24			
	$\Delta_左 = +6″$	$\Delta_右 = 0″$					
第Ⅱ测回	15″	48″		(90 02 32)			
A	90 02 12	270 02 42	−30	90 02 27	0 00 00		
B	129 29 42	309 30 12	−30	129 29 57	39 27 25		
C	142 08 24	322 08 48	−24	142 08 36	52 06 04		
D	190 49 00	370 49 42	−42	190 49 21	100 46 49		
A	90 02 18	270 02 54	−36	90 02 36			
	$\Delta_左 = +6″$	$\Delta_右 = +12″$					

①归零差的计算。对起始方向 A，应分别计算盘左和盘右位置两次瞄准的读数差 Δ，并记入表格。若"归零差"超限，则应及时进行重测。

②两倍视准误差 2C 的计算：

$$2C = L - (R \pm 180°) \tag{2-4}$$

式中：L 为盘左读数；R 为盘右读数（当 $R \geqslant 180°$ 时，取"－"；当 $R < 180°$ 时，取"＋"）。

各方向的 2C 值分别列入表 2-8 中的第 4 栏。在同一测回内同一台仪器的各方向 2C 应为一个定值，若有互差，其变化值不应超过表 2-7 的限差要求。

③各方向平均读数的计算：

$$平均读数 = \frac{L + (R \pm 180°)}{2} \tag{2-5}$$

式中：L 为盘左读数；R 为盘右读数（当 $R \geqslant 180°$ 时，取"－"；当 $R < 180°$ 时，取"＋"）。

计算时，以 L 为准，R 加减 180° 后与 L 取平均值，结果列入表 2-8 中的第 5 栏。

④一测回归零方向值的计算。将各方向的平均读数分别减去起始方向的平均读数，即得归零后的方向值。表 2-8 中第 I 测回起始方向 A 的平均读数为：（0°02′21″ + 0°02′24″）/2 = 0°02′22″。各方向一测回归零值列入第 6 栏。

⑤各测回平均方向值的计算。当一个测站观测两个或两个以上测回时，应检查同一方向值各测回的互差，其要求详见表 2-7。若检查结果符合要求，取各测回同一方向归零后方向值的平均值作为最后结果，列入表 2-8 中第 7 栏。

⑥水平角的计算。相邻方向值之差，即为两相邻方向所夹的水平角。

一测回观测完成后，应及时进行计算，并对照检查各项限差，如有超限，应立即重测。

（三）水平角观测注意事项

①仪器高度应和观测者的身高相适应；三脚架要踩实，仪器与脚架连接要牢固，操作仪器时不要用手扶三脚架，走动时要防止碰动脚架；转动照准部和望远镜之前，应先松开制动螺旋，使用各种螺旋时用力要轻。

②精确对中，特别是对短边测角，对中要求应更严格。

③当观测目标间高低相差较大时，更应注意仪器整平。

④照准标志要竖直，尽可能用十字丝交点瞄准标杆或测钎底部；瞄准目标时注意消除视差。

⑤一测回水平角观测过程中，不得再调整照准部管水准气泡，如气泡偏离中央超过 1 格时，应重新整平与对中仪器，重新观测。

⑥有阳光照射时，应打伞遮光观测；成像不清晰时应停止观测。

⑦记录要清楚，应当场计算，发现错误，立即重测。具体记簿规定为：

a. 一切原始观测值和记事项目，必须现场记录在规定格式的外业手簿中。b. 一切数字和文字记载应正确、清楚、整齐、美观。凡更正错误，均应将错字用斜线（左上至右下）整齐划去，在其上方填写正确的数字或文字，原错字仍能看清，以便检查；禁止涂擦和转抄。对超限划去的成果，均应在备注栏内注明原因和重测结果所在页数。c. 对原始记录的秒值不得做任何修改。原始记录的度、分确属读错、记错，可在现场更正，但不得连环更改（如：同一方向盘左、盘右及其平均值），否则均应重测。d. 外业手簿中各记事项目都必须记载完整。

⑧在一个测站上，只有当观测结果全部计算完成并检查合格后，方可迁站。

四、竖直角测量方法与技术

（一）竖直角测量概述

竖直角测量的目的是将观测的倾斜距离换算为水平距离或计算三角高程。

1. 斜距计算为平距

如图 2-18（a）所示，测得 A、B 两点间的斜距 S 及竖直角 α，其水平距离 D 的计算公式为：

$$D = S \cdot \cos\alpha \tag{2-6}$$

2. 三角高程计算

如图 2-18（b）所示，当用水准测量方法测定 A、B 两点间的高差 h_{AB} 有困难时，可以利用图中测得的斜距 S、竖直角 α、仪器高 i、目标高 v，依据下列公式求出：

$$h_{AB} = S\sin\alpha + i - v \tag{2-7}$$

若已知 A 点高程 H_A 时，B 点高程 H_B 为：

$$H_B = H_A + h_{AB} = H_A + S\sin\alpha + i - v \tag{2-8}$$

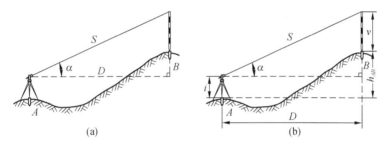

图 2-18 竖直角测量应用

上述测量高程的方法称为三角高程测量。

（二）竖直角的计算

无论竖盘注记采用哪种形式，计算竖直角都是倾斜方向读数与水平方向读数之差。以仰角为例，只需将所用仪器望远镜放在大致水平位置观察一下读数，然后将望远镜逐渐上仰，观察读数是增大还是减小（如图 2-19 所示），即可得出计算公式如下：

①若望远镜视线上仰时，竖盘读数逐渐增大，则竖直角 α = 瞄准目标时的读数 – 视线水平时的读数；

②当望远镜视线上仰时，竖盘读数逐渐减小，则竖直角 α = 视线水平时的读数 – 瞄准目标时的读数。

如图 2-19（a）所示，望远镜位于盘左位置，当视准轴水平，竖盘指标管水准气泡居中时，竖盘读数为 90°；将望远镜抬高一个角度 α 照准目标，竖盘指标管水准气泡居中时，竖盘读数设为 L，小于 90°，则盘左观测的竖直角为：

$$\alpha_左 = 90° - L \tag{2-9}$$

如图 2-19（b）所示，纵转望远镜于盘右位置，当视准轴水平，竖盘指标管水准气泡居

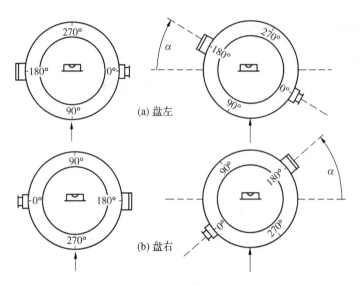

图 2-19　竖直角测量原理

中时，竖盘读数为 270°；将望远镜抬高一个角度 α 照准目标，竖盘指标管水准气泡居中时，竖盘读数设为 R，大于 270°，则盘右观测的竖直角为：

$$\alpha_{右} = R - 270° \tag{2-10}$$

为消除观测误差，通常取 $\alpha_{左}$ 和 $\alpha_{右}$ 的平均值为竖直角 α 的最后结果：

$$\alpha = \frac{1}{2}(\alpha_{左} + \alpha_{右}) = \frac{1}{2}(R - L - 180°) \tag{2-11}$$

（三）竖盘读数指标差

当竖盘指标水准管气泡居中且视线水平时，读数指标处于正确位置，即指向 90° 或 270°。竖直角计算公式（2-9）和公式（2-10）即在此条件下推导而得。若竖直度盘指标线偏离正确位置，与正确位置相差一个小角度 x，这就是竖盘指标差。如图 2-20 所示，当指标线沿度盘注记增大的方向偏移时，读数增大，则 x 为正，反之 x 为负。

如图 2-20（a）所示，盘左位置，望远镜上仰时，读数减小。设视线倾斜时竖盘读数为 L，则正确的竖直角为：

$$\alpha_{左} = 90° - L + x = \alpha_L + x \tag{2-12}$$

如图 2-20（b）所示，盘右位置，望远镜上仰时，读数增大。设视线倾斜时竖盘读数为 R，则正确的竖直角为：

$$\alpha_{右} = R - 270° - x = \alpha_R - x \tag{2-13}$$

公式（2-12）与公式（2-13）相减得：

$$x = \frac{1}{2}(\alpha_L + \alpha_R) = \frac{1}{2}(R + L - 360°) \tag{2-14}$$

取盘左、盘右竖直角的平均值得：

$$\alpha = \frac{1}{2}(R - L - 180°) \tag{2-15}$$

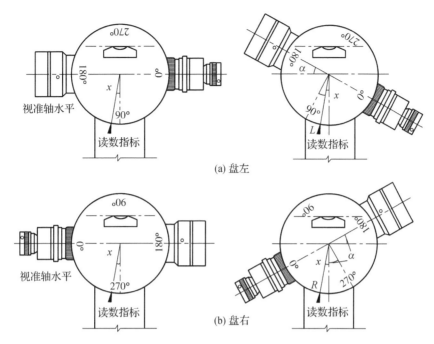

图 2-20 竖盘指标差

公式（2-15）与无指标差时竖直角的计算公式（2-11）完全相同，说明通过盘左、盘右竖直角取平均值，可以消除指标差的影响。

（四）竖直角观测

竖直角观测分为中丝法和三丝法两种。

1. 中丝法

①在测站上安置好仪器，用小钢尺量取仪器高 i。仪器高是指测站点标志顶部到经纬仪横轴中心的垂直距离。

②盘左瞄准目标，固定照准部和望远镜，旋转水平微动螺旋和垂直微动螺旋，使十字丝的中丝精确切准目标特定部位，如图 2-20（b）所示。

③旋转竖盘指标管水准器微动螺旋，使气泡居中，重新检查十字丝中丝是否切准目标，确认无误后即可读数，记入手簿中相应位置。手簿格式如表 2-9 所示。（注：对于有自动安平补偿器的经纬仪不需此项操作，观测时切准目标即可读数）

④纵转望远镜，盘右位置瞄准同一目标的同一特定部位，按第③项操作并读数，记入手簿中相应位置。

⑤根据公式（2-14）和公式（2-15）计算指标差和竖直角。对于 DJ_6 经纬仪，指标差互差 ≤ ±25″时，即为合格成果，超限应重测。

以上操作称为一测回观测。图根控制竖直角观测，一般要求中丝法测 2 个测回，各测回指标差互差 ≤ ±25″时，成果合格。当一个测站上观测多个目标时，可将 3～4 个目标作为一组，先观测本组所有目标的盘左，再纵转望远镜观测本组所有目标的盘右，将该数分别记入手簿相应栏内。这样可以减少纵转望远镜的次数，节约观测时间，但要防止记簿时记错位置。

表2-9　竖直角中丝法记录手簿

测站：_____　　　　成像：_____　　　　仪器：_____　　　　时间：_____

观测者：_____　　　　记录者：_____　　　　天气：_____

测站	目标	竖盘位置	竖盘读数（° ′ ″）			半测回竖直角（° ′ ″）			指标差（″）	一测回竖直角（° ′ ″）			备注
O	A	左	76	30	24	+13	29	36	+9	+13	29	45	
		右	283	29	54	+13	29	54					
O	B	左	93	29	36	−3	29	36	+12	−3	29	24	
		右	266	30	48	−3	29	12					

2. 三丝法

三丝法就是用望远镜十字丝的上、中、下3根横丝，分别依次切准目标并读数，从而计算竖直角的方法。

三丝法的观测方法与中丝法基本相同，不同点是盘左按上、中、下三丝读数记录，盘右则按下、中、上三丝读数记录。以上操作称为一测回观测，图根控制竖直角观测一般要求三丝法测1个测回。由于上、下丝与中丝间所夹视角均约为17′，所以由上、中、下三丝观测值算得的指标差相差约为17′，如表2-10中的观测成果。按三丝所测得的 L 和 R 分别计算出相应的竖直角，对于一、二级导线竖直角互差 ≤ ±25″时，取平均值作为最后结果。

表2-10　竖直角三丝法记录手簿

测站：_____　　　　成像：_____　　　　仪器：_____　　　　时间：_____

观测者：_____　　　　记录者：_____　　　　天气：_____

测站	觇点	读数		指标差（′ ″）	竖直角（° ′ ″）	竖直角平均值（° ′ ″）	各测回平均值（° ′ ″）
		盘左（° ′ ″）	盘右（° ′ ″）				
C_7	L	87 32 42	271 53 36	−16 51	+2 10 27	+2 10 30	
		87 49 48	272 10 36	+0 12	+2 10 24		
		88 06 48	272 28 10	+17 29	+2 10 41		
C_7	R	95 06 42	264 20 06	−16 36	−5 23 24	−5 23 18	
		95 23 48	264 37 18	+0 33	−5 23 15		
		95 41 06	264 54 24	+17 45	−5 23 21		

（五）竖直角观测注意事项

①横丝切准目标的特定部位，必须在观测手簿相应栏内注明或绘图表示。同一目标必须切准同一部位。

②盘左、盘右照准目标时，应使目标影像位于纵丝附近两侧对称位置上，这样有利于消除横丝不水平引起的误差。

③每次读数前必须使指标水准器气泡居中。（对于有自动安平补偿器的经纬仪则无此要求）

④竖直角的观测时间，宜选择9～15时目标成像清晰稳定时进行，应避免在日出后和日落前2小时观测。

⑤每个测站应用钢尺量取仪器高和觇标高，尤其对觇标的各特定部位应量取2次，每次读至mm，两次结果较差不得超过1cm，取中数记入观测手簿。量取目标高度的位置必须与观测时的照准位置一致。

⑥记录计算要求同水平角观测。

五、角度测量误差与预防

角度测量的误差来源于仪器误差、观测误差及外界条件的影响3个方面。

（一）仪器误差

仪器误差主要包括两个方面：一是仪器制造和加工不完善引起的误差，如度盘分划不均匀、水平度盘偏心等；二是仪器检校不完善引起的误差，如视准轴不垂直于水平轴、水平轴不垂直于竖轴、照准部水准管轴不垂直于竖轴等。这些误差可以用适当的观测方法来消除或减弱。例如：采用盘左和盘右两个盘位观测取平均值的方法，可以消除视准轴不垂直于水平轴、水平轴不垂直于竖轴及水平度盘偏心等引起误差的影响；采用变换度盘位置观测取平均值的方法，可减弱水平度盘分划不均匀引起误差的影响等。仪器竖轴倾斜引起的误差，无法用观测方法来消除，因此，在视线倾斜过大的地区观测水平角，要特别注意仪器的整平。

（二）观测误差

1. 仪器对中误差

测角时，若经纬仪对中有误差，将使仪器中心与测站点不在同一条铅垂线上，会造成测角误差。如图2-21所示，C为测站标志中心，观测$\angle ACB = \beta$；C_0为仪器实际对中位置，测得$\angle AC_0B = \beta'$；e为对中误差（CC_0），S_A、S_B分别为测站至目标的距离，δ_1、δ_2分别为对中误差e对观测目标A、B水平方向值的影响。则：

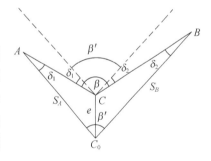

图2-21　仪器对中误差

$$\beta = \beta' + (\delta_1 + \delta_2)$$

故，由对中误差引起的水平角误差为：

$$\Delta\beta = \beta - \beta' = \delta_1 + \delta_2$$

若以δ代表δ_1、δ_2，即角度误差，S代表S_A、S_B，δ很小，此处不再推证。

$$\delta_{中} = \frac{e}{\sqrt{2}S}\rho'' \qquad (2-16)$$

由此可知，当S一定时，e越长，δ越大；e相同时，S越长，δ越小；e的长度不变而只是方向改变时，e与S正交的情况δ最大，e与S方向一致的情况δ为零，故当$\angle ACC_0 = \angle BCC_0 = 90°$时，（$\delta_1 + \delta_2$）的值最大。所以，观测接近180°的水平角或边长过短时，应特别注意仪器的对中。

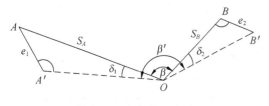

图 2-22 目标偏心误差

2. 目标偏心误差

目标偏心误差是指照准点上竖立的目标不垂直或没有立在点位中心而引起的测角误差。如图 2-22 所示，O 为测站点，A、B 分别为目标点标志的实际中心，A'、B' 为观测时照准的目标中心；e_1、e_2 分别为目标 A、B 的偏心误差，β 为实际角度，β' 为观测角度；S_A、S_B 分别为目标 A、B 至测站点的距离，δ_1、δ_2 分别为 A、B 目标偏心对水平观测方向值的影响。若以 δ 代表目标偏心所引起的角度误差，S 代表 S_A、S_B，e 代表 e_1、e_2，因 δ 很小，故有：

$$\delta = \frac{e}{S}\rho'' \tag{2-17}$$

由此可以看出，此种误差的影响与对中误差的影响大致相同。目标偏心越大，距离越短，偏心方向与测站方向的夹角成 90° 时，对观测方向值的影响越大。因此，观测边越短，越要注意将标志杆立直，并立在点位中心上，标志杆一定要细一些，观测时尽量照准目标的最底部。

3. 仪器整平误差

角度观测时若气泡不居中，导致竖轴倾斜而引起的角度误差，不能通过改变观测方法来消除。因此，在观测过程中，必须保持水平度盘水平、竖轴竖直，在一测回内，若气泡偏离超过 2 格，应重新整平仪器，并重新观测该测回。

4. 照准误差

照准误差是人眼通过望远镜照准目标而产生的误差。在角度观测中，影响照准误差的因素有望远镜放大倍率、物镜孔径等仪器参数，人眼的判别能力，照准目标的形状、大小、颜色，目标影像的亮度和清晰度及通视情况等。其中，望远镜放大倍率和人眼的判别能力是影响照准精度的主要因素。

照准误差的大小，一般为 $\frac{60''}{V}$，V 为望远镜的放大率，$60''$ 为人眼的最小识别角。对 DJ_6 经纬仪而言 $V=25$，则其照准误差为 $\pm 2.4''$。

5. 读数误差

读数误差与仪器的读数设备、观测者的经验及照明情况有关，主要取决于读数设备，一般以仪器最小估读数作为读数误差的极限。对于 DJ_6 经纬仪，其读数误差的极限为 $\pm 6''$。如果照明情况不佳或显微目镜调焦不好，或者观测者技术不熟练，其读数误差将会大大超过 $\pm 6''$。

（三）外界条件影响

外界条件的影响比较复杂，一般难以由人力控制。大风可使仪器和标杆不稳定；雾气会使目标成像模糊；松软的土质会影响仪器的稳定；烈日曝晒可使三脚架发生扭转，影响仪器的整平；温度变化会引起视准轴位置变化；大气折光变化致使视线产生偏折等。这些都会给角度测量带来误差。因此，应选择有利的观测条件，尽量避免不利因素对角度测量的影响。

六、角度测量仪器的常规检验与校正

在角度测量中，要求经纬仪整平后，望远镜上下转动时视准轴应在同一个竖直面内。如图2-23所示，要达到上述要求，经纬仪各轴线之间必须满足下列几何条件：

①照准部水准管轴应垂直于仪器竖轴（$LL \perp VV$）；

②视准轴应垂直于水平轴（$CC \perp HH$）；

③水平轴应垂直于竖轴（$HH \perp VV$）。

此外，为了测得正确的水平角和竖直角值，要求十字丝竖丝垂直于水平轴，竖盘指标处于正确位置。

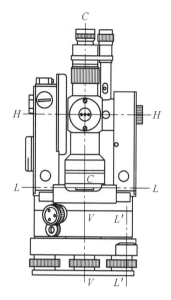

图2-23　经纬仪的轴线

（一）照准部水准管轴垂直于竖轴的检验与校正

1. 检验

先将仪器大致整平，转动照准部，使其水准管平行于任意两只脚螺旋的连线。相对转动这两只脚螺旋使水准管气泡居中。然后将照准部转动180°，如水准管气泡仍居中，说明水准管轴与竖轴垂直；若气泡不再居中，则说明水准管轴与竖轴不垂直，需要校正。

2. 校正

使用校正针拨动水准管一端的校正螺丝，使气泡向中央退回偏离格数的一半，这时水准管轴与竖轴垂直。然后相对转动这两只脚螺旋，使水准管气泡居中，这时水准管轴水平，竖轴处于竖直位置。此项检验校正要反复进行，直到气泡偏离零点不大于半格为止。

（二）十字丝纵丝垂直于水平轴的检验与校正

1. 检验

将仪器整平后，用十字丝竖丝一端照准远处一清晰的小点A，固定照准部和望远镜，旋转望远镜的竖直微动螺旋，若A点移动的轨迹偏离十字丝竖丝，则需要校正，如图2-24所示。

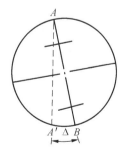

图2-24　十字丝竖丝的检验

2. 校正

打开十字丝环护盖，可见如图2-25所示的校正装置，松开4个固定螺丝E，轻轻转动十字丝环，直到望远镜上下仰俯时点A与竖丝始终重合为止。最后拧紧固定螺丝，并旋上护盖。此项校正必须反复进行，直到条件满足。

（三）视准轴垂直于水平轴的检验和校正

1. 检验

在一平坦场地上，选择相距大于20m的A、B两点，安置经纬仪于AB连线的中点O，在A点设置一个与仪器高相等的标志，在B点与仪器等高的位置横置一把刻有毫米分划的直尺，并使其垂直于视线OB。先盘左瞄准A点标志，固定照准部，然后纵转望远镜，在B尺上读数得m（图2-26（a））；再盘右瞄准A点，固定照准部，纵转望远镜，在B尺上读数得n（图2-26（b））。若$m = n$，说明视准轴

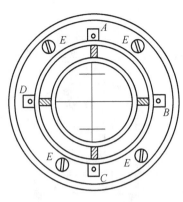

图 2-25 十字丝竖丝的校正

垂直于横轴，否则需要校正。

若视准轴不垂直于横轴，相差一个 c 角，则盘左时 mB 之长为 $2c$ 的反映，盘右时 nB 之长亦为 $2c$ 的反映，即 mn 之长为 $4c$ 的反映。此时，c 值为：

$$c = \frac{1}{4} \cdot \frac{mn}{OB} \cdot \rho$$

当 c 值大于 $1'$ 时，须校正仪器。

2. 校正

当在盘右位置瞄准 A 点，纵转望远镜在 B 尺上读数得 n 时，取 mn 的 $1/4$，如图 2-26（b）所示 P 点，此时，OP 方向便垂直于横轴 HH。打开十字丝环护盖，用拨针调节十字丝环的左右两个校正螺丝，一松一紧，使十字丝交点与 P 点重合。此项校正必须反复进行，直至满足 $c < \pm 1'$ 为止。

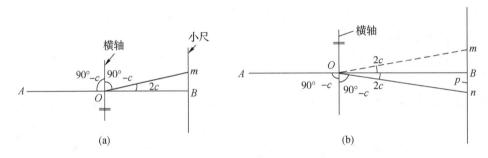

图 2-26 视准轴垂直于横轴的检验与校正

（四）水平轴垂直于仪器竖轴的检验

若水平轴不垂直于仪器竖轴，则仪器整平后竖轴虽已竖直，水平轴并不水平，因此，视准轴绕倾斜的水平轴旋转所形成的轨迹是一个倾斜面。当照准同一竖直面内高度不同的目标点时，水平度盘的读数亦不相同，同样会产生测角误差。检验方法如下：

如图 2-27 所示，在离墙壁 20～30m 处安置经纬仪，盘左位置用十字丝交点照准墙上高处一点 P（倾角约 30°），固定照准部，放平望远镜在墙上标定一点 A；再用盘右位置同样照准 P 点，再放平望远镜，在墙上标出另一点 B。若 A、B 两点重合，说明水平轴是水平的，水平轴垂直于竖轴；若 A、B 两点不重合，则说明水平轴倾斜，需要校正。

此项校正难度较大，通常由专业仪器检修人员进行。一般来讲，仪器在制造时，此项条件是保证的，故通常情况下无须检校。

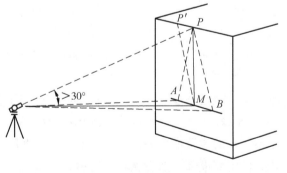

图 2-27 横轴误差的检校

（五）指标差的检验与校正

1. 检验

整平仪器，用盘左、盘右观测同一目标，使竖盘指标水准管气泡居中，分别读取竖盘读数 L 和 R，计算竖盘指标差 x，若 x 值超过 $1'$ 时，应进行校正。

2. 校正

先计算出盘右（或盘左）时的竖盘正确读数 $R_0 = R - x$（或 $L_0 = L - x$）。仪器仍保持照准原目标，然后转动竖盘指标水准管微动螺旋，使指标对准正确读数 R_0（或 L_0），此时指标水准管气泡不再居中，用校正针拨动水准管一端的上、下校正螺丝，使气泡居中。

此项检校应反复进行，直至指标差小于规定的限差为止。

子情境3　距离测量与直线定向

一、距离测量概述

距离是指地面上两点之间的直线长度，距离测量是测量的三大基本工作之一。距离分为水平距离和斜距。在测量工作中，只有当斜距加上各项改正后，才能转化为平距。坐标的计算常用到的距离是指水平距离。当距离较短时，在距离测量中可以不考虑地球曲率的影响。

距离是长度单位，国际上通用的长度单位是"米"制。1 米定义为德兰勃（法国科学家）椭球子午线周长的四千万分之一。后来"米"的定义几经变化，由实物长度变为与基本物理量联系的长度，"米"的符号为 m。最新定义（1983 年）"米"的长度为"光在真空中 1/299 792 458 秒时间间隔内运行的长度"。根据"米"的定义，各国建立长度基准，用以检验、鉴定各类测量工具，统一精度指标。目前我国采用国际单位制"米"。

确定距离长度的工作称为距离测量。按使用的仪器和工具的不同，距离测量分为钢尺量距、视距测量、电磁波测距及 GNSS 测量等形式。钢尺量距主要用钢尺沿地面直接丈量地面两点间的距离；视距测量是用装有视距装置的测量仪器和视距尺，按三角原理测算出仪器至标尺的距离；电磁波测距是利用仪器发出的电磁波在被测两点间的往返传播时间，求得两点距离；GNSS 测量是用卫星在空中运行时不断向地球表面发射的信号，由地面接收站接收卫星信号，得到测站和卫星间距离，从而间接解算出地面两点间的基线长度。

钢尺量距工具简单，适用于平坦地区较短距离的测量，易受地形条件限制；视距测量工作轻便、灵活，但精度低，适于 200 米以内的低精度测量；电磁波测距仪是目前主要的测量距离仪器，分为中短程和长距离两种，具有精度高、操作简单等优点；GNSS 测量精度高、测程远，适于地形条件复杂、距离远的高精度测量。

二、钢尺量距

钢尺量距是利用经检定合格的钢尺直接量测地面上两点之间的距离，又称为距离丈量。它使用的工具简单，又能满足工程建设必需的精度，是工程测量中最常用的距离测量方法。

（一）钢尺量距的工具

1. 钢尺

钢尺，又称钢卷尺，是用薄钢片制成的带状尺，可卷入金属圆盒内，如图 2-28 所示。常用钢尺的宽度为 10～15mm，厚度约 0.4mm，长度有 20m、30m 和 50m 等几种，卷放在圆形盒内或金属架上。钢尺的基本分划为厘米，在每米及每分米处有数字注记。一般钢尺在起点处一分米内刻有毫米分划；有的钢尺，整个尺长内都刻有毫米分划。

图 2-28　钢尺

根据零点位置的不同，钢尺有刻画尺和端点尺两种。刻画尺是指在钢尺的前端有一条刻画线作为钢尺的零分划值，如图 2-29（a）所示；端点尺指钢尺的零点从拉环的外沿开始，如图 2-29（b）所示。

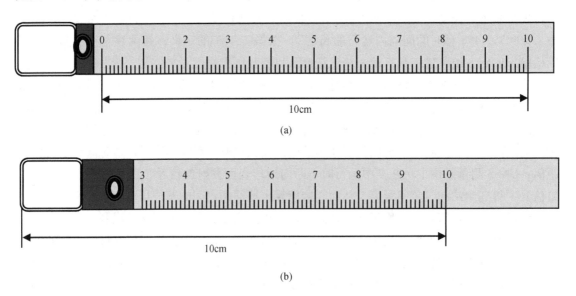

(a)

(b)

图 2-29　刻画尺和端点尺

钢尺使用非常广泛，其自身有一定的优缺点。其优点是抗拉强度高、不易拉伸、量距精度较高，工程测量中常用钢尺量距；缺点是钢尺性脆、易折断、易生锈，使用时要避免扭折、防止受潮。

2. 其他辅助工具

钢尺量距的其他辅助工具有测钎、标杆、垂球，如图 2-30 所示，精密量距还需用到弹簧秤和温度计。

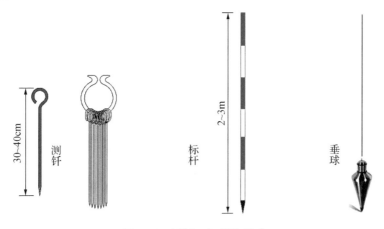

图 2-30　测钎、标杆和垂球

测钎：用于标定所量尺段的起止点。一般用钢筋制成，上部弯成小圆环，下部磨尖，直径 3~6mm，长度 30~40cm，钎上可用油漆涂成红、白相间的色段，通常 6 根或 11 根系成一组。一般在量距的过程，两个目标点之间的距离会大于钢尺的最大长度，所以我们要分段进行量距，那么每一段我们就要用测钎来标定。

标杆：多用木料或铝合金制成，直径约 3cm，全长有 2m、2.5m 及 3m 等几种规格。杆上油漆成红、白相间的 20cm 色段，非常醒目，测杆下端装有尖头铁脚，便于插入地面，作为照准标志。

垂球：垂球用金属制成，上大下尖呈圆锥形，上端中心系一细绳，悬吊后，垂球尖与细绳在同一垂线上。用于在不平坦地面丈量时，将钢尺的端点垂直投影到地面。因为用钢尺量距量取的是水平距离，如果地面不平坦，则需抬平钢尺进行丈量，此时可用垂球来投点。

弹簧秤、温度计是在精密量距时使用。弹簧秤用于对钢尺施加规定的拉力，温度计用于测定钢尺量距时的温度，以便对钢尺丈量的距离施加温度改正。尺夹安装在钢尺末端，以方便持尺员稳定钢尺。

（二）一般量距

1. 直线定线

当两个地面点之间的距离较长或地势起伏较大时，为使量距工作方便起见，可分成几段进行丈量。这时，就需要在直线方向上标定若干点，使它们在同一直线上，这项工作称为直线定线，简称定线。一般量距时用目估定线，精密量距时用仪器定线。

目估定线如图 2-31 所示，设两点 A 和 B 为待测的端点。定线时，先在 A、B 两点上竖立测杆，甲立于 A 点测杆后面 1~2m 处，用眼睛自 A 点测杆后面瞄准 B 点测杆。乙持另一测杆沿 BA 方向走到离 B 点大约一尺段长的 1 点附近，按照甲指挥手势左右移动测杆，直到测杆位于 AB 直线上为止，插下测杆（或测钎），定出 1 点；乙持测杆走到 2 点处，同法在

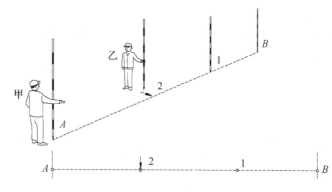

图 2-31　两点间定线

AB 直线上竖立测杆（或测钎），定出 2 点，依此类推。

用经纬仪定线的方法是：将经纬仪安置在直线端点 A，对中、整平后，用望远镜纵丝瞄准直线另一端 B 点上标志，制动照准部。望远镜上下转动瞄准标杆，观测者指挥持标杆者左右移动至视线方向上即可。高精度量距时，为了减少视准轴误差的影响，可采用盘左盘右分中法定线。

2. 量距方法

（1）平坦地面距离测量

丈量距离时一般需要 3 人，前后、尺各 1 人，记录 1 人。如图 2-32 所示，后尺手（甲）持钢尺的零端位于 A 点，前尺手（乙）持尺的末端并携带一束测钎，沿 AB 方向前进，至一尺段长处停下，将尺拉平。后尺手以尺的零点对准 A 点，两人同时将钢尺拉紧、拉平、拉稳后，前尺手喊"预备"，后尺手将钢尺零点准确对准 A 点，并喊"好"。前尺手随即将测钎对准钢尺末端刻画竖直插入地面（在坚硬地面处，可用铅笔在地面画线作标记），得 1 点。这样便完成了第一尺段 A1 的丈量工作。接着后尺手与前尺手共同举尺前进，后尺手走到 1 点时，即喊"停"。同法丈量第二尺段，然后后尺手拔起 1 点上的测钎。如此继续丈量下去，直至最后量出不足一整尺的余长 q。则 A、B 两点间的水平距离为：

$$D_{AB} = nl + q \qquad (2-18)$$

式中：n 为整尺段数（即在 A、B 两点之间所拔测钎数），l 为钢尺长度（m），q 为不足一整尺的余长（m）。

图 2-32　平坦地面量距方法

为了防止丈量错误和提高精度，一般还应由 B 点量至 A 点进行返测，返测时，应重新进行定线。取往、返测距离的平均值作为直线 AB 最终的水平距离：

$$D_{av} = \frac{1}{2}(D_f + D_b) \quad\quad\quad (2-19)$$

式中：D_{av} 为往、返测距离的平均值（m），D_f 为往测的距离（m），D_b 为返测的距离（m）。

量距精度通常用相对误差 K 来衡量，相对误差 K 化为分子为1的分数形式：

$$K = \frac{|D_f - D_b|}{D_{av}} = \frac{1}{\dfrac{D_{av}}{|D_f - D_b|}} \quad\quad\quad (2-20)$$

例2-1 用30m长的钢尺往返丈量 A、B 两点间的水平距离，丈量结果分别为：往测4个整尺段，余长为9.98m；返测4个整尺段，余长为10.02m。计算 A、B 两点间的水平距离 D_{AB} 及其相对误差 K。

解： 两点间的往测水平距离为：$D_{AB} = nl + q = 4 \times 30\text{m} + 9.98\text{m} = 129.98\text{m}$

两点间的返测水平距离为：$D_{BA} = nl + q = 4 \times 30\text{m} + 10.02\text{m} = 130.02\text{m}$

两点间的平均水平距离为：

$$D_{av} = \frac{1}{2}(D_{AB} + D_{BA}) = \frac{1}{2}(129.98\text{m} + 130.02\text{m}) = 130.00\text{m}$$

相对误差 K 为：

$$K = \frac{|D_{AB} - D_{BA}|}{D_{av}} = \frac{|129.98\text{m} - 130.02\text{m}|}{130.00\text{m}} = \frac{1}{3250}$$

相对误差分母愈大，则 K 值愈小，精度愈高；反之，精度愈低。在平坦地区，钢尺量距方法的相对误差一般不应大于1/3000；在量距较困难的地区，其相对误差也不应大于1/1000。

（2）倾斜地面距离测量

①水平量距法。在倾斜地面上量距时，如果地面起伏不大，可将钢尺拉平进行丈量。如图2-33所示，由 A 向 B 进行量至。后尺手以尺的零点对准地面 A 点，前尺手将钢尺拉在 AB 直线方向上，并使钢尺抬高水平，然后用垂球尖端将尺段的末端投影于地面上，再插以插钎，得1点。此时钢尺上分划读数即为 A、1两点间的水平距离。同法继续丈量其余各尺段。

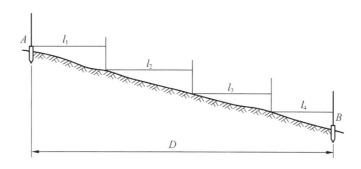

图2-33 水平量距法

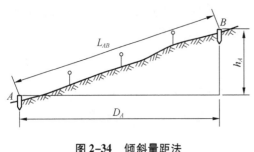

图 2-34　倾斜量距法

②倾斜量距法。当倾斜地面的坡度比较均匀时，如图 2-34 所示，可以沿倾斜地面丈量出 A、B 两点间的斜距 L_{AB}，测出地面的倾斜角 α，或 A、B 两点的高差 h_{AB}，然后计算 AB 的水平距离 D_{AB}，即：

$$D_{AB} = L_{AB}\cos\alpha \tag{2-21a}$$

$$D_{AB} = \sqrt{L_{AB}^2 - h_{AB}^2} \tag{2-21b}$$

（三）精密量距

当量距精度要求在 1/10 000 以上时，要用钢尺精密量距。精密量距前，要对钢尺进行检定。

1. 钢尺的检定

由于钢尺的材料性质、制造识差等原因，钢尺的实际长度与名义长度（尺上所标注的长度）不一样。通常在使用前要对钢尺进行检定，用钢尺的尺长方程式来表达尺长：

$$l_t = l_0 + \Delta l + \alpha(t - t_0) l_0 \tag{2-22}$$

式中：l_t 为钢尺在温度 t 时的实际长度（m）；l_0 为钢尺的名义长度（m）；Δl 为尺长改正数，即钢尺在温度 t_0 时的改正数（m）；α 为钢尺的膨胀系数，一般取 $\alpha = 1.25 \times 10^{-5}$ m/℃；t_0 为钢尺检定时的温度（℃）；t 为钢尺使用时的温度（℃）。

检定钢尺常用比长法，即将欲检定的钢尺与有尺长方程式的标准钢尺进行比较，认为它们的膨胀系数是相同的，求出尺长改正数，进一步求出欲检定钢尺的尺长方程式。

设丈量距离的基线长度为 D，丈量结果为 D'，则尺长改正数为：

$$\Delta l = \frac{D - D'}{D'} l_0 \tag{2-23}$$

2. 量距方法

量距前先使用经纬仪定线。如果地势平坦或坡度均匀，则可测定直线两端点高差作为倾斜改正的依据。若沿线坡度变化、地面起伏，定线时应注意坡度变化，两标志间的距离要略短于钢尺长度。丈量用弹簧秤对钢尺施加标准拉力，并测定温度。每段要丈量 3 次，每次丈量应略微变动尺子位置，3 次读得长度之差容许值一般为 2～5mm。如果在限差范围内，取 3 次的平均值作为最后结果。

（1）尺长改正

钢尺名义长度 l_0 一般和实际长度不相等，每量一段都需加入尺长改正。在标准拉力、标准温度下经过检定实际长度为 l'，其差值 Δl 为整尺段的尺长改正，即：

$$\Delta l = l' - l_0 \tag{2-24}$$

任一长度 l 尺长改正公式为：

$$\Delta l_d = \Delta l \times \frac{l}{l_0} \tag{2-25}$$

（2）温度改正

设钢尺在检定时的温度为 t_0℃，丈量时的温度为 t℃，钢尺的线膨胀系数 α（一般为

0.000 0125m/℃）。则某尺段 l 的温度改正为：

$$\Delta l_t = \alpha(t - t_0)l \tag{2-26}$$

（3）倾斜改正

设沿地面量斜距为 l，测得高差为 h，换成平距 d 要进行倾斜改正。则倾斜改正数 Δl_h 为：

$$\Delta l_h = -\frac{h^2}{2l} \tag{2-27}$$

每一尺段改正后的水平距离为：

$$d = l + \Delta l_d + \Delta l_t + \Delta l_h \tag{2-28}$$

（四）钢尺量距误差分析及注意事项

1. 钢尺量距的误差分析

影响钢尺量距精度的因素很多，下面简要分析产生误差的主要来源和注意事项。

（1）尺长误差

钢尺的名义长度与实际长度不符，会产生尺长误差，用该钢尺所量距离越长，则误差累积越大。因此，新购的钢尺必须进行检定，以求得尺长改正值。

（2）温度误差

钢尺丈量的温度与钢尺检定时的温度不同，将产生温度误差。按照钢的线膨胀系数计算，温度每变化1℃，丈量距离为30m时对距离的影响为0.4mm。在一般量距时，丈量温度与标准温度之差不超过 ±8.5℃ 时，可不考虑温度误差。但精密量距时，必须进行温度改正。

（3）拉力误差

钢尺在丈量时的拉力与检定时的拉力不同而产生误差。对于精确的距离丈量，应保持钢尺的拉力是检定时的拉力。

（4）钢尺倾斜和垂曲误差

量距时钢尺两端不水平或中间下垂成曲线时，都会产生误差。因此，丈量时必须注意保持尺子水平，整尺段悬空时，中间应有人托住钢尺，精密量距时须用水准仪测定两端点高差，以便进行高差改正。

（5）定线误差

由于定线不准确，所量得的距离是一组折线而产生的误差称为定线误差。在一般量距中，用标杆目估定线能满足要求。但精密量距时需用经纬仪定线。

2. 量距时的注意事项

①丈量时应检验钢尺，看清钢尺的零点位置。

②量距时定线要准确，尺子要水平，拉力要均匀。

③读数时要细心、精确，不要看错、读错。

④丈量工作结束后，要用软布擦干净尺上的泥和水。然后涂上机油，以防生锈。

三、视距测量

视距测量是利用望远镜内十字丝分划板上的视距丝在视距尺（或水准尺）上进行读数，

根据几何光学和三角学原理，同时测定水平距离和高差的一种方法。普通视距测量的相对精度为 1/300 ~ 1/200，只能满足地形测量的要求，主要用于地形测量中。

（一）视距测量的原理

1. 视准轴水平时的视距公式

常规测量的望远镜内都有视距丝装置。从视距丝的上、下丝 a_2 和 b_2（如图 2-35 所示）发出的光线在竖直面内所夹的角度 ϕ 是固定角。该角的两条边在尺上截得一段距离 $a_ib_i = l_i$（称为尺间隔）。由图 2-35 可以看出，已知固定角 ϕ 和尺间隔 l_i，即可推算出两点间的距离（视距）$D_i = \dfrac{l_i}{2} \text{ctg}\phi_i$。因 ϕ 保持不变，尺间隔 l_i 将与距离 D_i 呈正比例变化。这种测距方法称为定角测距。经纬仪、水准仪和全站仪等都是以此来设计测距的。

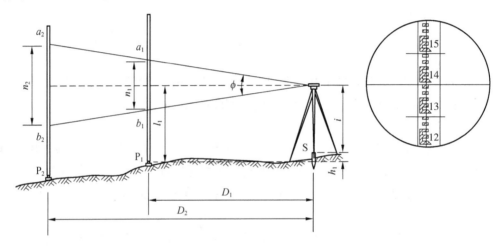

图 2-35　视准轴水平时的视距测量

如图 2-35 所示，尺间隔 $l_i = 1.490 - 1.289 = 0.201\text{m}$。

2. 视准轴倾斜时的视距公式

在地面起伏较大的地区进行视距测量时，必须使视线倾斜才能读取视距间隔。由于视线不垂直于视距尺，故不能直接应用上述公式。

设想将目标尺以中丝读数 l 这一点为中心，转动一个 α 角，使目标尺与视准轴垂直，由图 2-36 可推算出视线倾斜时的视距测量计算公式：

$$D = Kl \cdot \cos^2\alpha \tag{2-29}$$

$$h = \frac{1}{2}Kl\sin2\alpha + i - v \tag{2-30}$$

式中：K 为视距常数；α 为竖直角；i 为仪器高；v 为中丝读数即目标高。

（二）视距测量方法

欲计算地面上两点间的距离和高差，在测站上应观测 i、l、v、α 4 个量。所以，视距测量通常按下列基本步骤进行观测和计算。

①在 A 点安置经纬仪，量取仪器高 i，在 B 点竖立水准尺。

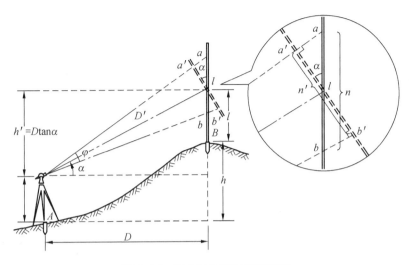

图 2-36 视准轴倾斜时视距测量

②盘左位置，转动照准部瞄准 B 点水准尺，分别读取上、下、中三丝读数，并算出尺间隔 l。

③转动竖盘指标水准管微动螺旋，使竖盘指标水准管气泡居中，读取竖盘读数，并计算垂直角 α。

④根据公式计算出水平距离和高差。

（三）视距测量误差来源及注意事项

1. 视距测量的误差

影响视距测量精度的因素主要有以下几方面。

（1）视距丝读数误差

视距丝读数误差是影响视距测量精度的重要因素，它与尺子最小分划的宽度、距离的远近、望远镜的放大率及成像清晰情况有关。因此，读数误差的大小，视具体使用的仪器及作业条件而定。由于距离越远误差越大，所以视距测量中要根据精度的要求限制最远视距。

（2）视距尺分划的误差

如果视距尺的分划误差是系统性的增大或减小，对视距测量将产生系统性的误差。这个误差在仪器常数检测时将反映在视距常数 K 上，即是否仍能使 K = 100，只要对 K 加以测定即可得到改正。

如果视距尺的分划误差是偶然性误差，即有的分划间隔大，有的分划间隔小，那么它对视距测量也将产生偶然性的误差影响。如果用水准尺进行普通视距测量，因通常规定水准尺的分划线偶然中误差为 ±0.5mm，所以按此值计算的距离误差为：$m_d = K(\sqrt{2} \times 0.5) = 0.071 \mathrm{m}$。

（3）视距常数 K 不准确的误差

一般视距常数 K = 100，但由于视距丝间隔有误差，标尺有系统性误差，仪器检定有误差，会使 K 值不为 100。K 值误差会使视距测量产生系统误差。K 值应在 100 ± 0.1 之内，否则应加以改正。

（4）竖角观测的误差

由距离公式 $D = Kl\cos^2\alpha$ 可知，α 有误差必然影响距离，即 $m_d = K/\sin2\alpha\,\dfrac{m_\alpha}{\rho}$。设 $Kl = 100\text{m}$、$\alpha = 45°$、$m_\alpha = \pm10''$，则 $m_d \approx \pm5\text{mm}$。可见，竖直角观测误差对视距测量影响不大。

（5）视距尺竖立不直的误差

如果标尺不能严格竖直，将对视距值产生误差。标尺倾斜误差的影响与竖直角有关，影响不可忽视。观测时可借助标尺上水准器保证标尺竖直。

（6）外界条件的影响

外界环境的影响主要是大气垂直折光的影响和空气对流的影响。大气垂直折光的影响较小，可用控制视线高度削弱，测量时应尽量使上丝读数大于 1m。同时选择适宜的天气进行观测，可削弱空气对流造成成像不稳甚至跳动的影响。

2. 注意事项

①观测时应抬高视线，使视线距地面在 1m 以上，以减少垂直折光的影响。

②为减少水准尺倾斜误差的影响，在立尺时应将水准尺竖直，尽量采用带有水准器的水准尺。

③水准尺一般应选择整尺，如用塔尺，应注意检查各节的接头处是否正确。

④竖直角观测时，应注意将竖盘水准管气泡居中或将竖盘自动补偿开关打开，在观测前，应对竖盘指标差进行检验与校正，确保竖盘指标差满足要求。

⑤观测时应选择风力较小，成像较稳定的情况下进行。

四、电磁波测距

与钢尺量距的烦琐和视距测量的低精度相比，电磁波测距具有测程长、精度高、操作简便、自动化程度高的特点。本节主要介绍电磁波测距的原理、测距仪种类、测距步骤及注意事项等内容。

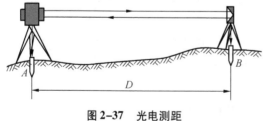

图 2-37 光电测距

（一）电磁波测距原理

光电测距是通过测量光波在待测距离上往返一次所经历的时间，来确定两点之间的距离。如图 2-37 所示，在 A 点安置测距仪，在 B 点安置反射棱镜，测距仪发射的调制光波到达反射棱镜后又返回到测距仪。设光速 c 为已知，如果调制光波在待测距离 D 上的往返传播时间为 t，则距离 D 为：

$$D = \frac{1}{2}c \cdot t \qquad (2\text{-}31)$$

式中：$c = c_0/n$，其中 c_0 为真空中的光速，其值为 299 792 458m/s；n 为大气折射率，它与光波波长 λ，测线上的气温 T、气压 P 和湿度 e 有关。因此，测距时还需测定气象元素，对距离进行气象改正。

由公式（2-31）可知，测定距离的精度主要取决于时间 t 的测定精度，即 $d_D = \frac{1}{2}cd_t$。当要求测距误差 d_D 小于 1cm 时，时间测定精度 d_t 要求准确到 6.7×10^{-11}s，这是难以做到的。因此，时间的测定一般采用间接的方式来实现。间接测定时间的方法有两种。

1. 脉冲法测距

由测距仪发出的光脉冲经反射棱镜反射后，又回到测距仪，被接收系统接收，测出这一光脉冲往返所需时间间隔 t 的钟脉冲的个数，进而求得距离 D。由于钟脉冲计数器的频率所限，所以测距精度只能达到 0.5～1m，故此法常用在激光雷达等远程测距上。

2. 相位法测距

相位法测距是通过测量连续的调制光波在待测距离上往返传播所产生的相位变化来间接测定传播时间，从而求得被测距离。红外光电测距仪就是典型的相位式测距仪。

红外光电测距仪的红外光源是由砷化镓（GaAs）发光二极管产生的。如果在发光二极管上注入一恒定电流，它发出的红外光光强则恒定不变。若在其上注入频率为 f 的高变电流（高变电压），则发出的光强随着注入的高变电流呈正弦变化，如图 2-38 所示，这种光称为调制光。

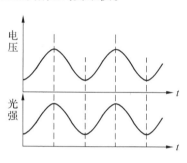

图 2-38　光的调制

测距仪在 A 点发射的调制光在待测距离上传播，被 B 点的反射棱镜反射后，又回到 A 点而被接收机接收。然后由相位计将发射信号与接收信号进行相位比较，得到调制光在待测距离上往返传播所引起的相位移 φ，其相应的往返传播时间为 t。如果将调制波的往程和返程展开，则有如图 2-38 所示的波形。

设调制光的频率为 f（每秒振荡次数），其周期 $T = \frac{1}{f}$，即每振荡一次的时间（s），则调制光的波长为：

$$\lambda = c \cdot T = \frac{c}{f} \tag{2-32}$$

如图 2-39 所示，在调制光往返的时间 t 内，其相位变化了 N 个整周（2π）及不足一周的余数 $\Delta\varphi$，而对应 $\Delta\varphi$ 的时间为 Δt，距离为 $\Delta\lambda$，则：

$$t = NT + \Delta t \tag{2-33}$$

由于变化一周的相位差为 2π，则不足一周的相位差 $\Delta\varphi$ 与时间 Δt 的对应关系为：

$$\Delta t = \frac{\Delta\phi}{2\pi} \cdot T \tag{2-34}$$

于是得到相位测距的基本公式：

$$D = \frac{1}{2}c \cdot t = \frac{1}{2}c \cdot \left(NT + \frac{\Delta\phi}{2\pi}T \right)$$

$$= \frac{1}{2}c \cdot T\left(N + \frac{\Delta\phi}{2\pi} \right) = \frac{\lambda}{2}(N + \Delta N) \tag{2-35}$$

式中：$\Delta N = \frac{\Delta\phi}{2\pi}$ 为不足一整周的小数。

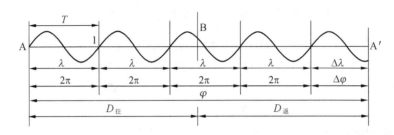

图 2–39　相位式测距原理

在相位测距基本公式（2-35）中，常将 $\frac{\lambda}{2}$ 看作是一把"光尺"的尺长，测距仪就是用这把"光尺"去丈量距离。N 则为整尺段数，ΔN 为不足一整尺段之余数。两点间的距离 D 就等于整尺段总长 $\frac{\lambda}{2}N$ 和余尺段长度 $\frac{\lambda}{2}\Delta N$ 之和。

测距仪的测相装置（相位计）只能测出不足整周（2π）的尾数 $\Delta\varphi$，而不能测定整周数 N，因此使公式（2-35）产生多值解。只有当所测距离小于光尺长度时，才能有确定的数值。例如，"光尺"为 10m，只能测出小于 10m 的距离；"光尺"为 1000m，则可测出小于 1000m 的距离。又由于仪器测相装置的测相精度一般为 1/1000，故测尺越长测距误差越大，其关系如表 2-11 所示。

表 2–11　测尺长度与测距精度

测尺长度 $\left(\frac{\lambda}{2}\right)$	10m	100m	1km	2km	10km
测尺频率（f）	15MHz	1.5MHz	150kHz	75kHz	15kHz
测距精度	1cm	10cm	1m	2m	10m

为了解决扩大测程与提高精度的矛盾，目前的测距仪一般采用两个调制频率，即利用两把"光尺"进行测距。用长测尺（称为粗尺）测定距离的大数，以满足测程的需要；用短测尺（称为精尺）测定距离的尾数，以保证测距的精度。将两者结果衔接组合起来，就是最后的距离值，并自动显示出来。例如：

$$
\begin{array}{r}
1.682 \\
571.6 \\
\hline
571.682\text{m} \quad \text{组合距离}
\end{array}
$$

若想进一步扩大测距仪器的测程，可以多设几个测尺。

（二）电磁波测距仪种类

目前，电磁波测距仪已发展为一种常规的测量仪器，其型号、工作方式、测程、精度等级多种多样，对于电磁波测距仪的分类通常有以下几种。

1. 按载波分类

2. 按测程分类

短程：<3km，用于普通工程测量和城市测量；

中程：3～5km，常用于国家三角网和特级导线测量；

长程：>15km，用于等级控制测量。

3. 按测量精度分类

电磁波测距仪的精度，由其机械结构和工作原理决定，常用如下公式表示：

$$m_D = a + b \cdot D \qquad (2\text{-}36)$$

式中：a 为不随测距长度变化的固定误差（mm），b 为随测距长度变化的误差比例系数（mm/km，常记为 ppm），D 为测距边长度（km）。

对于公式（2-36），设 $D = 1\text{km}$ 时，可划分为三级：

Ⅰ级：<5mm（每千米测距中误差）；

Ⅱ级：5～10mm；

Ⅲ级：11～20mm。

（三）电磁波测距步骤

目前国内外生产的测距仪种类很多，测距步骤也不尽相同，但基本包括如下操作步骤。

①在测站点安置经纬仪，安装测距仪；在照准点安置反射棱镜，量取仪器高和棱镜高（目标高），检查无误后开机，仪器自检。

②测定大气温度和气压，加入气象改正数。目前使用的测距仪，可以通过输入气温、气压数据后，自动加入气象改正数。

③设置测距参数。

④松开制动瞄准目标，用经纬仪十字丝照准反射棱镜觇板中心，观测垂直度。测距仪瞄准反射棱镜中心，当听到信号返回提示时，轻轻制动仪器，并用微动螺旋调整仪器，精确瞄准目标，使信号指针在回光信号强度的30%～80%。

⑤轻轻按动测距按钮，直到显示测距成果并记录。测距完成后，应当松开制动，并在关机后收装仪器。

（四）电磁波测距注意事项

①使用主机时要轻拿、轻放，运输时应将主机箱装入防震木箱内，避免摔伤和跌落。

②测距时，应避免在同一条直线上有两个以上反射体或其他明亮物体，以免测错距离。

③气象条件对光电测距影响较大，微风的阴天是观测的良好时机。

④避免在高压线下或有电磁场影响的范围内作业。例如，测距时应暂停无线电通话，不接近变压器、高压线等。

⑤要严防阳光及其他强光直射接收物镜，避免光线经镜头聚焦进入机内将部分元件烧坏，阳光下作业应撑伞保护仪器。

⑥测线应高出地面或障碍物1.3m以上，测线应避免通过吸热、散热不同的地区，如湖泊、河流和沟谷等。观测时要选择有利时间进行。

⑦到达测站后，应立刻打开气压计并放平，避免日晒。温度计应悬于离地面1.5m左右处，待与周围温度一致后，才能读数。

⑧在高差较大的情况下，反光镜必须准确瞄准主机，若瞄准偏差大，则会产生较大的测量误差。

五、直线定向

确定地面上两点之间的相对位置，除了需要测定两点之间的水平距离外，还需确定两点所连直线的方向。一条直线的方向，是根据某一标准方向来确定的。确定直线与标准方向之间的关系，称为直线定向。本节主要介绍真子午线、磁子午线、坐标纵轴等3个标准方向线，方位角、象限角的概念及其关系，坐标方位角的推算，坐标计算的基本原理及公式和罗盘仪的使用等内容。

（一）标准方向线

1. 真子午线方向

通过地球表面某点的真子午线的切线方向，称为该点的真子午线方向，其北端指示方向，所以又称真北方向。可以应用天文测量方法或者陀螺经纬仪，来测定地表任一点的真子午线方向。

2. 磁子午线方向

在地球磁场的作用下，磁针自由静止时所指的方向称为磁子午线方向。磁子午线方向都指向磁地轴，通过地面某点磁子午线的切线方向称为该点的磁子午线方向，其北端指示方向，所以又称磁北方向，可用罗盘仪测定。

3. 坐标纵轴方向

高斯平面直角坐标系以每带的中央子午线作为坐标纵轴，在每带内把坐标纵轴作为标准方向，称为坐标纵轴方向或中央子午线方向。坐标纵轴北向为正，所以又称轴北方向。如采用假定坐标系，则用假定的坐标纵轴（X轴）作为标准方向。坐标纵轴方向是测量工作中常用的标准方向。以上真北、磁北、轴北方向称为三北方向。

（二）方位角

1. 方位角的定义

在测量工作中，常采用方位角表示直线的方向。从直线起点的标准方向北端起，顺时针方向量至该直线的水平夹角，称为该直线的方位角。方位角取值为$0° \sim 360°$。如图2-40中$O1$、$O2$、$O3$和$O4$的方位角分别为A_1、A_2、A_3和A_4。

确定一条直线的方位角，首先要在直线的起点做出基本方向，如图2-41所示。如果以真子午线方向作为基本方向，那么得出的方位角称真方位角，用A表示；如果以磁子午线方向作为基本方向，则其方位角称为磁方位角，用A_m表示；如果以坐标纵轴方向作为基本

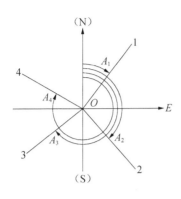

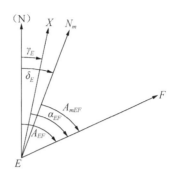

图2-40　方位角　　　　　图2-41　真方位角和磁方位角之间的关系

方向，则其角称为坐标方位角，用 α 表示。由于一点的真子午线方向与磁子午线方向之间的夹角是磁偏角 δ，真子午线方向与坐标纵轴方向之间的夹角是子午线收敛角 γ，所以从图2-41不难看出，真方位角和磁方位角之间的关系为：

$$A_{EF} = A_{mEF} + \delta_E \tag{2-37}$$

真方位角和坐标方位角的关系为：

$$A_{EF} = \alpha_{EF} + \gamma_E \tag{2-38}$$

式中：δ 和 γ 的值东偏时为 "+"，西偏时为 "-"。

2. 正、反坐标方位角

一条直线有正、反两个方向，直线的两端可以按正、反方位角进行定向。若设定直线 AB 为正方向，则 AB 直线的方位角为正方位角，BA 直线的方位角为反方位角；反之，也是一样的。直线 AB 方向与直线 BA 方向是完全不同的两个方向。

在实际的测量计算中，经常需进行同一直线正、反方位角的换算。由于通过不在同一真子午线（或磁子午线）上地面点的真子午线方向（或磁子午线）是不平行的，因此，直线的真方位角或磁方位角的正、反方位角之间的换算较复杂。为了便于计算，实际工作中一般都采用正、反方位角之间关系较为简单的坐标方位角来表示直线方向，简称方位角。如图2-42所示，直线 AB，从 A 到 B 的方位角为正方位角，用 α_{AB} 表示；从 B 到 A 的方位角就是反方位角，用 α_{BA} 表示。

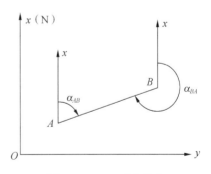

图2-42　正、反方位角

从图2-42中很容易看出，同一直线正、反坐标方位角相差180°，即：

$$\alpha_{AB} = \alpha_{BA} \pm 180° \quad 或 \quad \alpha_{正} = \alpha_{反} \pm 180°$$

（三）象限角

1. 象限角的定义

直线的方向还可以用象限角来表示。由坐标纵轴的北端或南端起，沿顺时针或逆时针方向量至直线的锐角，称为该直线的象限角，用 R 表示，其角值为 0°～90°。为了确定不同象

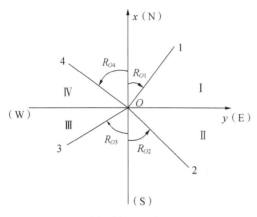

图 2-43 象限角

限中相同 R 值的直线方向，将直线的 R 前冠以把Ⅰ～Ⅳ象限分别用北东（NE）、南东（SE）、南西（SW）和北西（NW）表示的方位。同理，象限角亦有真象限角、磁象限角和坐标象限角。测量中采用的磁象限角 R 用方位罗盘仪测定。如图 2-43 所示，直线 $O1$、$O2$、$O3$ 和 $O4$ 的象限角分别为北东 R_{O1}、南东 R_{O2}、南西 R_{O3} 和北西 R_{O4}。

2. 象限角与坐标方位角的换算关系

象限角 R 与坐标方位角 α 的关系如图 2-44 和表 2-12 所示。

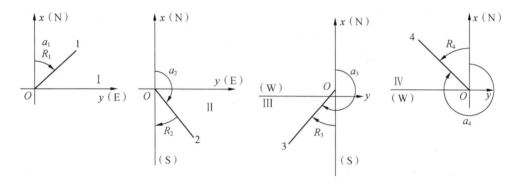

图 2-44 象限角与坐标方位角的关系

表 2-12 象限角 R 与坐标方位角 α 的关系

象限及名称	坐标方位角值	由方位角到象限角
Ⅰ北东	$0° \sim 90°$	$R = \alpha$
Ⅱ南东	$90° \sim 180°$	$R = 180° - \alpha$
Ⅲ南西	$180° \sim 270°$	$R = \alpha - 180°$
Ⅳ北西	$270° \sim 360°$	$R = 360° - \alpha$

（四）坐标方位角的推算

为了整个测区坐标系统的统一，测量工作中并不直接测定每条边的坐标方位角，而是通过与已知点（已知坐标和方位角）的连测，观测相关的水平角和距离，推算出各边的坐标方位角，计算直线边的坐标增量，再推算待定点的坐标。

由图 2-45 可以看出：

$$\alpha_{23} = \alpha_{21} - \beta_2 = \alpha_{12} + 180° - \beta_2 \qquad (2\text{-}39)$$

$$\alpha_{34} = \alpha_{32} + \beta_3 = \alpha_{23} + 180° + \beta_3 \qquad (2\text{-}40)$$

因 β_2 在推算路线前进方向的右侧，该转折角称为右角；β_3 在左侧，称为左角。从而可归纳

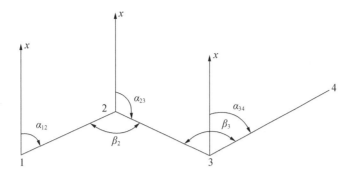

图 2-45 坐标方位角的推算

出推算坐标方位角的一般公式为:

$$\alpha_{前} = \alpha_{后} + \beta_{左} \pm 180°$$ (2-41)

$$\alpha_{前} = \alpha_{后} - \beta_{右} \pm 180°$$ (2-42)

计算中,如果 $\alpha_{前} > 360°$,应自动减去 360°;如果 $\alpha_{前} < 0°$,则自动加上 360°。

(五)坐标正、反算

在测量工作中,高斯平面直角坐标系是以投影带的中央子午线投影为坐标纵轴,用 X 表示,赤道线投影为坐标横轴,用 Y 表示,两轴交点为坐标原点。平面上两点的直角坐标值之差称为坐标增量:纵坐标增量用 Δx_{ij}、表示,横坐标增量用 Δy_{ij} 表示。坐标增量是有方向性的,脚标 ij 的顺序表示坐标增量的方向。如图 2-46 所示,设 A、B 两点的坐标分别为 $A(x_A, y_A)$,$B(x_B, y_B)$,则 A 至 B 点的坐标增量为:

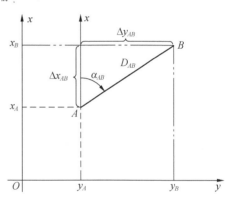

图 2-46 坐标增量符号与直线方向的关系

$$\begin{cases} \Delta x_{AB} = x_B - x_A \\ \Delta y_{AB} = y_B - y_A \end{cases}$$

B 到 A 的坐标增量为:

$$\begin{cases} \Delta x_{BA} = x_A - x_B \\ \Delta y_{BA} = y_A - y_B \end{cases}$$

很明显,A 至 B 与 B 至 A 的坐标增量,绝对值相等,符号相反。可见,直线上两点的坐标增量的符号与直线的方向有关。坐标增量的符号与直线方向的关系如图 2-46 所示。由于坐标增量和坐标方位角均有方向性,务必注意下标的书写。

1. 坐标正算

根据直线起点的坐标、直线长度及其坐标方位角计算直线终点的坐标,称为坐标正算。

如图 2-46 所示,A 为已知点,B 为未知点,假设已知水平距离 D_{AB} 和 AB 变的方向角 α_{AB},则可以计算出 B 点的坐标:

$$\begin{cases} x_B = x_A + \Delta x_{AB} = x_A + D_{AB} \times \cos a_{AB} \\ y_B = y_A + \Delta y_{AB} = y_A + D_{AB} \times \sin a_{AB} \end{cases}$$ (2-43)

由此可以看出，坐标正算主要是坐标增量的计算。计算中要注意坐标增量的正、负符号。

例 2-2 已知 N 点的坐标为 $x_N = 3088.366\text{m}$，$y_N = 6443.522\text{m}$，NP 的水平距离 $S_{NP} = 110.509\text{m}$，NP 的坐标方位角 $\alpha_{NP} = 292°08'47''$，试求 P 点的坐标 x_P、y_P。

解：

$$\Delta x_{NP} = 110.509 \times \cos292°08'47'' = 41.659\text{m}$$

$$\Delta y_{NP} = 110.509 \times \sin292°08'47'' = -102.356\text{m}$$

$$x_P = 3088.366 + 41.659 = 3130.025\text{m}$$

$$y_P = 6443.522 - 102.356 = 6341.166\text{m}$$

2. 坐标反算

根据已知两点坐标，计算两点间水平距离和两点所成直线坐标方位角，称为坐标反算。

假设已知 A、B 两点的平面坐标值，则可以计算出 A、B 两点间的水平距离 D_{AB} 和方位角 α_{AB}：

$$D_{AB} = \sqrt{\Delta x_{AB}^2 + \Delta y_{AB}^2} \tag{2-44}$$

$$\alpha_{AB} = \text{arctg}\left(\frac{\Delta y_{AB}}{\Delta x_{AB}}\right) \tag{2-45}$$

式中：$\Delta y_{AB} = y_B - y_A$，$\Delta x_{AB} = x_B - x_A$。

需要特别说明的是：公式（2-45）中的方位角 α_{AB}，其值域为 $0° \sim 360°$，而等式右侧的 arctg 函数，其值域为 $-90° \sim 90°$，两者是不一致的。故当按公式（2-45）的反正切函数计算坐标方位角时，计算器上得到的是象限值，因此应根据坐标增量 Δx，Δy 的符号按表 2-13 决定其所在象限，再把象限角转换成相应的坐标方位角。

表 2-13 坐标方位角的取值范围与计算公式

象限	方位角	Δx	Δy	换算公式
I	$0° \sim 90°$	+	+	$\alpha_{AB} = \arctan\Delta x/\Delta y$
II	$90° \sim 180°$	-	+	$\alpha_{AB} = \arctan\Delta x/\Delta y + 180°$
III	$180° \sim 270°$	-	-	$\alpha_{AB} = \arctan\Delta x/\Delta y + 180°$
IV	$270° \sim 360°$	+	-	$\alpha_{AB} = \arctan\Delta x/\Delta y + 360°$

例 2-3 已知 A、B 两点的坐标分别为 $x_A = 5443.211\text{m}$，$y_A = 2099.384\text{m}$，$x_B = 5384.657\text{m}$，$y_B = 2206.700\text{m}$，试求 A、B 的水平距离 S 和坐标方位角 α_{AB}。

解：

$$\Delta x_{AB} = 5384.657 - 5443.211 = -58.554$$

$$\Delta y_{AB} = 2206.700 - 2099.384 = 107.316$$

$$R_{AB} = \text{arctg}(107.316/58.554) = 61°22'56''$$

$$\alpha_{AB} = 180° - 61°22'56'' = 118°37'04''$$

$$S = \sqrt{(-58.554)^2 + (107.316)^2} = 122.251\text{m}$$

检核计算：$S = 107.316/\sin118°37'04'' = 122.251\text{m}$

Casio fx-50F 计算器计算：$\boxed{\text{shift}}$ $\boxed{+}$ （-58.554，107.316）$\boxed{\text{EXE}} = 122.251$，$\boxed{\text{RCL}}$ ，

W = 118. 617 7777 $\boxed{\text{shift}}$ $\boxed{° \ ' \ ''}$ = 118°37′04″。

检验：$\boxed{\text{shift}}$ $\boxed{-}$ （122. 251，118. 617 7777）$\boxed{\text{EXE}}$ = − 58. 554，$\boxed{\text{RCL}}$ $\boxed{,}$，W = + 107. 316

（六）罗盘仪及其使用

罗盘仪是用来测定直线磁方位角的仪器，其精度虽不高，但具有结构简单、使用方便等特点。在普通测量中，常用罗盘仪测定起始边的磁方位角，用以近似代替起始边的坐标方位角，作为独立测区的起算数据。

1. 罗盘仪的构造

罗盘仪主要部件有磁针、望远镜和刻度盘等，如图2-47所示。

（1）磁针

磁针由人造磁铁制成，其中心装有镶着玛瑙的圆形球窝，刻度盘中心装有顶针，磁针球窝支在顶针上，为了减轻顶针尖不必要的磨损，在磁针下装有小杠杆，不用时拧紧下面的顶针螺丝，使磁针离开顶针。磁针静止时，一端指向地球的南磁极，另一端指向北磁极。为了减小磁倾角的影响，在南端绕有铜丝。

（2）望远镜

望远镜由物镜、十字丝分划板和目镜组成，是一种小倍率的外对光望远镜。此外，罗盘仪还附有圆形或管形水准器及球臼装置，用以整平仪器。为了控制度盘和望远镜的转动，附有度盘制动螺旋及望远镜制动螺旋和微动螺旋。一般罗盘仪都附有三脚架和垂球，用以安置仪器。

图2-47　罗盘仪

（3）刻度盘

刻度盘为钢或铝制成的圆环，最小分划为1°或30′，每10°有一注记，按逆时针方向从0°注记到360°。望远镜物镜端与目镜端分别在0°与180°刻度线正上方，如图2-48所示。罗盘仪在定向时，刻度盘与望远镜一起转动指向目标，当磁针静止后，刻度盘上由0°逆时针方向至磁针北端所指的读数即为所测直线的磁方位角。这种刻度盘是方位罗盘仪，如图2-49（a）所示；由北、南向东、西各0°~90°刻画，为象限罗盘仪，如图2-49（b）所示。

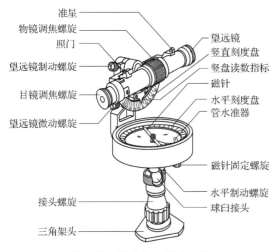

图2-48　罗盘仪各部分名称

2. 用罗盘仪测定直线的磁方位角

（1）将仪器搬到测线的一端，并在测线另一端插上花杆。

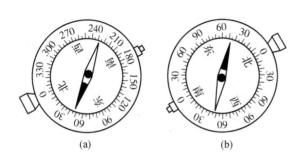

图2-49 刻度盘

（2）安置仪器

①对中。将仪器装于三脚架上，挂上锤球后，移动三脚架，使垂球尖对准测站点，此时仪器中心与地面点处于同一条铅垂线上。

②整平。松开仪器球形支柱上的螺旋，上、下俯仰度盘位置，使度盘上的两个水准气泡同时居中，旋紧螺旋，固定度盘，此时罗盘仪主盘处于水平位置。

（3）瞄准读数

①转动目镜调焦螺旋，使十字丝清晰。

②转动罗盘仪，使望远镜对准测线另一端的目标，调节调焦螺旋，使目标成像清晰稳定，再转动望远镜，使十字丝对准立于测点上的花杆最底部。

③松开磁针制动螺旋，待磁针静止后，从正上方向读取磁针指北端所指的读数，即为测线的磁方位角。

④读数完毕后，旋紧磁针制动螺旋，将磁针顶起，以防止磁针磨损。

3. 使用罗盘仪注意事项

①在磁铁矿区或距离高压线、无线电天线、电视转播台等较近的地方不宜使用罗盘仪，会有电磁干扰现象。

②观测时，铁器等物体（如斧头、钢尺、测钎等）不要接近仪器。

③读数时，眼睛的视线方向与磁针应在同一竖直面内，以减小读数误差。

④观测完毕后，搬动仪器时应拧紧磁针制动螺旋，固定好磁针，以防损坏磁针。

子情境4 全站仪导线测量

导线测量的过程是将地面已知点和未知点连成一系列连续的折线，观测这些折线的水平距离和折线间的折角，根据已知点坐标和观测值，推算各未知点的平面坐标。由于导线测量布设灵活、计算简单、适应面广，因而广泛地应用于各等级的平面控制测量中，是目前地形平面控制测量中最主要的测量方法之一。导线测量的外业工作参看本学习情境子情境1中地形测图平面控制测量的外业工作相关内容，这里主要介绍导线测量的内业工作。

一、导线测量布设形式

（一）附合导线

如图2-50所示，先约定双线为已知边，单线为待定边。导线始于一个已知点，连接一系列未知点，最后终于另一个已知点。两端都有已知方向的称为双定向附合导线，简称附合导线。若只有一端有已知方向，则称为单定向附合导线，若两端均无已知方向，则称为无定向附合导线。单定向附合导线和无定向附合导线通常在井下应用，地面应用较少。

（二）闭合导线

如图 2-51 所示，导线自一个已知点开始，连接一系列未知点，最后终于原来的起始点，称为闭合导线。闭合导线的起点一般应有已知方向，除了观测各折角外，还应观测已知方向与导线边的连接角。否则，各导线边的坐标方位角无法推算。

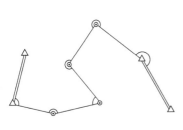

图 2-50　附合导线

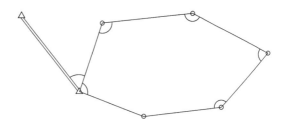

图 2-51　闭合导线

（三）支导线

如图 2-52 所示，导线自一个已知点开始，连接一系列未知点，最后终于一个未知点，称为支导线。支导线既不附合到另一个已知点，又不回到原来的起始点，没有检核条件，不易发现错误，故一般不宜采用。

附合导线、闭合导线和支导线统称为单一导线。

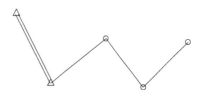

图 2-52　支导线

二、导线测量的内业计算

导线的外业观测工作结束后，经检查无误，即可进行内业计算工作。内业计算工作之前，必须先对外业记录进行全面的整理与检查，以确保原始数据的正确性。然后绘制导线略图，注明点号和相应的角度与边长，供计算时使用。绘制导线测量观测略图后，应严格校对，防止抄写错误。

（一）闭合导线的内业计算

由于在导线的边长和角度测量中不可避免地存在误差，所以在导线计算中将会出现两个矛盾：一是观测角的总和与几何图形的理论值不符的矛盾，其差值称为角度闭合差；二是从已知点出发逐点计算各点坐标，最后闭合到原出发点，其推算的坐标与已知点坐标不符，其差值称为坐标闭合差。合理地处理这两种矛盾，最后正确计算出各导线点的坐标，就是导线测量内业计算的主要内容。

1. 角度闭合差的计算与调整

（1）闭合导线角度闭合差的计算

设闭合导线有 n 条边，由几何学可知，平面多边形的内角总和的理论值为：

$$\sum \beta_{\text{理}} = (n-2) \times 180°$$

若闭合导线内角观测值之和为 $\sum \beta_{\text{测}}$，则角度闭合差为：

$$f_{\beta} = \sum \beta_{\text{测}} - \sum \beta_{\text{理}} = \sum \beta_{\text{测}} - (n-2) \times 180° \tag{2-46}$$

f_β 的绝对值大小，表明了角度观测的精度。根据《工程测量规范》，首级图根控制导线及加密图根控制导线的 f_β 的容许值，分别不应超过 $\pm 40''\sqrt{n}$ 和 $\pm 60''\sqrt{n}$（n 为导线转折角个数）。若计算出的 f_β 没有超出规定的范围，就可以进行角度闭合差的分配与调整；反之，若计算出的结果超出规范规定的范围，则应检查原始记录，重新观测有问题的测站，查不出原因时，应重新观测所有测站。

（2）角度闭合差的调整

由于各导线的转折角均是同精度观测值，可认为每个角度的观测值具有同样的误差，所以角度闭合差的分配原则是：将角度闭合差以相反的符号平均分配到各观测角中，使改正后的角度之和等于理论值。每个角度的改正数用 v_β 表示，则：

$$v_\beta = -f_\beta/n \tag{2-47}$$

当按上式计算不能整除时，通常对一些短边的邻角多分配一些，最后使各角改正数的总和等于负的闭合差，即：

$$\sum v_\beta = -f_\beta$$

将各角度观测角加上相应改正数后，即得改正后的角值，亦称为平差角值。

2. 推算导线各边的坐标方位角

根据已知边的坐标方位角和调整后的转折角，利用方位角推算公式（2-41）和公式（2-42）进行计算。为检查计算正确与否，最后必须推算到起始边的坐标方位角。

3. 坐标增量计算

依据导线各边边长及推算出的坐标方位角，利用相应的增量计算公式计算出各边的坐标增量。坐标增量闭合差的计算及其分配如下。

（1）闭合导线坐标增量闭合差的计算

对于闭合导线，无论边数多少，其纵、横坐标增量的代数和理论上应等于零，即：

$$\left.\begin{array}{l} \sum \Delta x = 0 \\ \sum \Delta y = 0 \end{array}\right\} \tag{2-48}$$

在实际工作中，由于边长丈量有误差，平差角值中也仍然含有残余误差。因此，计算的纵、横坐标增量的代数和不一定等于零。也就是说，存在着纵、横坐标增量闭合差，分别以 f_x、f_y 表示，即：

$$\left.\begin{array}{l} f_x = \sum \Delta x_{测} - \sum \Delta x_{理} \\ f_y = \sum \Delta y_{测} - \sum \Delta y_{理} \end{array}\right\} \tag{2-49}$$

将公式（2-48）代入公式（2-49）后得：

$$\left.\begin{array}{l} f_x = \sum \Delta x_{测} \\ f_y = \sum \Delta y_{测} \end{array}\right\} \tag{2-50}$$

导线存在坐标增量闭合差，反映了导线没有闭合，其几何意义如图 2-53 所示。图中的 11′ 段距离叫作导线全长闭合差，以 f_S 表示，按几何关系得：

$$f_S = \sqrt{f_x^2 + f_y^2}$$

一般来说，导线越长，误差的累积越大，这样 f_S 也会相应增大。所以导线的精度不能单纯以 f_S 的大小来衡量。导线的精度通常以全长相对闭合差来表示，若以 K 表示导线全长相对闭合差，以 $\sum S$ 表示导线的全长，则：

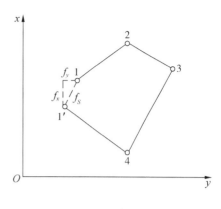

$$K = \frac{f_S}{\sum S} = \frac{1}{\dfrac{\sum S}{f_S}} \qquad (2\text{-}51)$$

全长相对闭合差 K 的分母越大，导线精度越高。

图2-53　导线全长相对闭合差

导线全长相对闭合差的容许值，视不同情况而有具体的规定。对于图根电磁波测距导线，规范规定 $K \leqslant 1/4000$，图根钢尺导线 $K \leqslant 1/2000$。如施测导线计算的相对精度低于上述要求，应首先检查外业观测手簿的记录和全部内业计算，如仍不能发现错误，则应到现场检查或重测。如果相对闭合差在容许范围内，那么就可以进行坐标增量闭合差分配。

（2）坐标增量闭合差的调整

坐标增量闭合差调整是为了消除观测结果与理论值不符的矛盾，其常用调整方法是：将 f_x、f_y 反符号并按与边长成正比的原则分配到各边的坐标增量中去。若以 V_x、V_y 分别表示纵横坐标增量的改正数，则：

$$V_{x_i} = -\frac{f_x}{\sum S} S_i \qquad (2\text{-}52)$$

$$V_{y_i} = -\frac{f_y}{\sum S} S_i \qquad (2\text{-}53)$$

坐标增量改正数要求计算到毫米。由于数字凑整的原因，可能还会有微小的不符值，可调整到长边的坐标增量改正数上，使改正数的代数和满足：

$$\sum V_x = -f_x$$

$$\sum V_y = -f_y$$

以此作为计算的检核。

4. 坐标计算

根据已知点的坐标和改正后的坐标增量，利用坐标计算公式，依次推算出各点坐标，最后还需推算出起始点的坐标。起始点的坐标计算值应与已知值完全一致，否则说明计算有误，需查找原因。

例 2-4 现以图 2-54 所注记的数据为例（该例为图根导线），结合表 2-14 闭合导线坐标计算表的使用，计算闭合导线坐标。

（1）利用计算器计算

解：导线计算一般在固定、规范的计算表格中进行，本例的计算在表 2-14 中完成。

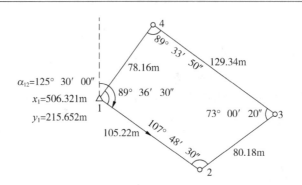

图2-54　闭合导线坐标算例

表2-14　闭合导线坐标计算表

点号	观测角（左角）（° ′ ″）	改正数（″）	改正角（° ′ ″）	坐标方位角（° ′ ″）	距离（m）	坐标增量		改正后的坐标增量		坐标值		点号
						Δx（m）	Δy（m）	$\Delta \hat{x}$（m）	$\Delta \hat{y}$（m）	$\hat{x}$（m）	$\hat{y}$（m）	
1	2	3	4	5	6	7	8	9	10	11	12	13
1				125 30 00	105.22	-0.02 -61.10	+0.02 +85.66	-61.12	+85.68	506.321	215.652	1
2	107 48 30	+13	107 48 43	53 18 43	80.18	-0.02 +47.90	+0.02 +64.30	+47.88	+64.32	445.20	301.33	2
3	73 00 20	+12	73 00 32	306 19 15	129.34	-0.03 +76.61	+0.02 -104.21	+76.58	-104.19	493.08	36.65	3
4	89 33 50	+12	89 34 02	215 53 17	78.16	-0.02 -63.32	+0.01 -45.82	-63.34	-45.81	569.66	261.46	4
1	89 36 30	+13	89 36 43	125 30 00						506.321	215.652	1
2												
总和	359 59 10	+50	360 00 00		392.90	+0.09	-0.07	0.00	0.00			

辅助计算	$\sum \beta_{理} = 359°59'10''$ $\sum \beta_{理} = 360°$ $f_\beta = \sum \beta_{测} - \sum \beta_{理} = -50''$ $f_{\beta容} = \pm60''\sqrt{n} = \pm120''$	$f_x = \sum \Delta x_{测} = 0.09\text{m},\ f_y = \sum \Delta y_{测} = -0.07\text{m}$ 导线全长闭合差 $f = \sqrt{f_x^2 + f_y^2} = 0.11\text{m}$ 导线相对闭合差 $K = \dfrac{1}{\sum D/F} \approx \dfrac{1}{3500}$ 容许相对闭合差 $K_容 = 1/2000$

（2）使用 Excel 程序进行闭合导线坐标计算

使用 Excel 计算闭合导线坐标的界面如图2-55所示，操作步骤如下。

①第1行用作表题，第2行用作标题栏。在A3～A8单元输入点号。

②水平角观测值的输入：在B4～B7单元输入水平角的度数，在C4～C7单元输入水平角的分数，在D4～D7单元输入水平角的秒数。将每个水平角的度、分、秒分成3列输入，

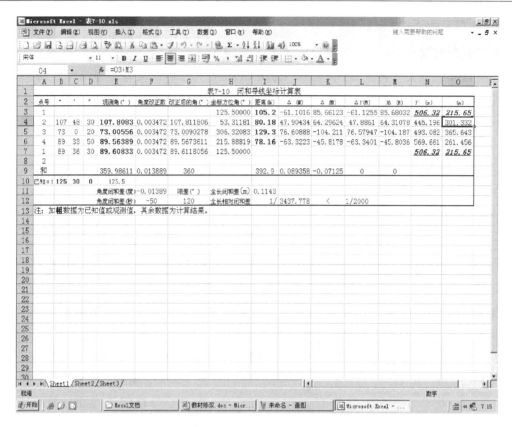

图 2-55　导线坐标计算表

为了便于将 60 进制的角度换算为十进制的度。

③水平距离的输入：在 I3 ~ I6 单元输入水平距离值。

④已知数据的输入：在 N3 单元输入 1 号点的 x 坐标，在 O3 单元输入其 y 坐标，在 H3 单元输入以度为单位的已知坐标方位角。

⑤将 60 进制的水平角换算为十进制的度，作为单位，其结果放置在 E4 ~ E7 单元中。其中，E4 单元的公式为 "= B4 + C4/60 + D4/3600"，将 E4 单元的公式复制到 E5 ~ E7。在 E9 单元输入公式 "= SUM(E4：E7)"，计算 $\sum \beta_{测}$。

⑥在 F11 单元输入公式 "= E9 - 360"，计算以度为单位的 f_β，在 F12 单元输入公式 "= F11 * 3600"，计算以秒为单位的 f_β，在 G12 单元输入公式 "= 60 * SQRT(4)"，计算 f_β 容许值。

⑦在 F4 单元输入公式 "= -\$F\$11/4"，计算角度改正数 V_β，将 F4 单元的公式复制到 F5 ~ F7；在 F9 单元输入公式 "= SUM(F4：F7)"，计算角度改正数之和 $\sum V_\beta$，它应等于 F11 单元值的反号。

⑧在 G4 单元输入公式 "= E4 + F4"，计算改正后的角度值，将 G4 单元的公式复制到 G5 ~ G7；在 G9 单元输入公式 "= SUM(G4：G7)"，计算改正后的角度之和，它应等 360°。

⑨在 H4 单元输入公式 "= H3 + G4 + IF(H3 + G4 > 180, - 180, 180)"，计算坐标方位

— 69 —

角，将 H4 单元的公式复制到 H5 ~ H7。

⑩在 I9 单元输入公式 "= SUM(I3：I6)"，计算距离之和 $\sum D$。

⑪在 J3 单元输入公式 "= I3 * COS(RADIANS(H3))"，计算坐标增量 Δx_{12}，将 J3 单元的公式复制到 J4 ~ J6；在 J9 单元输入公式 "= SUM(J3：J6)"，计算 f_x；在 K3 单元输入公式 "= I3 * SIN(RADIANS(H3))"，计算坐标增量 Δy_{12}，将 K3 单元的公式复制到 K4 ~ K6；在 K9 单元输入公式 "= SUM(K3：K6)"，计算 f_y。

⑫在 I11 单元输入公式 "= SQRT(J9^2 + K9^2)"，计算 f，在 J12 单元输入公式 "= I9/I11"，计算导线相对误差 K 的分母值。

⑬计算调整后的坐标增量：在 L3 单元输入公式 "= J2 - I3/\$I\$9 * \$J\$"，计算 $\Delta \hat{x}_{12}$，将 L3 单元的公式复制到 L4 ~ L6；在 L9 单元输入公式 "= SUM(L3：L6)"，计算 $\sum \Delta \hat{x}$，它应等于 0；在 M3 单元输入公式 "= K2 - I3/\$I\$9 * \$J\$"，计算 $\Delta \hat{y}_{12}$，将 M3 单元的公式复制到 M4 ~ M6；在 M9 单元输入公式 "= SUM(M3：M6)"，计算 $\sum \Delta \hat{y}$，它应等于 0。

⑭计算导线点的坐标：在 N4 单元输入 "= N3 + L3"，计算 X_2，将 N4 单元的公式复制到 N5 ~ N7，其中，N7 单元的值应等于 N3 单元的值；在 O4 单元输入公式 "= O3 + M3"，计算 Y_2，将 O4 单元的公式复制到 O5 ~ O7，其中，O7 单元的值应等于 O3 单元的值。

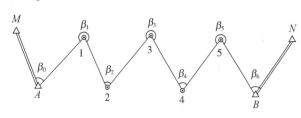

图 2-56　附合导线的计算

（二）附合导线测量内业计算

附合导线测量内业计算与闭合导线基本相同，两者的主要差异在于角度闭合差 f_β 和坐标增量闭合差 f_x、f_y 的计算，下面以图 2-56 所示的导线为例进行讨论。

1. 角度闭合差 f_β 的计算

如图 2-56 所示的附合导线，M、A、B、N 为已知点，$\beta_1 \sim \beta_5$ 为左折角，β_0、β_6 为连接角，α_{MA} 为已知方向 MA 的方位角，α_{BN} 为已知方向 BN 的方位角。

由于 M、A、B、N 为已知点，α_{MA}、α_{BN} 可以由坐标反算求得。我们先将 BN 边的方位角看成是未知的，按照方位角沿连续折线传递的方法，由 α_{MA} 和 β_0、$\beta_1 \sim \beta_5$、β_6 来推算 BN 边的方位角。如果 α_{MA} 和 β_0、$\beta_1 \sim \beta_5$、β_6 没有误差，则 BN 边方位角的推算值应与已知值一致。但是，观测不可能没有误差。所以，一般地，BN 边方位角的推算值应与已知值不相等。这个差值称为附合导线的角度闭合差。

闭合差是测量中的一个重要概念，一般规定：

$$闭合差 = 推算值（或观测值） - 已知值（或理论值）$$

角度闭合差以 f_β 表示，参照公式（2-41），即：

$$f_\beta = \alpha_{MA} + \sum \beta \pm 7 \times 180° - \alpha_{BN}$$

写成通式为：

$$f_\beta = \alpha_0 + \sum \beta \pm n \times 180° - \alpha \tag{2-54}$$

式中：n 为转折角个数，包括连接角，β 为左角。

角度闭合差的表达式还可以写成：

$$f_\beta = \sum \beta \pm n \times 180° - (\alpha_n - \alpha_0) \tag{2-55}$$

这表示角度闭合差也是方位角增量的观测值与方位角增量的已知值之差。

角度闭合差的存在主要是由测角误差引起的，它的大小在一定程度上反映了观测误差的大小，所以，角度闭合差不能太大。为了控制较大的测量误差，测量规范对各等级导线测量的角度闭合差的限差做了规定。导线测量角度闭合差的限差一般为该等级测角中误差的 $2\sqrt{n}$ 倍，n 为导线折角个数。当角度闭合差超过限差时，如经检查计算无误，则表明观测的误差太大，观测的质量不符合本级别的精度要求，应返工重新观测折角。角度闭合差若没有超限，将闭合差反号平均分配给各折角的观测值上，这就是角度闭合差的配赋，也称为平差。配赋后的观测值称为平差值。各折角的分配数叫作观测值的改正数，以 V_i 表示，即：

$$V_1 = V_2 = V_3 = \cdots = V_n = -f_\beta/n \tag{2-56}$$

角度闭合差的配赋是为了消除闭合差。在计算到整秒时，改正数由于凑整问题，造成配赋后仍然不能完全消除闭合差而存在残差。这时，应调整个别角度的改正数，以使闭合差完全消除，即满足 $f_\beta = -\sum V$，残差一般可加在短边所夹的角或长短边所夹的角上。经调整的改正数会不相等，此时，应该把余值（相同改正数的个数较少的叫余值）间隔均匀地分配到导线折角上，或者分配到较短的边长上。例如，$f_\beta = 40''$，$n = 9$，则 $V = -40''/9 = -4.4''$，凑整到秒为 $V = -4''$。显然，$f_\beta \neq -\sum V$，不能使闭合差完全消除。这时，应将其中 4 个改正数调整为 $-5''$，另外 5 个改正数仍然为 $-4''$，$-5''$ 的改正数即为余值。

2. 坐标方位角的计算

角度闭合差分配后，要用角度平差值和已知方向来推算导线各边的坐标方位角。如图 2-56 所示，先按坐标反算求出 α_{MA}，然后依次计算各边坐标方位角。即：

$$\alpha_{A1} = \alpha_{MA} + \beta_0 + V_0 \pm 180°$$
$$\alpha_{12} = \alpha_{A1} + \beta_1 + V_1 \pm 180°$$
$$\alpha_{23} = \alpha_{12} + \beta_2 + V_2 \pm 180°$$
$$\cdots\cdots$$
$$\alpha_{BN} = \alpha_{5B} + \beta_6 + V_6 \pm 180° \tag{2-57}$$

由于消除了角度闭合差，故 BN 边的计算方位角应与由坐标反算的已知方位角完全一致。若不一致，则说明计算有误，应重新检查计算。

3. 坐标闭合差的计算与配赋

导线各边的坐标方位角确定后，就可以根据坐标方位角和观测的水平距离计算各边的坐标增量，从而确定各未知点的坐标。由于存在观测误差，推算的 B 点的坐标与 B 点的已知坐标必然存在一个差值，这个差值称为坐标闭合差。坐标闭合差是由测角误差和测边误差共同引起的，测角误差虽然经过角度闭合差配赋有所减弱，但并没有完全消除。纵、横坐标闭合差以 f_x、f_y 表示：

$$f_x = x_A + \sum_1^n \Delta x - x_B$$

$$f_y = y_A + \sum_1^n \Delta y - y_B \tag{2-58}$$

式中：Δx、Δy 为导线各边计算的纵、横坐标增量。

推算点与已知点之间的平面距离以 f_S 表示，称为导线全长闭合差：

$$f_S = \sqrt{f_x^2 + f_y^2} \tag{2-59}$$

f_S 的大小与导线总长有关。通常以 f_S 与导线总长的比值来表示导线测量的精度，称为导线的全长相对闭合差，常常简称相对闭合差。导线的相对闭合差一般以分子为 1 的分数形式表示，即：

$$\frac{f_S}{\sum S} = \frac{1}{T} \tag{2-60}$$

测量规范规定了各等级导线的相对闭合差的限差。图根导线的相对闭合差限差一般为 1/4000。导线的相对闭合差若超过了限差，如经检查计算无误，应返工重新观测。导线的相对闭合差若没有超过限差，则应将纵、横坐标闭合差反号，并按与边长成比例分配到相应的纵、横坐标增量上。分配到坐标增量上的数值称为坐标改正数，以 V_x、V_y 表示。各边的纵、横坐标改正数分别为：

$$V_{x_i} = -\frac{f_x}{\sum S} S_i$$

$$V_{y_i} = -\frac{f_y}{\sum S} S_i \tag{2-61}$$

加入坐标改正数后的坐标增量称为坐标增量的平差值。

与角度闭合差分配一样，坐标闭合差的分配，也可能因为改正数凑整的影响，最后造成推算坐标不能与已知坐标完全闭合。所以，也需要对个别改正数进行调整，以满足：

$$\sum V_x = f_x$$

$$\sum V_y = f_y \tag{2-62}$$

4. 坐标计算

根据导线起始点坐标，各边坐标增量平差值，即可依次计算各未知点的坐标：

$$x_1 = x_A + \Delta x_{A1} + V_{x_{A1}}, \quad y_1 = y_A + \Delta y_{A1} + V_{y_{A1}}$$

$$x_2 = x_1 + \Delta x_{12} + V_{x_{12}}, \quad y_2 = y_1 + \Delta y_{12} + V_{y_{12}}$$

$$x_3 = x_2 + \Delta x_{23} + V_{x_{23}}, \quad y_3 = y_2 + \Delta y_{23} + V_{y_{23}}$$

$$\cdots\cdots$$

$$x_B = x_5 + \Delta x_{5B} + V_{x_{5B}}, \quad y_B = y_5 + \Delta y_{5B} + V_{y_{5B}} \tag{2-63}$$

由于消除了坐标闭合差，故 B 的计算坐标应与 B 点的已知坐标完全一致。若不一致，则说明计算有误，应重新检查计算。

导线计算一般是在专用的表格中进行。附合导线的计算步骤如下：

①按导线推算方向填写导线点号，将已知数据和观测数据分别抄录到导线计算表中相应

的位置，并检查无误。

②在表格下方备注栏计算角度闭合差，并检查角度闭合差是否超限，若不超限，则计算角度改正数，并将角度改正数填入表中相应位置。

③根据改正后的角度依次推算各边的坐标方位角，推算到最后已知边的方位角应与已知方位角闭合。

④根据各边坐标方位角及水平距离，计算各边纵、横坐标增量。

⑤在表格下方备注栏计算纵、横坐标闭合差，并检查相对闭合差是否超限，若不超限，则计算纵、横坐标改正数，并将纵、横坐标改正数填入表中相应位置。

⑥根据改正后的坐标增量依次计算各未知点坐标，计算到最后已知点的坐标应与已知坐标闭合。

例 2-5　某附合导线如图 2-57 所示，导线点号、已知数据和观测数据如表 2-15 所示。

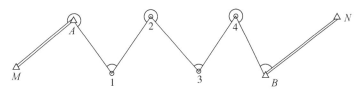

图 2-57　附合导线的计算

表 2-15　附合导线计算

点名	观测角 β (° ′ ″)	V (″)	方位角 α (° ′ ″)	边长 S (m)	Δx (m)	V_x (mm)	Δy (m)	V_y (mm)	x (m)	y m
M									3972.102	5458.367
			108 12 33							
A	123 22 16	3							3923.008	5607.606
			51 34 52	112.311	69.791	−15	87.994	11		
1	111 51 27	2							3992.784	5695.611
			343 26 21	76.500	73.327	−10	−21.805	7		
2	288 07 33	3							4066.101	5673.813
			91 33 57	108.584	−2.967	−14	108.543	11		
3	151 46 44	3							4063.120	5782.367
			63 20 44	150.443	67.490	−20	134.455	15		
4	172 55 03	2							4130.590	5916.837
			56 15 49	97.404	54.096	−13	81.001	9		
B	143 00 48	3							4184.673	5997.847
			19 16 40							
N									4405.063	6074.930
Σ	991 03 51	16			545.242	261.737	−72	390.188	53		

备注

$f_\beta = 108°12'33'' + 991°03'51'' \pm 6 \times 180° - 19°16'40''$

$\quad = 108°12'33'' + 271°03'51'' - 19°16'40''$

$\quad = -16'' < 40\sqrt{6} = 98''$

$V_\beta = 16''/6 = 2.7''$

$f_x = 3923.008 + 261.737 - 4184.673 = 0.072\text{m}$

$f_y = 5607.606 + 390.188 - 5997.847 = -0.053\text{m}$

$f_S = 0.089\text{m}$

$f_S / \sum S = 0.089/545.242 = 1/6099 < 1/4000$

在上例附合导线中，如果不给出 M、N 的已知坐标数据，而给出两端起始方位角数据，导线计算同样进行。

子情境 5　交会测量

在平面控制的个别地方需要加密或补充少量控制点时，可以采用交会测量的方法加密图根控制点。交会测量一般每次只测定一个控制点，所以，在地形平面控制测量中，它只是一种辅助和补充的控制方法，而且，主要用在低等级的图根平面控制中。交会测量就是通过测角或测距，利用角度或距离的交会来确定未知点的坐标。为了保证交会测量的精度，一方面对交会角度和交会边长有一定的要求和限制，一般要求交会角不小于 30° 或大于 150°，交会边长的限制与测图比例尺有关；另一方面还要求有多余的观测。在计算过程中，要对观测质量进行检核。只有满足了规范的要求，成果才能应用。交会测量主要包括单三角形、前方交会、侧方交会、后方交会和测边交会。

交会测量也包括外业和内业两部分工作。交会测量的外业工作可参考本学习情境子情境 2 的内容，本子情境主要介绍交会测量的内业计算。

一、单三角形

单三角形是指由两个已知点和一个未知点构成的测角三角形，如图 2-58 所示。A、B 为已知点，P 为未知点，相应的观测角为 α、β、γ。由于确定 P 点平面坐标的必要观测个数为 2，故有一个多余观测，可以用以检查观测质量。

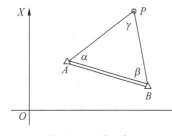

图 2-58　单三角形

单三角形的解算，首先要进行观测检核，即计算三角形的角度闭合差，并与规范规定的限差进行比较。三角形的角度闭合差一般为该等级测角中误差的 3 倍。若角度闭合差小于或等于限差，则观测合格，可以进行坐标计算；若角度闭合差超过限差，则应重新进行观测。

三角形闭合差：

$$f_\beta = \alpha + \beta + \gamma - 180°$$

当 f_β 满足规范要求时，要将 f_β 反号平均分配到观测角上。角度改正数为：

$$V = -f_\beta/3$$

改正数 V 一般计算到整秒，当 f_β 不能整除时，要对改正数 V 进行调整，以满足 $\sum V = -f_\beta$，计算坐标采用改正后的观测角度值。

P 的坐标根据改正后的 α、β 角值和 A、B 点已知坐标，利用余切公式计算：

$$x_P = \frac{x_A \mathrm{ctg}\beta + x_B \mathrm{ctg}\alpha - y_A + y_B}{\mathrm{ctg}\alpha + \mathrm{ctg}\beta}$$

$$y_P = \frac{y_A \mathrm{ctg}\beta + y_B \mathrm{ctg}\alpha + x_A - x_B}{\mathrm{ctg}\alpha + \mathrm{ctg}\beta} \tag{2-64}$$

余切公式可以由两个观测角和两个已知坐标直接计算未知点的坐标，避免了由坐标反算求已知方位角和未知边长的计算过程，因而广泛地应用于测量计算中。应用该公式时，A、B、P 三点应按逆时针编号排列，α、β、γ 角也必须与 A、B、P 三点按图 2-58 中的对应关系编排，否则将会出现错误。

由于该公式涉及的数据较多，输入时容易出错，所以，对计算结果要进行验算。验算的方法是：将 P、A 看作是已知点，用 γ、α 角来计算 B 点的坐标；或将 B、P 看作是已知点，用 β、γ 角来计算 A 点的坐标。如果计算的坐标与原坐标一致，则表明计算无误。

单三角形未知点坐标的精度，除了与角度观测精度有关外，还与三角形形状有关。一般来说，单三角形的图形构成以未知点为顶点的等腰三角形，且 γ 大于 90°时较为有利。在角度观测精度相同的条件下，当 α、β 两角近似相等，且交会角 γ 为 101°时，点位精度最高。

例 2-6　单三角形计算如表 2-16 所示。

表 2-16　单三角形计算

示意图					观测略图				
点号	点名	角号	观测角 (° ′ ″)	V (″)	平差角 (° ′ ″)	ctg (i)	x (m)	y (m)	
						1. 210 177			
P	N11	γ	64　59　36	−4	64　59　32	0. 466 473	5160. 058	6436. 816	
A	D5	α	53　21　45	−3	53　21　42	0. 743 704	5174. 304	6204. 595	
B	D9	β	61　38　49	−3	61　38　46	0. 539 658	4973. 659	6335. 533	
Σ			180　00　10	−10		1. 283 362			

二、前方交会

在单三角形测量中，不观测 γ 角，就是前方交会的基本图形。但是布设这种基本图形，因为没有多余观测，无法发现错误和控制观测质量，故不宜在实际生产中应用。实际工作中的前方交会如图 2-59 所示，一般要求从 3 个或 4 个已知点上，对同一个未知点观测两组数据，分别计算出未知点的两组坐标，并以限定它们的差值大小来控制观测质量。

前方交会不需要计算角度改正数，坐标计算直接用观测角，按余切公式进行。计算验算时，γ 角按 $180 - (\alpha + \beta)$ 求得。

分别求出两组坐标后，进行观测质量检查：

$$f_x = X_1 - X_2$$

$$f_y = Y_1 - Y_2$$

$$f_S = \sqrt{f_x^2 + f_y^2}$$

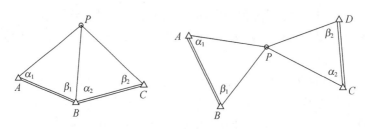

图 2-59 前方交会

一般测量规范规定，两组坐标的较差不得超过 2 倍的比例尺精度，即：

$$f_S \leq 2 \times 0.1 M(\text{mm})$$

式中：M 为测图比例尺分母。若两组坐标的较差满足规范要求，则取两组坐标的平均值为最后计算结果；若超过限差，则应重新观测。

前方交会的图形也是构成以未知点为顶点的等腰三角形，且 γ 大于 90° 时较为有利。在角度观测精度相同的条件下，当 α、β 两角近似相等，且交会角 γ 为 109° 时，点位精度最高。

例 2-7 前方交会计算如表 2-17 所示。

表 2-17　前方交会计算

示意图				观测略图		
点号	点名	角号	观测角（° ′ ″）	ctg（i）	x（m）	y（m）
				1.083 527		
P	N4	（γ）	（59　47　07）	0.582 358	4081.925	2218.476
A	猫山	α	63　22　53	0.501 169	4113.744	2098.543
B	圆山	β	56　50　00	0.653 551	3988.339	2124.650
				1.154 720		
				1.604 780		
P	N4	（γ）	（37　37　49）	1.297 108	4081.866	2218.472
B	圆山	α	72　53　54	0.307 672	3988.339	2124.650
C	竹山	β	69　28　17	0.374 454	3947.806	2200.918
				0.682 126		
$f_S = 0.059\text{m} = 59\text{mm}$				f（m）	0.059	0.004
$f_容 = 0.2 \times 1000 = 200\text{mm}$				中数（m）	4081.896	2218.474

三、侧方交会

前方交会基本图形中的两个观测角，有一个因为某种原因不能在已知点上观测，而改在未知点上观测，这种交会测量称为侧方交会，如图 2-60 所示。其中，A、B、C 为已知点，P 为未知点，α、γ 为观测角，ε 为检查角。

侧方交会仍然按余切公式计算未知点坐标，不同的是在应用公式前，必须先将另一个已知点上的内角计算出来，再按公式计算。

侧方交会只有一个三角形，且只观测了两个角，缺少检核条件。为了检核观测成果，侧方交会一般要求在未知点上多观测一个检查角 ε，而且这个检查方向的目标点必须是已知点。具体的检查方法如下。

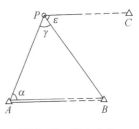

图 2-60 侧方交会

按余切公式求出 P 点坐标后，由 B、C、P 的坐标分别反算出 PB、PC 的坐标方位角 α_{PB}、α_{PC} 及 PC 的距离 S_{PC}。由 PB、PC 的坐标方位角计算检查角的计算值：

$$\varepsilon_{计} = \alpha_{PB} - \alpha_{PC}$$

计算检查角计算值与观测值之差 $\Delta\varepsilon$：

$$\Delta\varepsilon = \varepsilon_{计} - \varepsilon$$

$\Delta\varepsilon$ 的容许值取决于 C 点横向位移 e 的容许值，一般规定 e 不大于 $0.1M$（mm），即不大于 $M/10\ 000$（m），M 为测图比例尺分母。

$\Delta\varepsilon$ 一般较小，以秒为单位，e 与 $\Delta\varepsilon$ 的关系式可以写成：

$$e = \Delta\varepsilon'' S_{PC}/\rho''$$

则有：

$$\Delta\varepsilon'' = e\rho''/S_{PC}$$

将 e 的容许值代入，即得到 $\Delta\varepsilon''$ 容许值的表达式：

$$\Delta\varepsilon''_{容} \leqslant M \times 10^{-4} \rho''/S_{PC} \tag{2-65}$$

若 $\Delta\varepsilon$ 满足上式要求，则计算的 P 点坐标可用。否则，侧方交会应重新观测。

侧方交会图形以交会角 γ 为 90°最佳。

例 2-8 侧方交会计算如表 2-18 所示。

四、后方交会

只在未知点上设站的单点测角交会称为后方交会，如图 2-61 所示，A、B、C、D 为已知点，P 为未知点，仅在未知点 P 上观测 α、β 角及检查角 ε，通过计算就可以求得 P 点的坐标。

后方交会的优点是只在未知点上安置经纬仪观测水平角，外业工作量小，选点灵活方便。缺点是要求与多个已知点通视，内业计算复杂一些。后方交会的计算有多种方法，以下介绍其中一种常用的方法。

按图 2-61 中的点位和角度编号（注意 C 点排在中间），先求出下列中间参数：

表 2-18　侧方交会计算

点号	点名	角号	观测角（° ′ ″）	ctg（i）	x（m）	y（m）
				1.312 762		
P	交5	γ	75 22 48	0.260 853	7095.750	5266.749
A	C11	α	43 33 03	1.051 909	7115.706	5128.454
B	D23	(β)	(61 04 09)	0.552 732	6994.369	5224.067
C				1.604 641	6932.678	5377.600

方向	Δx（m）	Δy（m）	α（° ′ ″）	S	$\varepsilon_{计}$（° ′ ″）	57 02 17
PB	−101.381	−42.682	202 49 53		ε（° ′ ″）	57 01 56
PC	−163.072	110.851	145 47 36	197.181	Δε（″）	21″
$\varepsilon_{计}$（° ′ ″）			57 02 17	（M＝1000）	$\Delta\varepsilon_{容}$（″）	105″

示意图 / 观测略图（图略）

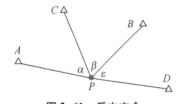

图 2-61　后方交会

$$a = (x_A - x_C) + (y_A - y_C)\,\text{ctg}\alpha$$
$$b = -(y_A - y_C) + (x_A - x_C)\,\text{ctg}\alpha$$
$$c = -(x_B - x_C) + (y_B - y_C)\,\text{ctg}\beta$$
$$d = (y_B - y_C) + (x_B - x_C)\,\text{ctg}\beta \tag{2-66}$$
$$K = (a + c)/(b + d) \tag{2-67}$$

再求坐标增量：

$$\Delta x_{CP} = (a - bK)/(1 + K^2) = (dK - c)/(1 + K^2)$$
$$\Delta y_{CP} = K\Delta x_{CP} \tag{2-68}$$

式中：坐标增量的两种算法可以检核计算正确与否。

最后计算坐标：

$$x_P = x_C + \Delta x_{CP}$$
$$y_P = y_C + \Delta y_{CP} \tag{2-69}$$

后方交会观测检查是在未知点上多观测一个检查角，以检核观测成果的质量。具体检查计算可以采用两种方法进行：一种方法是将 α、β 和 β、ε 看作是两组观测，分别按后方交会计算 P 点的两组坐标，然后按前方交会观测检查的方法进行；另一种方法同侧方交会观测检查的方法一样，即求出 P 点的坐标后，由 B、P、D 三点的坐标反算∠BPD（∠BPD 就是 $\varepsilon_{计}$），并与观测的检查角进行比较，以判断是否符合规范要求。只有观测满足规范要求，计算的坐标才可用。

若后方交会的未知点 P 恰好位于 3 个已知点 A、C、B 的外接圆上（四点共圆），则无论

P 点在圆周上任何位置，α、β 角的大小不变，恒等于已知三角形的内角 $\angle B$、$\angle A$，此时 P 点的坐标无定解。该圆称为危险圆，如图 2-62 所示。

在实际生产中，P 点绝对位于危险圆上的情况极少发生，但 P 点靠近危险圆的情况很容易出现。P 点靠近危险圆时，虽然能解出坐标，但其误差很大。为避免 P 点在危险圆上或靠近危险圆，选用的已知点尽可能地分布在 P 点的四周，P 点位置离危险圆的距离不得小于该圆半径的 1/5。

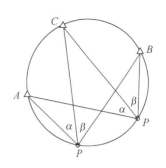

图 2-62　后方交会的危险圆

例 2-9　后方交会的计算如表 2-19 所示。

表 2-19　后方交会计算

已知数据			观测角			略图
点号	x（m）	y（m）	（°	′	″）	
A	4342.992	3814.293	43	29	50	
C	4194.938	3745.892	77	53	42	
B	4191.150	3510.275	64	59	44	
D	4342.346	3411.612				

第 1 组			第 2 组		
	CA	CB		BC	BD
Δx（m）	148.054	-3.788	Δx（m）	3.788	151.196
Δy（m）	68.401	-235.617	Δy（m）	235.617	-98.663
α、β（°　′　″）	43　29　50	77　53　42	α、β（°　′　″）	77　53　42	64　59　44
ctg（i）	1.053 882	0.214 473	ctg（i）	0.214 473	0.466 402
a	220.140 58		a	54.321 48	
b	87.630 45		b	-234.804 58	
c	-46.745 48		c	-197.212 62	
d	-236.429 42		d	-28.144 88	
K	-1.165 297 7		K	0.543 416 7	
Δx（m）	136.670		Δx（m）	140.445	
Δy（m）	-159.261		Δy（m）	76.320	
x（m）	4331.608		x（m）	4331.595	
y（m）	3586.631		y（m）	3586.595	
平均	x（m）	4331.602	$f_x = 0.013$m，$f_y = 0.036$m，$f_S = 0.038$m		
	y（m）	3586.613	$f_{S容} = 0.2 \times \sqrt{1000}$mm $= 0.200$m（取 $M = 1000$）		

五、测边交会

测边交会是指通过观测距离来确定控制点的坐标。如图 2-63 所示，A、B、C 为已知点，P 为未知点，S_1、S_2、S_3 为观测边长。本来 P 点的坐标由 S_1、S_2 就可以确定，但是，没有观测检查，不能发现错误，所以要求再观测 S_3，以便进行观测检查。

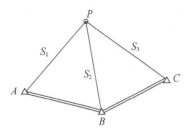

图 2-63 测边交会

测边交会由于没有观测角度，所以不能推算方位角。计算坐标时，先要由三角形边长反算内角，然后按一般方法计算坐标即可。具体计算步骤如下。

①由 AB 的坐标反算 AB 边的边长 S_{AB} 和方位角 α_{AB}。

②由余弦定律反算三角形 ABP 的内角 $\angle A$（或 $\angle B$）：

$$\cos \angle A = \frac{S_1^2 + S_{AB}^2 - S_2^2}{2 S_1 S_{AB}} \qquad (2-70)$$

③计算 AP 边的坐标方位角 α_{AP}：

$$\alpha_{AP} = \alpha_{AB} - \angle A \qquad (2-71)$$

④计算 AP 边坐标增量 Δx、Δy：

$$\Delta x_{AP} = S_1 \cos \alpha_{AP}$$
$$\Delta y_{AP} = S_1 \sin \alpha_{AP} \qquad (2-72)$$

⑤计算 P 点坐标：

$$x_P = x_A + \Delta x_{AP}$$
$$y_P = y_A + \Delta y_{AP} \qquad (2-73)$$

测边交会的观测检查，同前方交会的观测检查一样，即分别以 S_1、S_2 和 S_2、S_3 计算两组坐标，然后比较其较差，是否满足规范要求。若满足要求，可取两组坐标的平均值为最后结果；若不满足规范要求，则应重新观测。

测边交会的图形，交会角为 90° 时最为有利。

例 2-10 测边交会计算如表 2-20 所示。

表 2-20 测边交会计算

	已知坐标		观测边长		观测略图	
点号	x（m）	y（m）	边号	边长（m）		
A	5944.602	3187.359	S_1	212.243		
B	5821.360	3300.369	S_2	271.370		
C	6032.004	3480.119	S_3	149.072		

第一组		第二组	
已知坐标反算	$\Delta x_{AB} = -123.242\text{m}$	已知坐标反算	$\Delta x_{BC} = 210.644\text{m}$
	$\Delta y_{AB} = 113.010\text{m}$		$\Delta y_{BC} = 179.750\text{m}$
	$S_{AB} = 167.212\text{m}$		$S_{BC} = 276.913\text{m}$
	$\alpha_{AB} = 137°28'48''$		$\alpha_{BC} = 40°28'31''$

续表

	第一组		第二组		
未知坐标计算	$\angle A = 90°30'45''$ $\alpha_{AP} = 46°58'03''$ $S_1 = 212.243m$ $\Delta x_{AP} = 144.837m$ $\Delta y_{AP} = 155.143m$ $x_P = 6089.439m$ $y_P = 3342.502m$		未知坐标计算	$\angle B = 31°31'58''$ $\alpha_{BP} = 8°56'33''$ $S_2 = 271.370m$ $\Delta x_{BP} = 268.071m$ $\Delta y_{BP} = 42.183m$ $x_P = 6089.431m$ $y_P = 3342.552m$		
平均	x_P（m）	6089.435	$f_x = 0.008m$，$f_y = -0.050m$，$f_S = 0.051m$		
	y_P（m）	3342.527	$f_{S容} = 0.2 \times 1000mm = 0.200m$（取 $M = 1000$）		

习题和思考题

1. 什么叫水平角？经纬仪为什么能测出水平角？

2. 仪器对中和整平的目的是什么？试述光学经纬仪对中、整平和照准的操作步骤。

3. 经纬仪由哪几部分组成？并说明各部分的功能？

4. 光学经纬仪如何进行读数？

5. 试述测回法测角的操作步骤。

6. 完成表2-21中测回法观测水平角的计算。

表2-21　测回法观测手簿　　　　　　　　　　　　　　测站：O

测回	竖盘位置	目标	水平度盘读数 （° ′ ″）	半测回角值 （° ′ ″）	一测回角值 （° ′ ″）	各测回平均值 （° ′ ″）	备注
第一测回	左	1	0 00 06				
		2	98 48 54				
	右	1	180 00 36				
		2	278 49 06				
第二测回	左	1	90 00 12				
		2	188 49 06				
	右	1	270 00 30				
		2	8 49 12				

7. 观测水平角时，什么情况下采用测回法？什么情况下采用方向观测法？

8. 观测水平角时，为何有时要测几个测回？若要测4个测回，各测回起始方向的读数应设置为多少？

9. 观测水平角时产生误差的主要原因有哪些？为提高测角精度，测角时要注意哪些事项？

10. 什么叫竖直角？观测竖直角时，在读数前为什么要使竖盘指标水准管气泡居中？

11. 为什么测水平角时要在两个方向上读数，而测竖直角时只要在一个方向上读数？

12. 计算水平角时，被减数不够减时，为什么可以再加360°？

13. 什么是竖盘指标差？怎样用竖盘指标差来衡量垂直角观测成果是否合格？

14. 完成表2-22中竖直角观测的计算。

表2-22　直角观测记录

测站	目标	竖直位置	竖直读数 (° ′ ″)	半测回竖直角 (° ′ ″)	指标差 (° ′ ″)	一测回竖直角 (° ′ ″)	备注
O	1	左	72 18 18				
		右	287 42 00				
	2	左	96 32 48				
		右	263 27 30				

15. 用盘左、盘右读数取平均值的方法，能消除哪些仪器误差对水平角的影响？能否消除仪器竖轴倾斜引起的测角误差？

16. 怎样确定竖直角的计算公式？

17. 如图2-64所示，因仪器对中误差使仪器中心 O′ 偏离测站标志中心 O，试根据图中给出的数据，计算由于对中误差引起的水平角测量误差。

18. 在图2-65中，B 为测站点，A、C 为照准点。在观测水平角∠ABC 时，照准 C 点标杆顶部，由于标杆倾斜，在 BC 的垂直方向上杆顶偏离 C 点的距离为20mm。若 BC 长为100m，问目标偏心引起的水平角误差有多大？

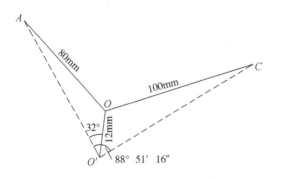

图2-64　水平角观测照准方法

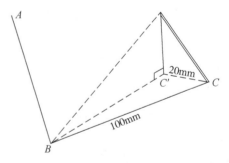

图2-65　竖直角观测照准方法

19. 经纬仪有哪些主要轴线？各轴线之间应满足什么条件？为什么要满足这些条件？这些条件如不满足，如何进行检验与校正？

20. 检验视准轴垂直于水平轴时，为什么选定的目标应尽量与仪器同高？检验水平轴垂直于竖轴时，为什么目标点要选得高些，而在墙上投点时又要把望远镜放平？

21. 怎样进行竖盘指标差的检验与校正？

22. 距离测量的方法主要有哪几种？

23. 什么叫直线定线？量距时为什么要进行直线定线？如何进行直线定线？

24. 用目估定线的方法，在距离 50m 处标杆中心偏离直线 0.80m，由此产生的量距误差为多少？

25. 用钢尺丈量倾斜地面的距离有哪些方法？各适用于什么情况？

26. 何为距离测量的相对误差？

27. 用钢尺往、返丈量 A、B 间的距离，其平均值为 273.58m，现要求量距的相对误差为 1/5000，则往、返丈量距离之差不能超过多少？

28. 用钢尺丈量了 AB、CD 两段距离，AB 的往测值为 206.32m，返测值为 206.17m；CD 的往测值为 102.83m，返测值为 102.74m。这两段距离丈量的精度是否相同？为什么？

29. 怎样衡量距离丈量的精度？设丈量了 AB、CD 两段距离：AB 的往测长度为 246.68m，返测长度为 246.61m；CD 的往测长度为 435.888m，返测长度为 435.98m。哪一段的量距精度较高？

30. 下列情况使得丈量结果比实际距离增大还是减少？

（1）钢尺比标准尺长；（2）定线不准；（3）钢尺不平；（4）拉力偏大；（5）温度比检定时低。

31. 某钢尺的尺长方程式为 $l_t = 30.0000 + 0.0080 + 1.2 \times 10^{-5} \times 30 \ (t - 20℃)$ m。用此钢尺在 10℃ 条件下丈量一段坡度均匀、长度为 160.380m 的距离。丈量时的拉力与钢尺检定拉力相同，并测得该段距离两端点高差为 -1.8m，试求其水平距离。

32. 某钢尺的尺长方程式为 $l_t = 30\text{m} - 0.002\text{m} + 1.25 \times 10^{-5} \times 30 \ (t - 20℃)$ m，现用它丈量了两个尺段的距离，所用拉力为 10kg，丈量结果如表 2-23 所示，试进行尺长、温度及倾斜改正，求出各尺段的实际水平长度。

表 2-23　钢尺量距测量

尺段	尺段长度（m）	温度（℃）	高差（m）
12	29.987	16	0.11
23	29.905	25	0.85

33. 试整理表 2-24 中的观测数据，并计算 AB 间的水平距离。已知钢尺为 30m，尺长方程式为 $l_t = 30 + 0.005 + 1.25 \times 10^{-5} \times 30 \ (t - 20℃)$ m。

34. 完成表 2-25 中所列视距测量观测成果的计算。

35. 为什么要进行直线定向？怎样确定直线的方向？

36. 何谓直线定向？在直线定向中有哪些标准方向线？它们之间存在什么关系？

37. 设已知各直线的坐标方位角分别为 47°27′、177°37′、226°48′、337°18′，试分别求出它们的象限角和反坐标方位角。

38. 如图 2-66 所示，已知 $\alpha_{AB} = 55°20′$、$\beta_B = 126°24′$、$\beta_C = 134°06′$，求其余各边的坐标方位角。

表 2-24　钢尺量距计算表

线段	尺段	距离 d_i' (m)	温度 (℃)	尺长改正 Δd_l (mm)	温度改正 Δd_t (mm)	高差 h (mm)	倾斜改正 Δd_h (mm)	水平距离 d_i (m)
A	A~1	29.391	10			+860		
	1~2	23.390	11			+1280		
	2~3	27.682	11			−140		
	3~4	28.538	12			−1030		
	4~B	17.899	13			−940		
B							$\Sigma_{往}$	
B	B~1	25.300	13			+860		
	1~2	23.922	13			+1140		
	2~3	25.070	11			+130		
	3~4	28.581	10			−1100		
	4~A	24.050	10			−1180		
A							$\Sigma_{返}$	

表 2-25　视距测量计算表

测站：A　　　　测站高程：45.86m　　　　仪器高：1.42m　　　　指标差：0

点号	视距间隔 (m)	中丝 (m)	竖盘读数 (° ′ ″)	竖直角 (° ′ ″)	高差 (m)	高程 (m)	平距 (m)	备注
1	0.874	1.42	86 43 00					
2	0.922	1.42	88 07 00					
3	0.548	1.42	93 13 00					
4	0.736	2.42	85 22 00					竖盘为顺时针分划注记
5	1.038	0.42	90 07 00					
6	0.689	1.42	94 51 00					
7	0.817	1.42	87 36 00					
8	0.952	2.00	89 38 00					

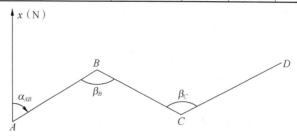

图 2-66　坐标方位角计算

39. 已知某直线的象限角为南西45°18′，求它的坐标方位角。

40. 控制测量分为哪几种？各有什么作用？

41. 导线的布设形式有几种？分别需要哪些起算数据和观测数据？

42. 选择导线点应注意哪些问题？导线测量的外业工作包括哪些内容？

43. 根据表2-26中所列数据，计算图根闭合导线各点坐标。

表2-26　闭合导线的已知数据

点号	角度观测值（右角）（° ′ ″）			坐标方位角（° ′ ″）			边长（m）	坐标	
								x（m）	y（m）
1								500.00	600.00
				42	45	00	103.85		
2	139	05	00						
							114.57		
3	94	15	54						
							162.46		
4	88	36	36						
							133.54		
5	122	39	30						
							123.68		
1	95	23	30						

44. 根据图2-67中所示数据，计算图根附合导线各点坐标。

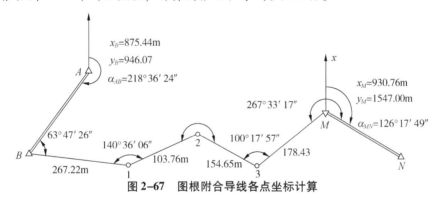

图2-67　图根附合导线各点坐标计算

45. 角度前方交会观测数据如图2-68所示，已知 $x_A = 1112.342$m、$y_A = 351.727$m、$x_B = 659.232$m、$y_B = 355.537$m、$x_C = 406.593$m、$y_C = 654.051$m，求 P 点坐标。

46. 距离交会观测数据如图2-69所示，已知 $x_A = 1223.453$m、$y_A = 462.838$m、$x_B = 770.343$m、$y_B = 466.648$m、$x_C = 517.704$m、$y_C = 765.162$m，求 P 点坐标。

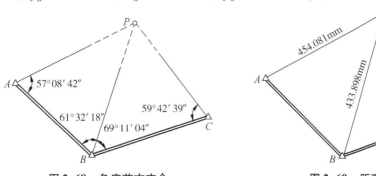

图2-68　角度前方交会　　　　图2-69　距离交会

学习情境三　高程控制测量

子情境1　高程控制测量概述

一、高程控制测量概述

在测量工作中，要确定地面点的空间位置，经常要先确定地面点的高程。我们把确定地面点高程的测量工作称为"高程测量"。根据测量高程所用仪器和测量原理的不同，高程测量方法可分为水准测量、三角高程测量、气压高程测量和 GPS 高程测量，另外，激光卫星测高的应用也在不断推广。其中，几何水准测量的精度最高，使用也最为广泛，是精密高程测量的基本方法。

水准测量主要是通过测定两点间高差来计算高程，此方法主要用于建立国家或地区的高程控制网。除了国家等级的水准测量之外，还有普通水准测量。普通水准测量采用精度较低的仪器，测算手续也比较简单，广泛用于国家等级的水准网内的加密，或独立地建立测图和一般工程施工的高程控制网，以及线路水准和面水准的测量工作。一般在地形相对平坦的地区使用此方法，在地形起伏特别大的地区，水准测量将受到一定限制。

高程测量首先是在测区内设立一些高程控制点，并精确测出它们的高程，然后根据这些高程控制点，测量附近其他点的高程。这些高程控制点称为水准点，工程上常用 BM 来标记，一般用混凝土标石制成，顶部嵌有金属或瓷质的标志（如图3-1所示），注明等级和测绘单位。标石应埋在地下，埋设地点应选在地质稳定、便于使用和保存的地方。在城镇居民区，也可以采用把金属标志嵌在墙上的"墙脚水准点"。临时性的水准点则可用更简便的方法来设立，例如，刻凿在岩石上或用油漆标记在建筑物上的简易标志。

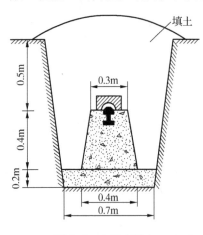

图3-1　水准点标志

二、水准测量基本原理

水准测量的基本原理是利用水准仪提供的水平视线观测立在两点上的水准尺，以测定两点间的高差，再根据已知点高程计算待定点高程。如图3-2所示，在地面上有 A、B 两点，设 A 点的高程为 H_A 已知。为求 B 点的高程 H_B，在 AB 之间安置水准仪，A、B 两点上各竖立一把水准尺，通过水准仪的望远镜读取水平视线分别在 A、B 两点水准尺上的读数为 a 和 b，可求出 A 点至 B 点的高差为：

$$h_{AB} = a - b \tag{3-1}$$

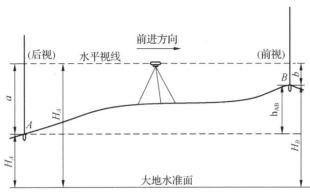

图 3-2　水准测量原理

　　水准测量是沿 AB 方向前进，则 A 点称为后视点，其竖立的标尺称为后视标尺，读数值 a 称为后视读数；B 点称为前视点，其竖立的标尺称为前视标尺，读数值 b 称为前视读数；两点间的高差等于后视读数减去前视读数。高差有正、有负，当 B 点高程比 A 点高时，前视读数 b 比后视读数 a 要小，高差为正；当 B 点方程比 A 点低时，前视读数 b 比后视读数 a 要大，高差为负。因此，水准测量的高差 h 根据正负要冠以"＋"、"－"号。

　　如果 A、B 两点相距不远，且高差不大，则安置一次水准仪就可以测得 h_{AB}，此时 B 点的计算公式为：

$$H_B = H_A + h_{AB} \tag{3-2}$$

$$H_B = H_A + a - b = （H_A + a） - b \tag{3-3}$$

式中：$（H_A + a）$ 称为视线高，通常用 H_i 表示。则有：

$$H_B = H_i - b \tag{3-4}$$

　　在断面水准测量工作中经常用到公式（3-4）。

三、连续水准测量

　　如图 3-3 所示，在测量工作中，当 A、B 两点相距较远，或者高差较大，安置一次仪器不可能测得其间的高差时，必须在两点间分段、连续安置仪器和竖立标尺，连续测定两标尺点间的高差，最后取其代数和，求得 A、B 两点间的高差。

$$\left. \begin{array}{l} h_1 = a_1 - b_1 \\ h_2 = a_2 - b_2 \\ \cdots \\ h_n = a_n - b_n \end{array} \right\}$$

将以上各段高差相加，则得 A、B 两点间的高差 h_{AB} 为：

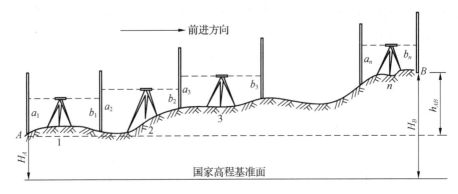

图3-3 连续水准测量

$$h_{AB} = h_1 + h_2 + \cdots\cdots + h_n = \sum_1^n h_i \qquad (3-5)$$

或：
$$h_{AB} = (a_1 - b_1) + (a_2 - b_2) + \cdots\cdots + (a_n - b_n)$$
$$= (a_1 + a_2 + \cdots\cdots + a_n) - (b_1 + b_2 + \cdots\cdots + b_n)$$
$$= \sum_1^n a_i - \sum_1^n b_i \qquad (3-6)$$

由公式（3-5）和公式（3-6）可知：相距较长距离的 A、B 两点（或高差较大的两点），其高差等于两点间各段高差之和，也等于所有后视尺读数之和减去所有前视尺读数之和。在实际测量作业中，两种方法计算起到相互检核的作用。

如果，A 点高程已知为 H_A，则 B 点高程 H_B 为：
$$H_B = H_A + h_{AB} = H_A + \sum_1^n h_i \qquad (3-7)$$

在测量过程中，高程已知的水准点称为已知点，未知高程点称为待定点。每架设一次仪器称为一个测站。自身高程不需要测定，只是用于传递高程的立尺点称为转点。由若干个连续测站完成两点间高差测定称为一个测段。

四、水准测量仪器和工具

在地形测量中，水准测量常用的仪器和工具有 DS_3 水准仪、水准尺和尺垫等。水准仪按其精度可分为 DS_{05}、DS_1、DS_3 和 DS_{10} 等 4 个等级，DS_{10} 精度的水准仪已很少见。字母 D 和 S 分别为大地测量和水准仪汉语拼音的第一个字母，其后面的数字代表仪器的测量精度。地形测量广泛使用 DS_3 水准仪。DS_3 水准仪的下角标 3 是指水准仪的精度，即该型号水准仪每千米往返测量高差中数的偶然中误差小于 3mm。

（一）DS_3 型水准仪构造和性能
DS_3 型水准仪主要由照准部、基座和三脚架三部分组成，基本结构如图3-4所示。

1. 望远镜

望远镜是构成水平视线、瞄准目标并对水准尺进行读数的主要部件，由物镜、调焦透镜、十字丝分划板、目镜等组成。在光学水准仪中多采用内对光式的倒像望远镜（某些仪

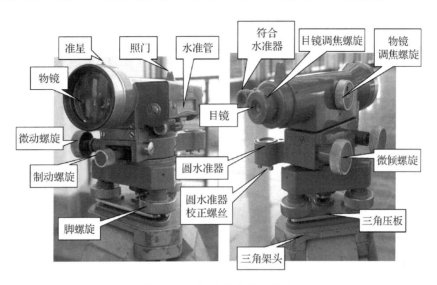

图 3-4　DS₃ 水准仪基本结构

器为正像，大部分自动安平水准仪），通过转动调焦螺旋，使不同距离的目标清晰地成像在十字丝分划板上（倒像，某些仪器为正像）。十字丝是刻在玻璃板上相互垂直的两条直线，横线称为横丝（中丝）、竖线称为纵丝（竖丝），上下两条短细线（上丝和下丝）称为视距丝，用于距离测量（如图 3-5 所示）。物镜光心与十字丝交点的连线，称为望远镜的视准轴。目镜对光螺旋时调节目镜对光螺旋，可使十字丝分划线成像清晰。

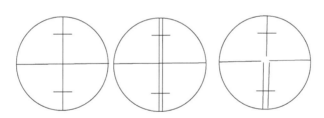

图 3-5　十字丝分划板

2. 水准器

水准器是用来判断望远镜视准轴是否水平及仪器竖直是否竖直的装置，有管水准器和圆水准器两种。

（1）管水准器

管水准器又称水准管，用于水准仪的精确整平。它是一个两段封闭的玻璃管，内壁为具有一定半径的圆弧，管内装有液体，有一气泡（如图 3-6 所示），圆弧半径愈大，

图 3-6　管水准器

整平精度愈高。DS₃ 型水准仪水准管分划值一般为 20″。水准管壁的两端各刻有数条间隔为 2mm 的分划线，用来判断气泡居中位置。水准管上 2mm 间隔的弧长所对的圆心角即为水准管分划值，一般用 τ 表示，其具体计算公式为：

$$\tau = \frac{2}{R}\rho \qquad\qquad (3-8)$$

式中：τ 表示水准管分划值（"），R 表示水准管圆弧半径（mm），ρ 表示弧度的秒值（$\rho =$ 206 265"）。

分划线的对称中点即为水准管圆弧的中点（又称水准管零点），过零点与水准管圆弧相切的直线，称为水准管轴。当气泡中点与水准管零点重合时，水准管轴处于水平位置。

为提高水准管气泡居中的精度，目前，DS₃ 水准仪在水准管上放置一组符合棱镜。当气泡的半边影像经过 3 次反射后，其影像反映在望远镜符合水准器的放大镜内，如图 3-7 所示。若气泡两半边影像错开，则气泡不居中；若气泡两半边影像吻合，则气泡居中。通过调节微倾螺旋可使水准管气泡居中。

（2）圆水准器

圆水准器是一个密封的顶内磨成球面的玻璃圆盒，如图 3-8 所示。DS₃ 型水准仪上的圆水准器分划值一般为每 2mm 划分 8′~10′，圆水准器用于仪器的粗略整平。圆水准器球面圆圈中心称为零点。零点与球心的连线，称为圆水准器轴。

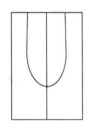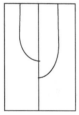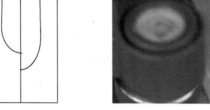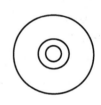

图 3-7　符合水准器　　　　　**图 3-8　圆水准器**

（3）基座

基座起支撑仪器和连接仪器与三脚架的作用，主要由轴座、底板、三角压板和 3 个脚螺旋组成，通过转动脚螺旋可使圆水准器气泡居中。

图 3-9　尺垫

（二）水准尺及附件

水准尺及附件（尺垫）是在水准测量中配合水准仪进行工作的重要工具。水准尺常用优质木材或玻璃钢金属材料制成，上面刻有刻度以供读数。尺垫大部分用生铁铸成，一般为三角形，中央有一个凸出的半圆球（如图 3-9 所示），供水准尺立于半圆球之上，主要用于转点上，减弱或防止观测过程中水准尺下沉。水准点上不得使用尺垫，水准尺应直接立于水准点上。

水准测量中配备一对水准尺，主要有双面水准尺（木质尺）和塔尺两种。

1. 双面水准尺

水准测量中常用双面水准尺，一般长度为 2m，如图 3-10 所示。尺面每隔 1cm 涂以黑白或红白相间的分格，每分米处注有数字。尺底钉有铁片，以防磨损。黑白相间的一面称为黑面尺（尺底读数为0），红白相间的一面称为红面尺（每对双面水准尺的红面尺底读数分别为4687mm和4787mm）。

2. 塔尺

塔尺一般由金属铸造，尺长一般为5m，分节套而成，可以伸缩，尺底从零起算，尺面分划值为1cm或0.5cm，如图3-11所示。由于塔尺连接处稳定性较差，仅适用于普通水准测量。

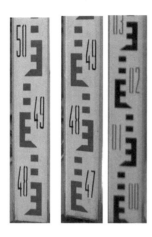

图3-10　木质双面水准尺

图3-11　塔尺

五、水准仪的使用

进行水准测量时，首先将仪器紧固于三脚架上，并将仪器安置在前后尺之间等距位置。经过粗略整平、瞄准水准尺、精确整平后，利用望远镜就可以在竖立的水准尺上读数，按照水准测量的原理测定高差，推算高程了。

（一）水准仪的安置

安置水准仪前，首先要按观测者的身高调节好三脚架的高度。一般设置三脚架高度到观测者的下巴为宜，为了便于整平仪器，还要求使三脚架的架头大致水平，并将三脚架的3个脚尖踩入土中，使脚架稳定。然后从仪器箱内取出水准仪，放在三脚架的架头面（不放手），并立即将中心螺旋旋入仪器基座的螺孔内，防止仪器从三脚架头滑落。

（二）粗平

粗平工作是用脚螺旋将圆水准器的气泡居中。操作方法如下：

①打开制动螺旋，转动仪器，使圆水准器置于1、2两脚螺旋一侧的中间。

②用两手分别以相对方向转动两个脚螺旋，使气泡位于圆水准器零点和垂直于1、2两个脚螺旋连线的方向上。此时，气泡移动方向与左手大拇指旋转时的移动方向相同，如图3-12（a）所示。

③转动第3个脚螺旋使气泡居中，如图3-12（b）所示。

实际操作时，可以不转动第3个脚螺旋，而以相同方向，以同样速度转动原来的两个脚螺旋，使气泡居中，如图3-12（c）所示。在操作熟练以后，不必将气泡的移动分解为两步，而可以转动两个脚螺旋直接使气泡居中。这时，两个脚螺旋各自的转动方向和转动速度都要视气泡的具体位置而定，按照气泡移动的方向及时控制两手的动作。

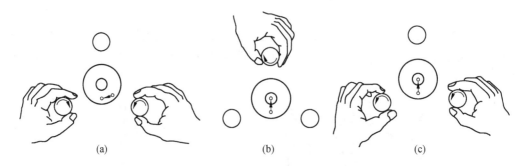

图 3-12　脚螺旋调整气泡

（三）瞄准

用望远镜十字丝中心对准目标的操作过程称为瞄准。具体操作步骤如下：

①松开望远镜水平制动螺旋，把望远镜对向明亮背景处，进行目镜调焦，使十字丝清晰。

②转动望远镜，利用镜筒上方的缺口和准星照准水准标尺，固定水平制动螺旋。

③旋转水平微动螺旋，使十字丝纵丝精确照准水准标尺的中间即可。

④旋转物镜调焦螺旋，使水准尺成像清晰且无视差现象存在。

（四）精平

读数之前应旋转微倾螺旋，调节水准管使气泡两端的影响吻合，表示气泡居中，视线水平。由于气泡的移动有一个惯性，所以，转动微倾螺旋时要柔和，速度不能太快，尤其当符合水准器的两端气泡将要对齐时更要注意。

（五）读数

水准测量的读数包括视距读数和中丝读数两步工作。利用上、下丝直接读取仪器至标尺的距离就是视距读数。视距读数的方法是：照准标尺，读出上、下丝读数，减出上下丝切尺读数的间隔 L，将 L 乘以 100，即为仪器至水准尺的距离。也可以旋转微倾螺旋，使上、下丝切准某一整分划，读出上、下丝之间的间隔 L 的厘米数，换算成米数，即为仪器到水准尺的间距。

中丝读数是水准测量的基本功之一，必须熟练掌握。中丝读数是在精平后即刻进行的，直接读出米、分米、厘米、毫米。为了防止不必要的误会，习惯上只报读 4 位数字，不读小数点，如 1.204m 读为 1204。视距读数时，符合水准器气泡不需符合；而中丝读数是用来测定高差的，因此，进行中丝读数时，必须先使符合水准器气泡符合后，再进行读数。

读数时，要弄清标尺上的数字注记形式。大部分水准标尺的注记形式如图 3-13 所示，即分米数字注记在整分划线

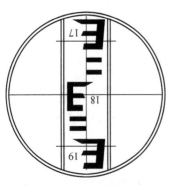

图 3-13　水准尺读数窗

数值增加的一边，这样的注记读数较方便。如图 3-13 所示，中丝读数为 1822。由于水准仪有正像和倒像两种，读数时注意应从小读数向大读数读。如不注意，往往容易读错数字，如将图 3-13 读表错读为 1978。

子情境2 普通水准测量

一、普通水准测量作业程序

在进行普通水准测量时，主要观测程序有以下几个步骤：

①将水准尺立于已知高程的水准点上，作为后视尺。

②在路线前进方向上的适当位置放置尺垫作为转点，在尺垫上竖立水准尺作为前视尺，将水准仪安置于水准路线的适当位置（仪器到两水准尺的距离应基本相等），最大视距不大于 150m。

③对仪器进行粗略整平（详细步骤见水准仪的基本操作），照准后视尺，消除视差，用微倾螺旋调节水准管气泡并使之居中，用中丝读取后视读数，并记入手簿（示例手簿如表3-1 所示）。

表 3-1 普通水准测量记录手簿

测自＿＿点至＿＿点　　　天气：＿＿＿　　　成像：＿＿＿　　　日期：＿＿＿年＿＿月＿＿日

仪器编号：＿＿＿＿＿＿　　　　观测者：＿＿＿＿＿＿　　　　记录者：＿＿＿＿＿＿

测站	测点	后视读数（m）	前视读数（m）	高差（mm） +	高差（mm） −	高程（m）	备注
1	BM_1	1.220		0.209		1128.531	
	TP_1		1.011				
2	TP_1	1.238		0.284			
	TP_2		0.954				
3	TP_2	1.776		0.900			
	TP_3		0.876				
4	TP_3	1.651			0.350		
	BM_2		2.001			1129.574	
$\sum$		5.885	4.842				
检核计算		$\sum a - \sum b = +1.043$		$\sum h = +1.043$			

④松开制动螺旋，调转水准仪，照准前视尺，消除视差，使水准管气泡居中，用中丝读取前视读数，并记入手簿。

⑤将仪器迁至第二站，此时第一站的前视尺不动，变成第二站的后视尺，第一站的后视尺移至前面适当位置，成为第二站的前视尺，按第一站相同的观测程序进行第二站测量。

⑥顺序沿水准路线前进方向观测完毕。

二、普通水准测量作业注意事项

为保证作业精度，在进行普通水准测量作业时，一定注意以下几点：

①在已知高程点和待测点高程点上立尺时，绝对不能放尺垫，将水准尺直接放在点上。

②仪器放置时，最好放在前后视中间，保证前后视距大致相等，可以步量。

③要求扶尺员尽量把水准尺扶直、扶稳，不能前后或左右倾斜和晃动。

④观测者在迁站前，后视扶尺员一定不能动，至少保证尺垫不动。

⑤原始读数不得涂改，读错或记错的数据应划去，再将正确数据写在上方，并在相应的备注栏内注明原因，记录簿要干净、整齐，不能出现难以识别的数字。

子情境3 三、四等水准测量

水准测量分为国家等级水准测量和等外水准（也称为图根水准）测量。国家水准测量用于建立全国高程控制网，分为一、二、三、四等。一等水准测量精度最高，是国家高程控制网的骨干，同时也是研究地壳垂直位移及有关科学研究的主要依据。二等水准测量精度低于一等水准测量，是国家高程控制的基础。三、四等水准测量，其精度依次降低，为地形测图和各种工程建设提供高程分级控制服务。等外水准测量精度则低于四等水准测量，直接服务于地形测图高程控制测量和普通工程建设施工。

一、选定水准路线

水准测量工作可分成外业和内业两部分工作。外业工作主要包括选定水准路线、标定水准点、水准测量及计算检核等。

选定水准路线必须根据作业的任务要求，综合考虑测量的精度、工期、测区状况、资金等因素，选择合适的水准路线布设形式和水准线路，同时考虑水准点位置。水准路线分单一水准路线和水准网，普通水准测量常采用单一水准路线，它共有3种形式。

①附合水准路线：从一个高级水准点出发，沿一条路线进行施测，以测定待定水准点的高程，最后联测到另外一个已知高程点上，这样的观测路线形式称为附合水准路线，如图3-14（a）所示。

②闭合水准路线：从一个高级水准点出发，沿一条路线进行施测，以测定待定水准点的高程，最后仍回到原来的已知点上，从而形成一个闭合环线，这样的观测路线形式称为闭合水准路线，如图3-14（b）所示。

③支水准路线：从一个高级水准点出发，沿一条路线进行施测，以测定待定水准点的高程，其路线既不闭合又不附合，如图3-14（c）所示，这样的观测路线形式称为支水准路线。此形式没有检核条件，为了提高观测精度和增加检核条件，支水准路线必须进行往返测量。

水准测量的线路应尽可能沿各类道路选择，使线路通过的地面坚实可靠，保证仪器和标

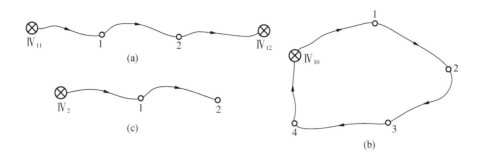

图 3-14　水准路线的布设形式

尺稳定。线路的坡度要尽量小，以减少测站数，保证观测精度。选线的同时，可考虑水准点的布设位置。

二、踏勘、选点和埋石

水准路线选定后，即可根据设计图到实地踏勘、选点和埋石。所谓踏勘就是到实地查看图上设计是否与实地相符；埋石就是水准点的标定工作；选择水准点具体位置的工作则称为选点。

水准点选点的要求：交通方便，土质坚实，坡度均匀且小等。水准点按其性质分为永久性和临时性水准点两大类。便于长期保存的水准点称为永久性水准点，通常是标石。为了工程建设的需要而临时增设的水准点，称为临时性水准点（通常以木桩作为临时性水准点），这种水准点没有长期保存的价值。在城镇和厂矿社区，还可以采用墙角水准标志，即选择稳定建筑物墙脚的适当高度埋设墙脚水准标志作为水准点。为便于寻找水准点，在水准点标定后，应绘出水准点与附近固定建筑物或其他地物的点位关系图并编号，称为点之记，如图3-15 所示。

点名	IV₂₅
标石类型	普通水准点标石
所在位置	西门大桥

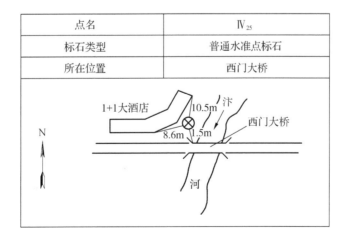

图 3-15　点之记

三、水准测量的施测

小地区一般以三等或四等水准网作为首级高程控制，地形测图时，再用图根水准测量或三角高程测量进行加密。三、四等水准点的高程应从附近的一、二等水准点引测，布设成附合或闭合水准路线。其点位应选在土质坚硬、便于长期保存和使用的地方，并埋设水准标石；也可以利用埋设了标石的平面控制点作为水准点，埋设的水准点应绘制点之记。

（一）三、四等水准测量技术要求

三、四等水准测量所用仪器及主要技术要求如表 3-2 和表 3-3 所示。

表 3-2　三、四等水准测量的主要技术要求

等级	路线长度（km）	水准仪	水准尺	观测次数		往返较差、附合或环线闭合差	
				与已知点联测	附合或环线	平地（mm）	山地（mm）
三等	≤50	DS_1	因瓦	往返各一次	往一次	$\pm 12\sqrt{L}$	$\pm 4\sqrt{n}$
		DS_3	双面		往返各一次		
四等	≤16	DS_3	双面	往返各一次	往一次	$\pm 20\sqrt{L}$	$\pm 6\sqrt{n}$

表 3-3　三、四等水准测量观测的技术要求

等级	水准仪型号	视线长度（m）	前后视距差（m）	前后视累积差（m）	视线离地面最低高度（m）	黑红面读数较差（mm）	黑红面高差较差（mm）
三等	DS_1	100	2	5	0.3	1.0	1.5
	DS_3	75				2.0	3.0
四等	DS_3	100	3	10	0.2	3.0	5.0
等外	DS_3	≤100	近似相等	—	—	—	—

（二）三、四等水准测量方法

三、四等水准测量观测应在通视良好、望远镜成像清晰及稳定的情况下进行。下面介绍双面尺法的观测程序。

1. 一站观测顺序

在测站上安置水准仪，使圆水准气泡居中，照准后视水准尺黑面，用上、下视距丝读数，记入表 3-4 中（1）、（2）位置；旋转微倾螺旋，使管水准气泡居中，用中丝读数，记入表 3-4 中（3）位置。

①旋转望远镜，照准前视水准尺黑面，用上、下视距丝读数，记入表 3-4 中（5）、（6）位置，旋转微倾螺旋，使管水准气泡居中，用中丝读数，记入表 3-4 中（7）位置。

②旋转水准尺，照准前视水准尺红面，旋转微倾螺旋，使管水准气泡居中，用中丝读数，记入表 3-4 中（8）位置。

③旋转望远镜，照准后视水准尺红面，旋转微倾螺旋，使管水准气泡居中，用中丝读数，记入表 3-4 中（4）。

以上观测顺序简称为"后前前后"（黑、黑、红、红），此外，四等水准测量每站观测顺序也可为"后后前前"。

表 3-4　三（四）等水准观测手簿

测自＿＿至＿＿　　　　天气：＿＿　　　成像：＿＿　　　日期：＿＿年＿＿月＿＿日

时刻始＿＿时＿＿分；末＿＿时＿＿分

测站编号	后尺	下丝	前尺	下丝	方向及尺号	标尺读数		$K+$ 黑－红 （mm）	高差中数 （m）	备注
		上丝		上丝						
	后距		前距			黑面	红面			
	视距差 d		$\sum d$							
	(1)		(5)		后	(3)	(4)	(9)		
	(2)		(6)		前	(7)	(8)	(10)		
	(12)		(13)		后－前	(16)	(17)	(11)	(18)	
	(14)		(15)							
1	1536		1030		后	1242	6030	−1		
	0947		0442		前	0736	5442	+1		
	58.9		58.8		后－前	+0.506	+0.608	−2	+0.507	
	+0.1		+0.1							
2	1954		1276		后	1664	6350	+1		
	1373		0694		前	0985	5733	−1		
	58.1		58.3		后－前	+0.679	+0.577	−2	+0.678	
	−0.2		−0.1							
3	1146		1744		后	1024	5811	0		
	0903		1449		前	1622	6308	+1		
	48.6		49.0		后－前	−0.598	−0.497	−1	−0.598	
	−0.4		−0.5							
4	1479		0982		后	1171	5859	−1		
	0864		0373		前	0678	5467	−2		
	61.5		60.9		后－前	+0.493	+0.392	+1	+0.492	
	+0.6		+0.1							

2. 一站计算与检核

（1）视距计算与检核

根据前、后视的上、下丝读数计算前、后视的视距（12）和（13）：

后视距离（12）＝（1）－（2）

前视距离（13）＝（5）－（6）

前、后视距差(14) = (12) − (13)

对于三等水准，(12)、(13) 不超过 3m；对于四等水准，(12)、(13) 不超过 5m。

计算前、后视视距累积差 (15)：

$$(15) = 本站(14) + 上站(15)$$

对于三等水准，(15) 不超过 6m；对于四等水准，(15) 不超过 10m。

（2）水准尺读数检核

同一水准尺黑面与红面读数差的检核：

$$(9) = (3) + K − (4)$$
$$(10) = (7) + K − (8)$$

K 为双面水准尺的红面分划与黑面分划的零点差（本例中，106 尺的 $K = 4787$mm，107 尺的 $K = 4687$mm）。对于三等水准，(9)、(10) 不超过 2mm；对于四等水准，(9)、(10) 不超过 3mm。

（3）高差计算与检核

按前、后视水准尺红、黑面中丝读数分别计算该站高差：

$$黑面高差(16) = (3) − (7)$$
$$红面高差(17) = (4) − (8)$$
$$红黑面高差之差(11) = (16) − (17) ± 100 = (9) − (10)$$

对于三等水准，(11) 不超过 3mm；对于四等水准，(11) 不超过 5mm。

红、黑面高差之差在容许范围以内时，取其平均值作为该站的观测高差：

$$(18) = \frac{1}{2}\big[(16) + (17) ± 100\big]$$

四、水准测量记录及资料整理注意事项

①在水准点（已知点或待定点）上立尺时，不得放尺垫。

②水准尺应立直，不能左右倾斜，更不能前后俯仰。

③在观测员未迁站之前，后视点尺垫不能提动。

④前后视距离应大致相等，立尺时可用步丈量。

⑤外业观测记录必须在编号、装订成册的手簿上进行。已编号的各页不得随意撕去，记录中间不得留下空页或空格。

⑥一切外业原始观测值和记事项目，必须在现场用铅笔直接记录在手簿中，记录的文字和数字应端正、整洁、清晰、杜绝潦草、模糊。

⑦外业手簿中记录和计算的修改及观测结果的作废，禁止擦拭、涂抹与刮补，而应以横线或斜线正规划去，并在本格内的上方写出正确数字和文字。除计算数据外，所有观测数据的修改和作废，必须在备注栏内注明原因，并将重测结果记录清楚，重测记录前需加"重测"二字。在同一测站内不得有两个相关数字"连环更改"。例如，更改了标尺黑面的前两位读数后，就不能再改同一标尺红面的前两位读数，否则就叫连环更改。有连环更改记录应立即废去重测。对于尾数读数（厘米和毫米读数）有错误的记录，无论什么原因都不允许

更改，而应将该测站的观测结果废去重测。

⑧有正、负意义的量，在记录计算时，都应带上" + "、" – "号，正号不能省略。对于中丝读数，要求读记 4 位数，前后的 0 都要读记。

⑨作业人员应在手簿的相应栏内签名，并填注作业日期、开始及结束时刻、天气及观测情况和使用仪器型号等。

⑩作业手簿必须经过小组认真地检查（即记录员和观测员各检查一遍），确认合格后，方可提交上一级检查验收。

子情境 4　水准测量成果整理

一、检查外业观测手簿、绘制线路略图

高程计算之前，应首先进行外业手簿的检查。检查内容包括记录是否有违规现象、注记是否齐全、计算是否有错误等。经检查无误后，方可着手计算水准点的高程。

计算前应进行如下准备工作：先确定水准路线的推算方向；再从观测手簿中逐一摘录各测段的观测高差 h_i，其中，凡观测方向与推算方向相同的，其观测高差的符号不变，凡方向不同的，观测高差的符号则应变号；同时，还要摘录各测段的距离 S_i 或测站数 n_i，并抄录起终水准点的已知高程 $H_起$、$H_终$，绘制水准路线略图（如图 3-16 所示）。

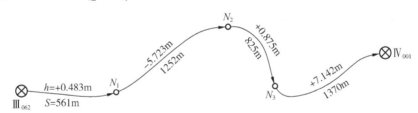

图 3-16　水准路线略图

二、高差闭合差计算及调整

观测值与重复观测值之差，或与已知点已知数据的不符值，统称为闭合差。高差闭合差通常用 f_h 表示。

（一）水准路线高差闭合差的计算

1. 附合水准路线高差闭合差

$$f_h = \sum h - (H_终 - H_起)$$

$$\sum h = h_1 + h_2 + h_3 + \cdots\cdots \tag{3-9}$$

式中：$H_终$、$H_起$分别为附合水准路线起点高程和终点高程；$\sum h$ 为附合水准路线高差之和。

2. 闭合水准路线高差闭合差

因闭合水准路线起点和终点为同一个高程点，所以闭合差 f_h 为：

$$f_h = \sum h \tag{3-10}$$

3. 支水准路线

$$f_h = \sum h_{往} + \sum h_{返} \tag{3-11}$$

式中：$\sum h_{往}$ 为往测高差之和，$\sum h_{返}$ 为返测高差之和。

（二）高差闭合差容许值的计算

高差闭合差是衡量观测值质量的一个精度指标。高差闭合差是否合乎要求，必须有一个限度规定，如果超过了这个限度则应查明原因，返工重测。

三、四等及普通水准测量高差闭合差的容许值计算公式如下。

1. 三等水准测量

$$f_{h容} = \pm 12 \sqrt{L} \tag{3-12}$$

2. 四等水准测量

$$f_{h容} = \pm 20 \sqrt{L} \tag{3-13}$$

3. 普通水准测量

$$f_{h容} = \pm 40 \sqrt{L} \tag{3-14}$$

公式（3-12）~（3-14）中，L 为水准路线的长度，以千米为单位。

（三）高差闭合差的调整

如果高差闭合差在容许范围内，可将闭合差按与各测段的距离（l_i）成正比反号调整于各测段高差之中，设各测段的高差改正数为 v_i，则：

$$v_i = \frac{-f_h}{\sum l} l_i \tag{3-15}$$

改正数凑整至毫米，余数强制分配到长测段中。

如果在山区测量，可按测段的测站数分配闭合差，则各测段的高差改正数为 v_i：

$$v_i = \frac{-f_h}{\sum n} n_i \tag{3-16}$$

式中：$\sum n$ 为水准路线的总测站数，i 为测段编号。

（四）计算待定点的高程

1. 改正后高差的计算

各测段观测高差值加上相应的改正数，即可得到改正后高差：

$$\hat{h}_i = h_i + v_i \tag{3-17}$$

2. 待定点高程的计算

由起始点的已知高程 H_0 开始，逐个加上相应测段改正后的高差 h_i，即得到下一点的高程：

$$H_i = H_{i-1} + h_i \tag{3-18}$$

三、算例

如图 3-17 所示，$BM-A$ 和 $BM-B$ 为已知高程水准点，图中箭头表示水准测量前进方向，路线上方的数字为测得的两点间的高差，路线下方数字为该段路线的长度。试计算待定点1、2、3的高程。

图3-17　水准路线观测成果略图

解法一：利用计算器计算。

1. 闭合差及容许值的计算

$$f_h = \sum h - (H_B - H_A) = 4.330 - (49.579 - 45.286) = 37\text{mm}$$

$$f_{h容} = \pm 40\sqrt{L} = \pm 40\sqrt{7.4} = \pm 109\text{mm}$$

因为$f_h < f_{h容}$，闭合差符合其限差要求，故可以进行闭合差分配。

2. 高差闭合差的调整和改正后高差的计算

改正数：

$$v_i = \frac{-f_h}{\sum L}L_i$$

通过上式计算得引各段高差改正数为：

$$v_1 = -8\text{mm}$$

$$v_2 = -11\text{mm}$$

$$v_3 = -8\text{mm}$$

$$v_4 = -10\text{mm}$$

改正后高差：

$$\hat{h}_i = h_i + v_i$$

通过上式计算得：

$$h_1 = +2331 + (-8) = +2.323\text{m}$$

$$h_2 = +2813 + (-11) = +2.802\text{m}$$

$$h_3 = -2244 + (-8) = -2.252\text{m}$$

$$h_4 = +1430 + (-10) = +1.420\text{m}$$

3. 高程计算

高程：

$$H_i = H_{i-1} + h_i$$

根据上式计算，各点高程分别为：

$$H_1 = 45.286 + 2.323 = 47.609\text{m}$$

$$H_2 = 47.609 + 2.802 = 50.411\text{m}$$

$$H_3 = 50.411 + (-2.252) = 48.159\text{m}$$

$$H_B = 48.159 + 1.420 = 49.579\text{m}$$

由以上计算可知：H_B计算所得高程与已知值一致，即以上计算检核过程正确。

解法二：通过表格进行计算。

表 3-5 水准测量计算表

点号	距离（km）	观测高差（m）	改正数（m）	改正后高差（m）	高程（m）	备注
$BM-A$					45.286	
	1.6	+2.331	-0.008	+2.323		
1					47.609	
	2.1	+2.813	-0.011	+2.802		
2					50.411	
	1.7	-2.244	-0.008	-2.252		
3					48.159	
$BM-B$	2.0	+1.430	-0.010	+1.420	49.579	
Σ	7.4	+4.330	-0.037	+4.293		
辅助计算	$f_h = \sum h - (H_B - H_A) = 4.330 - (49.579 - 45.286) = 37mm$ $f_{h容} = \pm 40 \sqrt{L} = \pm 40 \sqrt{7.4} = \pm 109mm$ $\|f_h\| < \|f_{h容}\|$，闭合差符合其限差要求，可以进行分配。					

解法三：利用计算机软件 Excel 计算。

打开 Excel 软件，新建一个工作文件，第一行用作表题，第二行用作标记栏。在 A 列输入点名，B 列输入路线长，C 列输入观测高差，D 列为改正数计算，E 列为改正后高差计算，F 列为高程计算，在其中的 F3 单元输入 $BM-A$ 点的高程，在 F8 单元输入 $BM-B$ 点的高程。

计算操作步骤如下：

①"和"计算：在 B8 单元键入公式" $= SUM(B4：B7)$ "，计算路线总长 L，将 B8 单元的公式复制到 C8，计算高差之和 $\sum h$。

②闭合差及其容许值计算：在 B9 单元键入公式" $= C8 - (F8 - F3)$ "，计算 f_h，在 B10 单元键入" $= 40 * SQRT(B8)/1000$ "，计算 $f_{h容}$。

③高差改正数的计算：在 B11 单元键入公式" $= -B9/B8$ "，计算出每 km 高差改正数，在 D4 单元键入公式" $= B4 * \$B\$11$ "，计算高差改正数 V_1，将 D4 单元的公式复制到 D5 ~ D7，计算高差改正数 $V_2 ~ V_4$；在 D8 单元键入公式" $= SUM(D4：D7)$ "，计算 $\sum V$ 进行和检核计算，如计算无误，则 D8 的结果应等于 B9 结果的反号。

④改正后高差的计算：在 E4 单元键入公式" $= C4 + D4$ "，计算改正后的高差 $\hat{h}_1$，将 E4 单元的公式复制到 E5 ~ E7 单元；在 E8 单元键入公式" $= SUM(E4：E7)$ "，计算 $\sum \hat{h}_i$ 进行检核计算。

⑤最后高程的计算：在 F4 单元键入公式" $= F3 + E4$ "，计算 1 点高程 H_1，将 F4 单元复制到 F5 ~ F7，如果计算无误，则 F7 的计算结果应等于 F8 的值。

具体操作结果如图 3-18 所示。

	A	B	C	D	E	F
1	图根水准测量的成果处理					
2	点名	路线长(km)	观测高差(m)	改正数(m)	改正后高差(m)	高程(m)
3	BM-A					**45.286**
4	1	1.6	2.331	-0.008	2.323	47.609
5	2	2.1	2.813	-0.011	2.803	50.412
6	3	1.7	-2.244	-0.009	-2.253	48.159
7	BM-B	2.0	1.430	-0.010	1.420	49.579
8	和	7.4	4.330	-0.037	4.293	**49.579**
9	闭合差(m)	0.037				
10	闭和差容许值(m)	0.109				
11	km高差改正数(m)	-0.005				
12						
13						

图 3-18　Excel 水准测量计算

子情境 5　水准仪检验校正和水准测量误差分析

一、水准仪的检验校正

微倾式水准仪的主要轴线如图 3-19 所示，它们之间应满足的几何条件如下：

①圆水准器轴应平行于仪器的竖轴。

②十字丝的横丝应垂直于仪器的
竖轴。

③水准管轴应平行于视准轴。

（一）一般检视

检视水准仪时，主要应注意光学零部
件的表面有无油迹、擦痕、霉点和灰尘；
胶合面有无脱胶，镀膜面有无脱膜现象；
仪器的外表面是否光洁；望远镜视场是否
明亮、均匀；附合水准器成像是否良好；

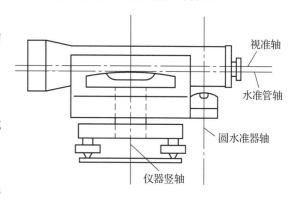

图 3-19　水准仪的主要轴线

各部件有无松动现象；仪器转动部分是否灵活、稳当，制动是否可靠；调焦时成像有无晃动
现象。此外，还应检查仪器箱内配备的附件及备用零件是否齐全，三脚架是否稳固。

（二）圆水准器的检验与校正

目的：使圆水准器轴平行于水准仪竖轴的条件。

1. 检验方法

旋转脚螺旋使圆水准器气泡居中，然后将仪器绕竖轴旋转180°，如果气泡仍居中，则
表示该几何条件满足；如果气泡偏出分划圈外，则需要校正。

2. 校正方法

校正时，先调整脚螺旋，使气泡向零点方向移动偏离值的一半，此时竖轴处于铅垂位置；然后，稍旋松圆水准器底部的固定螺钉，用校正针拨动 3 个校正螺钉，使气泡居中，这时圆水准器轴平行于仪器竖轴且处于铅垂位置。

圆水准器校正螺钉的结构如图 3-20 所示。此项校正，需反复进行，直至仪器旋转到任何位置时，圆水准器气泡皆居中为止。最后旋紧固定螺钉。

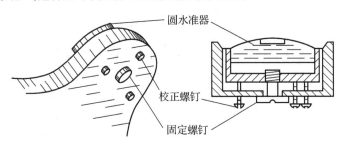

图 3-20　圆水准器校正螺钉

（三）十字丝中丝垂直于仪器竖轴的检验与校正

1. 检验方法

安置水准仪，使圆水准器的气泡严格居中后，先用十字丝交点瞄准某一明显的点状目标 M，如图 3-21 （a）所示。然后旋紧制动螺旋，转动微动螺旋，如果目标点 M 不离开中丝，如图 3-21 （b）所示，则表示中丝垂直于仪器的竖轴；如果目标点 M 离开中丝，如图 3-21 （c）所示，则需要校正。

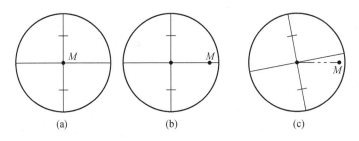

图 3-21　十字丝中丝垂直于仪器竖轴的检验

2. 校正方法

松开十字丝分划板座的固定螺钉，转动十字丝分划板座，使中丝一端对准目标点 M，再将固定螺钉拧紧。此项校正也需反复进行。

（四）水准管轴平行于视准轴的检验与校正

1. 检验方法

如图 3-22 （a）所示，在较平坦的地面上选择相距约 80m 的 A、B 两点，打下木桩或放置尺垫。用皮尺丈量，定出 AB 的中间点 C。

①在 C 点处安置水准仪，用变动仪器高法，连续两次测出 A、B 两点的高差，若两次测

定的高差之差不超过 3mm，则取两次高差的平均值 h_{AB} 作为最后结果。由于距离相等，视准轴与水准管轴不平行所产生的前、后视读数误差 x_1 相等，故高差 h_{AB} 不受视准轴误差的影响。

②如图 3-22（b）所示，在离 B 点大约 3m 的 D 点处安置水准仪，精平后读得 B 点尺上的读数为 b_2，因水准仪离 B 点很近，两轴不平行引起的读数误差 x_2 可忽略不计。根据 b_2 和高差 h_{AB} 算出 A 点尺上视线水平时的应读读数为：

$$a_2' = b_2 + h_{AB}$$

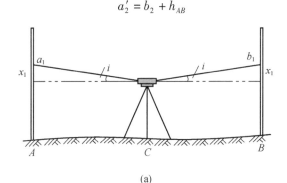

(a)

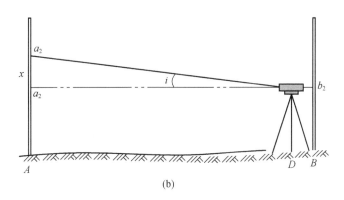

(b)

图 3-22　水准管轴平行于视准轴的检验

然后，瞄准 A 点水准尺，读出中丝的读数 a_2。如果 a_2' 与 a_2 相等，表示两轴平行，否则存在 i 角，其角值为：

$$i = \frac{a_2' - a_2}{D_{AB}} \rho \tag{3-19}$$

式中：D_{AB} 为 A、B 两点间的水平距离（m），i 为视准轴与水准管轴的夹角（″），ρ 为一弧度的秒值（$\rho = 206\ 265''$）。

对于 DS_3 型水准仪来说，i 角值不得大于 20″，如果超限，则需要校正。

2. 校正方法

转动微倾螺旋，使十字丝的中丝对准 A 点尺上应读读数 a_2'，用校正针先拨松水准管一端左、右校正螺丝，如图 3-23 所示；再拨动上、下两个校正螺丝，使偏离的气泡重新居中；最后要将校正螺丝旋紧。此项校正工作需反复进行，直至达到要求为止。

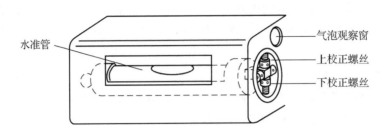

水准管
气泡观察窗
上校正螺丝
下校正螺丝

图 3-23　水准管校正螺丝

二、水准测量误差分析

测量误差是不可避免的，误差时刻存在。正像自然灾害一样我们无法消除，但是我们可以分析自然灾害发生的规律，来减弱自然灾害所造成的危害。进行水准测量也是这样，我们无法彻底消除误差的影响，但是我们可以分析影响水准测量误差的主要来源，从而将测量误差减少到最低程度。那么，水准测量存在哪些误差呢？通过大量的实践证明，水准测量误差来源总体可归纳为仪器误差、观测误差、外界因素影响 3 种。

1. 仪器误差

（1）i 角误差

水准测量仪器误差主要来源是望远镜的视准轴与水准管轴不平行而产生的 i 角误差。在一站观测时，将仪器安置于距前、后尺相等处，即可消除或减弱 i 角误差的影响。

（2）对光误差

对光时，透镜产生非直线移动而改变视线位置，会产生误差。消减方法是将仪器安置于距前、后尺等距离处。

（3）水准尺误差

水准尺误差主要包括水准尺刻画不均匀而产生的刻画误差，以及因水准尺下端磨损产生的零点误差。消减刻画误差的主要方法是观测前对水准尺进行检校，消减零点误差的主要方法是使测站数是偶数。

2. 观测误差

观测误差主要是由观测者造成的，可以通过规范作业减少或消除。观测误差主要包括以下几个方面。

（1）整平误差

整平误差是因为观测者未对水准仪精确整平而直接读数导致的误差。预防措施是严格整平，并在读数前使符合水准气泡精确吻合，且吻合稳定后进行果断的读数。

（2）读数误差

造成读数误差的原因主要有视差和估读毫米数不准两个。预防措施：在观测读数时注意消除视差（反复调节目镜和物镜调焦螺旋，直到眼睛对目镜上下移动时十字丝横丝所对读数不发生变化为止）；估读误差主要通过提高放大倍率、限制视线长度来减弱。

（3）水准尺倾斜误差

在水准测量时，因水准尺倾斜，致使读数偏大而产生的误差。减少误差的方法是认真扶直水准尺（可附加尺撑、圆水准器，使水准尺尽量竖直）。

3. 外界因素的影响

（1）仪器和水准尺升、沉的影响

因仪器和水准尺自身有重量，且接触的地面有弹性，在水准测量时，仪器和水准尺可能有上升或下沉现象，致使不同时间的读数不同，而产生观测误差。

在水准测量时，可认为仪器和水准尺随时间成正比、均匀下沉或上升。对仪器升沉差，可以通过两次观测（第二次观测先观测前视尺，再观测后视尺，即"后、前、前、后"的观测程序）取两次高差的平均值来消除；对转站时尺垫下沉或上升产生的误差，可以通过往返测，取往返测两个高差的平均值来消除。

（2）地球曲率的影响

由于水准仪提供的是水平视线，因此后视和前视读数中分别含有地球曲率误差 Δ_1 和 Δ_2。由 $h_{AB} = (a - \Delta_1) - (b - \Delta_2)$ 可知，只要将仪器安置于 A、B 中点，则：$\Delta_1 = \Delta_2$，$h_{AB} = a - b$，便可消除地球曲率的影响。

（3）大气折光的影响

因大气层密度不同，会对光线产生折射，使视线产生弯曲，而导致水准测量时产生误差。视线越长、视线离地面越近，光线的折射也就越大。减弱大气折光影响的办法是缩短视线，使视线离地面有一定高度（一般规定视线高出地面0.2m），且前、后视距相等。

（4）日照及风力引起的误差

日照强烈或风力过大，对水准测量影响非常大。减弱的方法是选择好的天气进行测量，或者给仪器打伞遮光。

各项误差对测量结果是综合影响的。在水准测量时，应从仪器、测量人员和环境条件等方面综合提高测量精度。

三、测量仪器的使用和维护

测量仪器是精密仪器。测量成果的精度很大程度上取决于仪器性能是否完备优良。测量仪器维护和使用得当，能够保证作业的质量和工作速度。爱护测量仪器，不仅是测量人员的职责，也是职业道德品质的一种体现。要维护好测量仪器，既需要提高认识，从思想上重视，又应具有正常使用和维护测量仪器的知识，并在工作中严格执行仪器的操作规程。

要经常对测量仪器进行检视，发现问题要及时维修。检视的内容一般有：光学部件特别是透镜表面是否清洁，有无油迹、灰尘、擦痕、霉点和斑点；胶黏透镜有无脱胶现象，镀膜表面有无脱膜现象；望远镜视场是否明亮，望远镜与符合水准器成像是否清晰；十字丝是否清楚、明显；仪器的机械结构部分有无松动现象；机械转动部分（如旋转轴、脚螺旋、调焦螺旋、制动及微动螺旋等）的转动是否灵活、稳当可靠；调焦透镜及目镜对光时，有无晃动现象，位置是否改变等。

在使用各种测量仪器时，应遵守以下规则。

①从箱中取出仪器之前，应先将三脚架安放好，脚尖牢固地踩人土中。若是可伸缩的脚架，应将架腿抽出后拧紧固定螺旋。

②使用不太熟悉的仪器时，打开仪器箱后，应先仔细地观察仪器在箱内的安放位置，以及各主要部件的相互位置关系。应先松开仪器各部分的制动螺旋及箱中固定仪器的螺旋，再取出仪器。

③取出仪器时，不可用手拿仪器望远镜或竖盘，应一手持仪器基座或支架等坚实部位，另一手托住仪器，并注意轻取轻放。

④操作时，在转动有制动螺旋的部件（如望远镜、度盘等）前，必须首先放松相应的制动螺旋。无论何时、何种情况下，都不能用强力转动仪器的任何部分。当转动遇到阻碍时，应停止转动并查找原因，加以消除后才能继续操作。各部分的制动螺旋，只能转动到适当程度，不可用力过度以致损伤仪器。

⑤操作及观测时，不能用手指（特别是有汗的手指）触摸透镜。要注意避免眼皮或睫毛与目镜表面接触，以防止产生斑点。如透镜上有灰尘，可用软毛刷轻轻拂去；如有轻微水汽，可用洁净的丝绸或专门的擦镜纸轻轻揩抹。

⑥仪器的各种零件和附件用毕后，必须放回仪器箱中的固定位置，不要随意放在衣袋里或其他地方，以免丢失和损坏。

⑦在野外使用仪器时，不能让仪器曝晒或雨淋，要用伞或特制布幕遮住阳光和雨水。工作间歇时，仪器应装箱或用特制的套子罩上（下部留有空隙，使罩内、外空气流通）。

⑧仪器不能受撞击或震动。在施测过程中，当仪器安放在三脚架上时，作业员无论如何不得离开仪器。特别是仪器在街道、工地和畜牧场等处工作时，更须防止意外事故的发生。

⑨若需短距离搬动仪器时，应按下述方法进行：小型仪器可连同三脚架一起搬移，但应把各部分的制动螺旋固紧，收拢三脚架，一手持脚架，另一手托住整个仪器；普通仪器搬移时，可将三脚架腿张开，用肩托住三脚架，使仪器保持垂直；大型和精密仪器应装箱搬移。普通仪器在路程较长或较难行走时，也必须装箱搬运。

⑩仪器装箱前，应首先用软毛刷刷去仪器外部的灰尘。微动螺旋、倾斜螺旋及脚螺旋等应旋到螺纹的中部位置，并放松制动螺旋。然后，一手抓住仪器，另一手松开中心螺旋，平稳地从架头拿下仪器，按原来的位置放入箱内，再紧固各部制动螺旋和箱中固定螺旋。关箱前应清点零件及附件，检查其是否齐全。装箱和关箱时，如发生仪器安放不好或盖不上的情况，切勿硬挤、硬压，应认真查清原因后重新装箱。盖好箱盖后，必须将搭扣扣好或加锁。只有在确认装箱妥善后，才可搬动。

⑪仪器应放在干燥通风的地方保存，不能靠近发热的物体（如火炉、电炉等）。当仪器由寒冷的地方搬至暖和的地方，或相反情况时，应等待 3~4 小时后，待箱内温度与外界温度大致相同时，才可开箱。此时，还应随时检查仪器箱是否牢固，有无裂痕，搭扣、提环、皮带等是否牢固。如发现有不完善的地方，应及时修理。

子情境6　自动安平水准仪和电子水准仪

一、自动安平水准仪

自动安平水准仪与微倾式水准仪的区别在于：自动安平水准仪没有水准管和微倾螺旋，而是在望远镜的光学系统中装置了补偿器。

（一）视线自动安平的原理

当圆水准器气泡居中后，视准轴仍存在一个微小倾角 α。在望远镜的光路上安置一个补偿器，使通过物镜光心的水平光线经过补偿器后偏转一个 β 角，仍能通过十字丝交点。这样，十字丝交点上读出的水准尺读数，即为视线水平时应该读出的水准尺读数。

由于无须精平，不仅可以缩短水准测量的观测时间，而且对于施工场地地面的微小震动、松软土地的仪器下沉及大风吹刮等原因，引起的视线微小倾斜，能迅速自动安平仪器，从而提高了水准测量的观测精度。

（二）自动安平水准仪的使用

使用自动安平水准仪时，首先将圆水准器气泡居中，然后瞄准水准尺，等待 2~4 秒后，即可进行读数。有的自动安平水准仪配有一个补偿器检查按钮，每次读数前按一下该按钮，确认补偿器能正常作用再读数。

二、电子水准仪

电子水准仪又称数字水准仪，其基本构造如图3-24所示。它是在自动安平水准仪的基础上，在望远镜光路中增加了分光镜和探测器（CCD），并采用条码标尺（如图3-25所示）和图像处理电子系统而构成的光电测量一体化的科技产品。其原理是将编了码的水准尺影像进行一维图像处理，用传感器代替观测者的眼睛，从望远镜中看到水准尺间隔的测量信息。

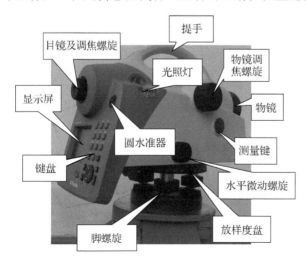

图3-24　电子水准仪

图3-25　条码水准尺

再由微处理机自动计算出水准尺上的读数和仪器至立尺点间的水平距离，并以数字的形式将测量结果显示出来。

电子水准仪的优点如下。

①读数客观：不存在误读、误记问题，没有人为读数误差。

②精度高：视线高和视距读数都是采用大量条码分划图像经处理后取平均值得出来的，削弱了标尺分划误差的影响。

③操作方便：省去了报数、听记、现场计算及人为出错的重测数量。只需要按键即可自动读数、自动记录、处理，并可将数据输入计算机处理。

（一）电子水准仪基本操作

电子水准仪目前品牌众多，操作步骤和功能大同小异，在使用电子水准仪进行水准测量时，其基本操作步骤主要包括仪器安置、设置测量状态、照准目标、测量记录4个步骤。下面以天宝电子水准仪为例，简单介绍其在水准测量工作中的基本操作过程。

1. 安置仪器

在测站上，打开三脚架架腿的固定螺旋，伸缩3个架腿使高度适中（一般架头和观测者胸部高度相同），拧紧固定螺旋。打开架腿，在基本平坦地区，使3个架腿大致成等边三角形，高度适中（观测者在观测时不踮脚、不过于弯腰），架头大致水平，用脚踩实架腿，使三脚架稳定、牢固；在斜坡地面上，应将两个架腿平置在坡下，另一架腿安置在斜坡上，踩实3个架腿；在光滑地面上安置仪器时，三脚架的架腿不能分得太开，以防止滑动，或通过辅助措施防滑。安置好脚架后，取出仪器，用中心连接螺旋将仪器固定在架头上，并旋紧。

用两手同时相对转动两个脚螺旋（气泡移动方向与左手拇指移动方向相同），使气泡与第3个脚螺旋的连线垂直于这两个脚螺旋的连线，然后用左手转动第3个脚螺旋使气泡居中。

用望远镜对准明亮背景，进行目镜调焦，使十字丝清晰。

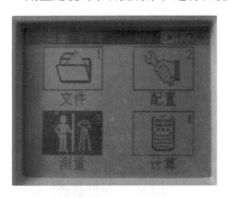

图3-26 菜单初始界面

2. 仪器设置

①开机（按电源键），显示仪器标识，很快进入菜单初始界面（如图3-26所示）。

②在菜单初始界面下，选择"文件"，建立文件，再根据测量要求，选择"配置"键，进入配置菜单初始界面（如图3-27所示）。在菜单中选择相应的限差要求（最大视距，最大、最小视距高等），校正，仪器设置（高度单位、输入单位、显示小数位数），记录设置（仪器存储或存储卡存储）。

③选择"测量"，进行测量模式设置，根据作业要求（水准测量的等级）选择相应的测量模式（单点测量、水准线路、中间点测量、放样、继续测量）。如在水准线路里，测量模式"BFFB"代表观测顺序是"后、前、前、后"，"aBFFB"代表观测顺序是奇偶交替，即奇数站观测顺序是"后、前、前、后"，偶数站观

测顺序是"前、后、后、前"。设置完毕后，按回车键确定，输入起始点点号、基准高等信息。

图 3-27 配置菜单初始界面

3. 照准目标（水准尺）

①转动望远镜大致照准水准尺（条码尺），通过粗略照准器进行粗瞄。

②调节调焦螺旋使尺像清晰，转动水平微动螺旋（电子水准仪一般没有水平制动，使用的是阻尼制动），使十字丝精确对准条码尺的中央。

③消除视差，通过反复调节目镜和物镜调焦螺旋，使十字丝和尺像都非常清晰，在眼睛靠近目镜观测时，上下微动眼睛，尺像和十字丝横丝无相对移动。

4. 开始测量

在完成上述步骤后，即可按"测量"键开始测量，屏幕自动显示读数和视距。转动望远镜对准另一水准尺测量，即可显示高差（根据设置还可以显示路线长、视距差等信息）。

（二）使用电子水准仪注意事项

使用电子水准仪进行作业时，注意以下事项：

①在观测前 30 分钟，应将仪器置于露天阴影下，使仪器和外界气温趋于一致。

②观测前，应进行仪器的预热，预热不少于 20 次单次测量。

③在使用电子水准仪作业期间，应在每天开测前进行 i 角测定，若开测为未结束测段，则在新测段开始前进行测定。

④设站时应用测伞遮蔽阳光，迁站时应罩以仪器罩。

子情境 7 三角高程测量

一、三角高程测量原理

对于山地或丘陵等地形起伏很大的测区，用水准测量方法进行高程测量会非常缓慢，甚至非常困难。因而在对高程测量精度要求不是很高时，常采用三角高程测量的方法来进行高程测量。使用电磁波测距三角高程测量时，宜在平面控制点的基础上布设成三角高程网或高程导线。

如图 3-28 所示，在 A 点架设全站仪（或经纬仪），B 点竖立觇标，照准量取觇标时，测出的竖直角为 α，量出仪器高为 i，觇标高为 V，设 A、B 两点间的水平距离为 D（可测出或由平面坐标反算求出）。

由图 3-28 可知：

$$h_{AB} + V = D \cdot \tan\alpha + i$$
$$h_{AB} = D \cdot \tan\alpha + i - V \tag{3-20}$$

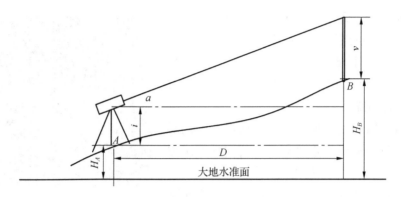

图3-28 三角高程测量原理

如果 A 点的高程已知，设其为 H_A，则 B 点的高程为：

$$H_B = H_A + h_{AB} = H_A + D \cdot \tan\alpha + i - V \tag{3-21}$$

公式（3-21）适用于 A、B 两点距离较近（小于300m）时，此时水准面可近似看成平面，视线视为直线。当地面两点间的距离 D 大于300m时，就要考虑地球曲率及观测视线受大气垂直折光的影响。地球曲率对高差的影响称为地球曲率差，简称球差；大气折光引起视线成弧线的差异，称为气差。设 MM' 为大气折光的影响，EF 为地球曲率的影响。则由公式（3-20）可以得到：

$$h_{AB} + V + MM' = D \cdot \tan\alpha + i + EF$$

令 $f = EF - MM'$，称为球气差，整理上式得：

$$h_{AB} = D \cdot \tan\alpha + i - V + f \tag{3-22}$$

公式（3-22）即为受球气差影响的三角高程计算高差的公式，f 为球气差的联合影响。球差的影响为 $EF = \dfrac{D^2}{2R}$，气差的影响较为复杂，与气温、气压、地面坡度和植被等因素均有关。在我国境内，一般认为气差是球差的 $\dfrac{1}{7}$，即 $MM' = \dfrac{D^2}{14R}$，所以，球气差 f 的计算式为：

$$f = EF - MM' = \frac{D^2}{2R} - \frac{D^2}{14R} \approx 0.43\frac{D^2}{R} \approx 0.07D^2$$

式中：D 表示地面两点间的水平距离（单位：100m），R 表示地球平均半径（取为6371km），f 表示球气差（单位：cm）。取不同的 D 值时，球气差 f 的数值如表3-6所示，用时可直接查取。

表3-6 球气差数值表

D（100m）	1	2	3	4	5	6	7	8	9	10
f（cm）	0.1	0.3	0.6	1.1	1.7	2.5	3.4	4.5	5.7	7.0

由表3-6可知，当两点水平距离 $D < 300$m 时，其影响不足1cm，故一般规定当 $D < 300$m 时，不考虑球气差的影响；当 $D > 300$m 时，才考虑其影响。

二、三角高程测量的实施

①安置仪器于测站，量取仪器高 i 和标高 V，按《工程测量规范》（GB 50026—2007）的要求，使用电磁波测距仪时，仪器和觇牌高应在观测前后各量取一次，并精确至 1mm，当较差不大于 2mm 时，取其平均值作为最终高度；使用经纬仪测量时，读至 0.5cm，量取两次的结果之差不超过 1cm，取平均值后精确至 cm 计入表 3-7。

②用仪器十字丝横丝瞄准目标，读取竖盘读数，观测一测回，将竖直角记入表 3-7。使用经纬仪时，将竖盘水准管气泡居中再读数。

③在表 3-7 中计算高差和高程，使用电磁波测距三角高程测量时，高程成果的取值应精确至 1mm。

表 3-7　三角高程观测计算表

待求点	B	
起算点	A	
觇法	直觇	反觇
平距 D（m）	341.230	341.230
竖直角 α（°′″）	14　06　30	13　19　00
$D\tan\alpha$（m）	+ 85.763	− 80.768
仪器高 i（m）	+ 1.315	+ 1.435
标杆高 V（m）	− 3.805	− 4.005
两差改正（m）	+ 0.01	+ 0.01
高差（m）	+ 83.283	− 83.328
平均高差（m）	+ 83.306	
起算点高程（m）	1127.925	
待求点高程（m）	1211.231	

三、三角高程测量的主要技术要求

①三角高程测量两点距离较远时，应考虑加两差改正。

②两点间对向观测高差取平均，能抵消两差影响。

③三角高程测量通常用于代替等外水准测量，而不用于代替等级水准测量。

④三角高程可采用闭合、附合路线的形式，或布设成几个方向交会的独立高程点。三角高程测量主要技术要求如表 3-8（h 为基本等高距）所示。若采用电磁波测距仪进行三角高程测量，其主要技术指标如表 3-9 和表 3-10 所示。

表 3-8 三角高程测量技术要求

高程测量方法	竖直角观测			对向观测高差不符值		线路闭合差或独立交会点的高差较差（m）	配赋方法
	仪器类型	测回数	测回差及指标差之差（"）	小于300m的边（cm）	大于300m的边（cm）		
代替五等水准	DJ$_2$	3	15		1	$\frac{1}{7}h$	按边长成正比例
	DJ$_6$	6	24				
三角高程路线	DJ$_2$	1	15	9	3	$\frac{2}{7}h$	按边长成正比例
	DJ$_6$	2	24				
独立交会点高程	DJ$_2$	1	15	9	3	$\frac{1}{7}h$	取中数
	DJ$_6$	2	24				

表 3-9 电磁波测距三角高程测量的主要技术要求

等级	每千米高差全中误差（mm）	边长（km）	观测方式	对向观测高差较差（mm）	附合或环形闭合差（mm）
四等	10	≤1	对向观测	$40\sqrt{D}$	$20\sqrt{\sum D}$
五等	15	≤1	对向观测	$60\sqrt{D}$	$30\sqrt{\sum D}$

表 3-10 电磁波测距三角高程测量观测的主要技术要求

等级	垂直角观测				边长测量	
	仪器精度等级	测回数	指标差较差（"）	测回较差（"）	仪器精度等级	观测次数
四等	2"级仪器	3	≤7	≤7	10mm级仪器	往、返各一次
五等	2"级仪器	2	≤10	≤10	10mm级仪器	往一次

习题和思考题

1. 水准仪是根据什么原理来测定两点之间的高差的？

2. 什么是视差？产生视差的原因是什么？怎样消除视差？

3. 水准点和转点各起什么作用？

4. 水准仪主要轴线之间应满足什么条件？水准仪应满足的主条件是什么？

5. 水准测量时，前、后视距相等可消除哪些误差？

6. 简述水准测量中的计算校核和测站检核方法。

7. 结合水准测量的主要误差来源，说明在观测过程中要注意哪些事项？

8. 后视点 A 的高程为 55.318m，读得其水准尺的读数为 2.212m，在前视点 B 尺上读数为 2.522m，问高差 h_{AB} 是多少？B 点比 A 点高，还是比 A 点低？B 点高程是多少？试绘图说明。

9. 四等水准测量有哪些限差要求？

10. 将图3-29普通水准测量的数据填入表3-11，并计算各点高差及B点高程。

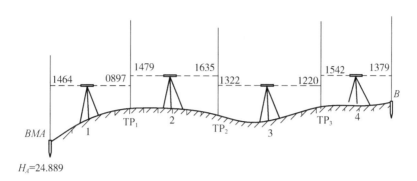

图3-29 水准测量示意

表3-11 普通水准测量

测站	测点	水准标尺读数（m）		高差（m）	高程（m）	备注
		后视 a	前视 b			

11. 根据表3-12中附合水准路线的观测成果，计算各点高程。

表3-12 附合水准路线的计算

点号	距离 l_i（km）	实测高差 h_i（m）	高差改正数 v_i（m）	改正后高差 $h_改$（m）	高程 H（m）	备注
BMA	0.7	+ 4.363			57.967	
1	1.3	+ 2.413				
2	0.9	− 3.121				
3	0.5	+ 1.263				
4	0.6	+ 2.716				
5	0.8	− 3.715				
BMB					61.819	

12. 根据图 3-30 所示闭合水准路线的观测成果，计算各点高程。

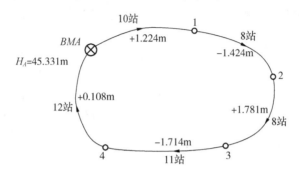

图 3-30　闭合水准路线计算略图

13. 水准测量受哪些误差影响？应如何予以减弱或消除？

14. 计算完成表 3-13 中四等水准外业观测成果（$K_1 = 4687$，$K_2 = 4787$）。

15. 电子水准仪主要有哪些特点？

16. 试述三角高程的测量原理，详述三角高程公式中各元素的含义。

17. 直觇、反觇是如何定义的？高差测量为何需要直觇、反觇观测？

18. 设有地面两点 A、B，测得斜长 $s_{AB} = 256.355\text{m}$，垂直角 $\alpha_{AB} = 8°32'00''$，若 $H_A = 1102.658\text{m}$，仪器高 $i = 1.456\text{m}$，觇标高 $V = 1.559\text{m}$，求 B 点的高程。

表 3-13　四等水准外业观测成果

测站编号	后尺 下丝		前尺 下丝		方向及尺号	标尺读数（mm）		K+ 黑 - 红（mm）	高差中数（mm）	备注
	上丝		上丝							
	后距（m）		前距（m）			黑面	红面			
	视距差 d（m）		$\sum d$（m）							
1	1568		1409		后 K_2	1298	6084			
	1023		0856		前 K_1	1135	5820			
					后—前					
2	2108		1947		后 K_1	1895	6584			
	1687		1524		前 K_2	1736	6524			
					后—前					
3	1785		1411		后 K_2	1520	6309			
	1264		0896		前 K_1	1152	5840			
					后—前					

测站编号	后尺	下丝	前尺	下丝	方向及尺号	标尺读数（mm）		$K+$ 黑－红（mm）	高差中数（mm）	备注
		上丝		上丝		黑面	红面			
	后距（m）		前距（m）							
	视距差 d（m）		$\sum d$（m）							
4	1958		1562		后 K_1	1540	6230			
	1124		0723		前 K_2	1143	5928			
					后－前					
5	1852		1689		后 K_2	1586	6374			
	1321		1153		前 K_1	1421	6108			
					后－前					
					后 K_2					
					前					
					后－前					

学习情境四 测量数据简易处理

子情境 1 观测值最可靠值计算

一、测量误差基本知识

（一）测量误差的概念

测量生产实践表明，只要使用测量仪器对某个量进行观测，就会产生误差。例如，观测一个平面三角形 3 个内角，其和常常不等于理论值 180°；在相同的外界环境下，同一个人使用同一台仪器，对同一量进行多次观测，所得的一系列观测值 L_1、L_2、$\cdots$、L_n 也互不相等。这说明观测值与理论值之间或各观测值之间不可避免地存在着差异。设观测量的真值为 $\tilde{L}$，则观测量 L_i 的误差 Δi 定义为：

$$\Delta i = L_i - \tilde{L} \quad (i = 1, 2, \cdots, n) \tag{4-1}$$

（二）测量误差产生的原因

测量误差产生的原因很多，主要有以下 3 个方面。

1. 仪器误差

由于仪器本身的制造和校正不可能十分完善，导致观测值不可避免存在误差。例如，用只有厘米分划的水准尺进行水准测量时，就不能保证厘米以下的读数准确无误，以及视准轴不平行于水准管轴所产生的 i 角等，这些原因都会给观测结果带来误差。

2. 观测误差

由于观测者感觉器官的鉴别能力有限，在对仪器的操作过程中，无论多么认真，都会产生一定的误差。同时，不同观测者的技术水平及工作态度，对观测结果也会有直接的影响。

3. 外界环境

观测过程中的外界条件（如温度、湿度、气压、风力和大气折光等因素）的不断变化，必然导致观测结果中带有误差。

上述 3 个方面的因素是引起误差的主要来源，通常总称为观测条件。当观测条件好时，观测中产生的误差相对较小，因而观测成果的质量就会高些；当观测条件差时，观测成果的质量就会低些。如果观测条件相同，所进行的各次观测质量相同，称为等精度观测；观测条件不同时，各次观测称为不等精度观测。由此可见，观测条件的好坏直接决定观测成果质量的高低。但无论观测条件如何，在整个观测过程中，都会受到上述因素的影响，使观测结果不可避免地带有误差。

（三）测量误差的分类

根据测量误差对观测成果影响性质的不同，将其分为系统误差和偶然误差两种。

1. 系统误差

在相同的观测条件下，对某量进行一系列观测，如果误差的大小和符号保持不变，或按照一定的规律变化，这种误差称为系统误差。钢尺丈量距离时，如果使用没有经过鉴定的名义长度为 30m，其实际长度为 29.996m 的钢尺量距，则每丈量 30m 的距离，就会产生 +4mm 的误差；丈量 60m 的距离，就会产生 +8mm 的误差。显然，这种误差的大小与所量的直线长度成正比，而符号始终保持一致，不能抵消，具有累积性。

由于系统误差对测量成果的影响具有一定的规律性，所以，在测量的过程中，可以采取一定措施来消除系统误差的影响，或将其减少到可以忽略不计的程度。例如，量距时，对丈量成果进行尺长改正；在水准测量中，用前后视距相等的办法来减小 i 角误差；在水平角观测中，则采用正倒镜观测的方法，读取盘左、盘右的中数，消除 $2C$ 的影响等。

2. 偶然误差

在相同的观测条件下，对某量进行一系列观测，如果少量的误差大小和符号呈现偶然性，但大量的误差服从统计规律性，这种误差称为偶然误差，有时也称为随机误差。例如，水准测量时，mm 位的估读数据有时偏大、有时偏小等。

在观测过程中，系统误差和偶然误差总是同时产生的。当采取适当的方法消除或削弱了系统误差时，决定观测成果质量的关键就是偶然误差。因此，在测量误差理论中讨论的主要是偶然误差。

（四）粗差与错误

在测量中，除了不可避免的误差之外，还可能产生错误与粗差。例如，为了确定一个三角形的形状，只需测量其任意两个内角，第 3 个内角可以用内角和的真值 180° 减去已测得的两个角度值获得，所以确定一个三角形形状的必要观测数是 2。但是如果在测量某个内角时，瞄错了目标或读错、记错数据，则测得的这个内角就存在错误，由于没有检核条件，这个错误将不能被发现。同样，观测者瞄准目标不精确，就会产生粗差。如果测量了 3 个内角，则称第 3 个内角为多余观测，这时 3 个内角之和应等于 180°，就构成了一个检核条件。此时，若某个角度值存在粗差或错误，则三角形内角和与 180° 就会相差很大，闭合差就会超过限差的几倍。在观测结果中是不允许存在错误和粗差的，通过多余观测可以发现粗差，一旦发现，应及时舍弃，重新观测。

规范规定：测量仪器使用前应进行检验校正；操作应严格按照规范要求进行；布设平面和高程控制网测量控制点的三维坐标时，要有一定的多余观测量。一般认为，当严格按照规范要求进行测量工作时，粗差和系统误差是可以消除的，即使不能完全消除，也可以将其影响减弱到忽略不计的程度。所以，通常认为测量误差只包含偶然误差。

（五）偶然误差的特性

偶然误差从表面上看其大小和符号没有规律性，但在相同的条件下，对某观测量进行大量的重复观测，可看出大量偶然误差呈现一定的规律性，而且重复次数越多，其规律性也越明显。

通过对大量测量观测结果的研究、统计，归纳出偶然误差具有如下特性。

①有限性：在一定观测条件下的有限次观测中，偶然误差的绝对值不会超过一定的限值；

②集中性：绝对值小的偶然误差，比绝对值大的偶然误差出现的机会多；

③对称性：绝对值相等的正、负偶然误差，出现的机会相等；

④抵消性：随着观测次数无限增加，偶然误差的算术平均值趋于零，即：

$$\lim_{n\to\infty}\frac{[\Delta]}{n}=0 \tag{4-2}$$

式中：n 为观测次数，$[\Delta]=\Delta_1+\Delta_2+\cdots+\Delta_n$。

对于一系列的观测而言，无论其观测条件好还是差，也无论是对同一个量还是对不同的量进行观测，只要这些观测是在相同的条件下独立进行的，所产生的一组偶然误差必然都具有上述的 4 个特性。

为简单而形象地表示偶然误差的上述特性，以偶然误差 Δ 的大小为横坐标，以其误差出现的个数为纵坐标，画出偶然误差大小与其出现个数的关系曲线，如图 4-1 所示，该曲线又称为误差分布曲线。

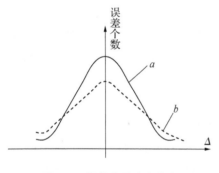

图 4-1　偶然误差分布曲线

由图 4-1 可明显地看出，曲线的峰愈高、愈陡峭，表示误差分布愈密集，观测成果质量越高；反之，曲线的峰愈低、愈平缓，表明误差分布越离散，观测成果质量越低。图 4-1 中，曲线 a 的观测成果质量比曲线 b 的观测成果质量高。

实践证明，偶然误差不能用计算改正数或采用一定的观测方法简单地加以消除。根据偶然误差的特性，采用增加观测次数，取其算术平均值，可大大减弱偶然误差对观测成果的影响。

二、观测值最可靠值的计算

（一）等精度独立观测的平差计算

设在相同的条件下对某未知量观测了 n 次，得观测值为 L_1、L_2、$\cdots$、L_n，其算数平均值为：

$$\bar{l}=\frac{l_1+l_2+\cdots+l_n}{n}=\frac{[l]}{n} \tag{4-3}$$

设未知量的真值为 $\tilde{L}$，则有真误差 Δ_1、Δ_2、$\cdots$、Δ_n，其中：

$$\Delta_i=L_i-\tilde{L} \quad (i=1,2,\cdots,n) \tag{4-4}$$

取上式的和并除以观测次数 n 得：

$$\frac{[\Delta]}{n}=\frac{[L]}{n}-\tilde{L} \tag{4-5}$$

由偶然误差的第四特性可知：

$$\lim_{n \to \infty} \frac{[\Delta]}{n} = 0$$

即 $n \to \infty$ 时，$\tilde{L} = \frac{[L]}{n} = \bar{l}$。也就是说，当 $n \to \infty$ 时，算数平均值等于未知量真值。

但在实际工作中，n 总是有限的，所以算术平均值最接近未知量真值，无论观测次数多少，均以算术平均值 $\bar{l}$ 作为未知量的最可靠值（平差值）。

（二）不等精度独立观测的平差计算

在一组不等精度观测值中，由于观测值的精度不同，其可靠程度也不同。观测值的精度高，可靠程度大，反之，可靠程度小。所以，在处理数据时，就不能将这些观测值等同看待。为了区别观测值的精度高低，确定观测值在计算中所占的比重，就必须引入权的概念。

1. 权

权是一个与精度成正比的正实数，设观测值 L_i 的中误差为 m_i，则其权的计算公式为：

$$p_i = \frac{m_0^2}{m_i^2} \tag{4-6}$$

式中：m_0^2 为任意正实数。由公式（4-6）可知，观测值 L_i 的权与其中误差 m_i 成反比，中误差越大，其权就越小，精度越低；反之，中误差越小，其权就越大，精度越高。

当 $p_i = 1$ 时，有 $m_0^2 = m_i^2$，即 m_0 为权等于 1 的观测值的中误差，也称为单位权中误差。定权时，虽然单位权中误差 m_0 可以取任意实数，但一经选定，所有观测值的权都应用这个 m_0 来计算。

2. 加权平均值

设有一组不等精度观测值 L_1、L_2、$\cdots$、L_n，其权分别为 p_1、p_2、$\cdots$、p_n，则加权平均值为：

$$\bar{l} = \frac{p_1 L_1 + p_2 L_2 + \cdots + p_n L_n}{p_1 + p_2 + \cdots + p_n} = \frac{[pL]}{[p]} \tag{4-7}$$

加权平均值即为不等精度观测时的最可靠值（平差值）。平差值与观测值之差称为改正数，即：

$$v_i = \bar{l} - L_i \tag{4-8}$$

例 4-1　对某角度的观测结果如下，试求该角度平差值。

$$L_1 = 75°30'15'', \quad p_1 = 2$$
$$L_2 = 75°30'10'', \quad p_2 = 3$$
$$L_3 = 75°30'16'', \quad p_3 = 4$$
$$L_4 = 75°30'08'', \quad p_4 = 5$$

解：由已知得平差值为：

$$\bar{l} = \frac{p_1 L_1 + p_2 L_2 + \cdots + p_n L_n}{p_1 + p_2 + \cdots + p_n} = 75°30'11.7''$$

子情境2　测量结果精度评定

一、评定精度的指标

在一定观测条件下进行的一组观测，它对应有一种确定不变的误差分布。如果分布较为密集，则表示该组观测质量较好，即这一组观测精度较高；反之，如果分布较为离散，则表示其观测质量较差，即观测精度较低。因此，精度是指误差分布的密集或离散的程度。在实际工作中，为了考核测量成果是否满足工程建设的要求，常用以下指标来评定精度的高低。

1. 中误差

在相同的观测条件下，对某量进行 n 次独立观测，设其观测值为 L_1、L_2、$\cdots$、L_n，若该未知量的真值为 $\tilde{L}$，由公式（4-1）得到相应的真误差为 Δ_1、Δ_2、$\cdots$、Δ_n。中误差可通过这组独立误差平方的平均值进行计算。中误差又称为标准差，以 m 表示，用来衡量观测值精度的高低，即：

$$m = \pm \sqrt{\frac{[\Delta\Delta]}{n}} \tag{4-9}$$

式中：$[\Delta\Delta] = \Delta_1^2 + \Delta_2^2 + \cdots + \Delta_n^2 = \sum_{i=1}^{n} \Delta_i^2$，$\Delta_i = L_i - \tilde{L}$。

例 4-2　设对 12 个三角形各进行了两组观测，计算各内角和的真误差如下，试比较两组观测结果精度的高低。

第一组：$-3''$，$+1''$，$-4''$，$+2''$，$0''$，$-4''$，$+3''$，$+2''$，$-3''$，$-1''$，$-1''$，$-2''$

第二组：$0''$，$-1''$，$-5''$，$+2''$，$+1''$，$+1''$，$-3''$，$0''$，$+3''$，$-1''$，$-2''$，$-3''$

解：将三角形内角和的真误差代入公式（4-9），得三角形内角和的中误差分别为：

$$m_1 = \pm \sqrt{\frac{[\Delta\Delta]}{n}}$$

$$= \pm \sqrt{\frac{(-3)^2 + 1^2 + (-4)^2 + 2^2 + 0^2 + (-4)^2 + 3^2 + 2^2 + (-3)^2 + (-1)^2 + (-1)^2 + (-2)^2}{12}}$$

$$= \pm 2.5''$$

$$m_2 = \pm \sqrt{\frac{[\Delta\Delta]}{n}}$$

$$= \pm \sqrt{\frac{0^2 + (-1)^2 + (-5)^2 + 2^2 + 1^2 + 1^2 + (-3)^2 + 0^2 + 3^2 + (-1)^2 + (-2)^2 + (-3)^2}{12}}$$

$$= \pm 2.3''$$

因 $|m_1| > |m_2|$，所以第二组的精度高于第一组的精度。

2. 极限误差

由偶然误差的特性可知，在一定的观测条件下，偶然误差的绝对值有一定的限值，这个限值称为极限误差。如果观测值的偶然误差超过了极限误差，就认为它含有系统误差或粗差，不符合精度要求，应剔除它。经计算，误差出现在区间（$-m$，$+m$）、（$-2m$，$+2m$）、（$-3m$，$+3m$）内的概率分别是 68.3%、95.5% 和 99.7%。可见，大于 3 倍中误差的误差，出现的概率只有 0.3%，是小概率事件，可认为是不可能发生的事件。因此，可规定 3 倍中误差为极限误差，即：

$$\Delta_{限} = 3m \qquad\qquad (4\text{-}10)$$

在测量实践中，观测成果精度要求较高，往往取 2 倍中误差作为极限误差，即：

$$\Delta_{限} = 2m \qquad\qquad (4\text{-}11)$$

3. 相对误差

在某些测量工作中，仅用中误差还不能完全反映观测精度的高低。例如：在同一观测条件下，丈量两段距离，一段为 100m，另一段为 150m，它们的中误差是 ±6mm。虽然二者中误差相同，但由于是不同的距离长度，所以二者的精度并不相同。显然，后者单位长度的精度高于前者。通常，将这种衡量单位长度的精度称为相对误差。相对误差包括相对真误差、相对中误差、相对极限误差，它们分别是真误差、中误差、极限误差与其观测值之比。

相对误差是个无名数，在测量中经常将分子化为 1，分母化为整数 M，即用 $\dfrac{1}{M}$ 表示。如上述两段距离，其相对中误差分别为：

$$\frac{1}{M_1} = \frac{m_1}{L_1} = \frac{0.006}{100} = \frac{1}{16\,666}$$

$$\frac{1}{M_2} = \frac{m_2}{L_2} = \frac{0.006}{150} = \frac{1}{25\,000}$$

因 $\dfrac{1}{M_1} > \dfrac{1}{M_2}$，所以 M_2 的精度比 M_1 的精度高。

二、误差传播定律

前面已经阐述了评定一组观测值质量的精度指标，通常采用中误差。但在实际工作中，经常会遇到某些量的大小不是直接测定的，而是由观测值通过一定的函数关系计算出来的。例如：在三角高程测量中，直接观测值是平距 D、垂直角 α、仪器高 i 和觇标高 v，而高差为：

$$h = D \cdot \mathrm{tg}\alpha + i - v$$

那么，观测值函数的中误差如何根据观测值的中误差来确定呢？阐述观测值函数中误差与独立观测值中误差之间关系的定律，称为误差传播定律。

设有函数：

$$z = f(x_1, x_2, \cdots, x_n)$$

式中：x_1、x_2、$\cdots$、x_n 均为独立观测值，其中误差分别为 m_1、m_2、$\cdots$、m_n；若 z 的中误差为 m_z，则有：

$$m_z = \pm \sqrt{\left(\frac{\partial f}{\partial x_1}\right)^2 m_1^2 + \left(\frac{\partial f}{\partial x_2}\right)^2 m_2^2 + \cdots + \left(\frac{\partial f}{\partial x_n}\right)^2 m_n^2} \qquad (4\text{-}12)$$

公式（4-12）可表述为：一般函数中误差的平方，等于该函数各观测值的偏导数与相应观测值中误差乘积的平方和。

对于倍数函数：

$$z = kx$$

利用公式（4-12）得：

$$m_z = \pm \sqrt{\left(\frac{\partial f}{\partial x}\right)^2 m^2} = \pm \left(\frac{\partial f}{\partial x}\right) m = \pm km \qquad (4-13)$$

例4-3 在 1 : 2000 的地形图上，量得 a、b 两点间的距离 $s = 76.2 \text{mm}$，量测中误差 $m_s = \pm 0.3 \text{mm}$，求 s 的实际距离 D 及其中误差。

解： 因 $D = 2000s = 2000 \times 76.2 \text{mm} = 152.4 \text{m}$；

故根据误差传播定律得：

$$m_D = 2000 \times m_s = 2000 \times 0.3 \text{mm} = \pm 0.6 \text{m}$$

例4-4 某条水准路线，共观测了 n 站高差，高差之和为 h。若每站高差观测的中误差均为 $m_{站}$，试求 h 的中误差 m_h。

解： 设第 i 站的观测高差为 h_i，则有 $h = h_1 + h_2 + \cdots + h_n$，若每站观测高差独立，由误差传播定律得：

$$m_h^2 = m_1^2 + m_2^2 + \cdots + m_n^2 = n m_{站}^2$$

则：

$$m_h = \sqrt{n} m_{站}$$

例4-5 某长方形厂房，量得其长为 $a = 100 \text{m} \pm 3 \text{mm}$，宽为 $b = 60 \text{m} \pm 2 \text{mm}$，试求厂房的面积 s 及其中误差。

解： 长方形的面积 $s = ab = 100 \times 60 = 6 \times 10^3 \text{m}^2$；

根据误差传播定律由上式得厂房面积的中误差为：

$$m_s = \pm \sqrt{\left(\frac{\partial f}{\partial a}\right)^2 m_a^2 + \left(\frac{\partial f}{\partial b}\right)^2 m_b^2} = \pm \sqrt{b^2 m_a^2 + a^2 m_b^2} = \pm \sqrt{60^2 \times 3^2 + 100^2 \times 2^2} = \pm 0.269 \text{m}^2$$

三、等精度独立观测的精度评定

等精度独立观测值中误差为：

$$m = \pm \sqrt{\frac{[\Delta\Delta]}{n}} \qquad (4-14)$$

这是利用观测值真误差计算中误差的定义公式，由于实际工作中未知量的真值往往并不知道，真误差也就不能获得。所以，一般不能直接利用上式求观测值的中误差。但是未知量的最或是值是可以得到的，它和观测值的差数也可以求得，称为改正数，即：

$$v_i = \bar{l} - L_i \qquad (4-15)$$

联立方程组公式（4-14）和（4-15）可得中误差的计算公式为：

$$m = \pm \sqrt{\frac{[vv]}{n-1}} \qquad (4-16)$$

上式就是利用改正数求观测值中误差的公式，称贝塞尔公式。

因平差值 $\bar{l} = \dfrac{[L]}{n}$，故由误差传播定律知平差值中误差为：

$$m_l = \pm \frac{m}{\sqrt{n}} = \pm \sqrt{\frac{[vv]}{n(n-1)}} \qquad (4-17)$$

例 4-6　已知某段距离的 6 次观测结果如表 4-1 所示，试求观测值的中误差和算数平均值的中误差。

表 4-1　等精度独立观测值平差计算

观测次序	观测值（m）	v（mm）	vv	计算
1	165.445	4	16	
2	165.448	1	1	
3	165.452	−3	9	$m = \pm \sqrt{\dfrac{[vv]}{n-1}}$
4	165.446	3	9	$= \pm \sqrt{\dfrac{52.00}{6-1}}$
5	165.450	−1	1	
6	165.453	−4	16	$= \pm 3.22\text{mm}$
Σ			52.00	

解： 6 次观测的平均值：$\bar{l} = \dfrac{[L]}{n} = 165.449\text{m}$，其余计算在表 4-1 中进行。

使用 Excel 计算中误差如图 4-2 所示，第一行用作表题，第二行用作标题栏。在 A 列输入 6 个观测值，A10 单元计算观测值的算术平均值，计算公式为" = AVERAGE（A3：A8）"；B 列为以 mm 为单位的改正数，其中 B3 单元的计算公式为"＝（A10 − A3）＊1000"，将 B3 单元的公式复制到 B4 ~ B8；C 列为改正数的平方，C3 单元的计算公式为"＝B3^2"，将 C3 单元的公式复制到 C4 ~ C8；C9 单元为改正数的平方和，计算公式为" = SUM（C3：C8）"；C10 单元为中误差 m，

	A	B	C
1	表 4-1		
2	观测值（m）	v（mm）	vv
3	165.445	4.00	16.00
4	165.448	1.00	1.00
5	165.452	−3.00	9.00
6	165.446	3.00	9.00
7	165.450	−1.00	1.00
8	165.453	−4.00	16.00
9	算术平均值	Σ	52.00
10	165.4490	$m=$	3.22
11		$m_l =$	1.32

图 4-2　Excel 计算中误差

计算公式为" = SQRT(C9/5)"，或使用标准差函数" = STDEV（A3：A8）＊1000"一次计算出中误差 m，二者结果相同；C11 单元为算数平均值的中误差 m_l，计算公式为" = C10/SQRT(6)"。

四、不等精度独立观测的精度评定

由贝塞尔公式可推知，不等精度观测中单位权中误差的计算公式为：

$$m_0 = \pm \sqrt{\frac{[pvv]}{n-1}} \qquad (4-18)$$

则根据公式（4-6）可知观测值 L_i 的中误差为：

$$m_i = \frac{m_0}{\sqrt{p_i}} \qquad (4-19)$$

由误差传播定律知加权平均值的中误差为：

$$m_l = \frac{m_0}{\sqrt{[p]}}$$ (4-20)

习题和思考题

1. 测量误差有哪些？各有何特性？在测量工作中如何消除或削弱？

2. 偶然误差和系统误差有何区别？偶然误差有哪些特性？

3. 何谓中误差、极限误差、相对误差？

4. 对某距离等精度丈量了 8 次，观测结果为 912.660m、912.668m、912.659m、912.658m、912.663m、912.664m、912.663m、912.662m，试使用计算器或 Excel 计算其算术平均值及其中误差和相对中误差。

5. 在 △ABC 中，已知其内角的观测中误差为 ±9″，容许误差为中误差的 2 倍，求该三角形闭合差的容许误差？

6. 一正方形建筑物，量得其一边长为 a，a 的中误差为 m_a，试求周长 l 及其中误差 m_l？

7. 某角度等精度观测 6 个测回，观测值分别为 155°20′36″、155°20′38″、155°20′42″、155°20′39″、155°20′43″、155°20′35″，试求观测值的一测回中误差、算术平均值及其中误差？

8. 观测两段距离 $S_1 = 258.366m \pm 0.01m$、$S_2 = 280.687m \pm 0.02m$，试判断哪一段距离的精度高？两距离之差的中误差及其相对中误差各是多少？

9. 量得一斜距 $S = 356.396m$，中误差为 $m_S = \pm 3mm$，竖直角 $\alpha = 11°20′$，其中误差为 $m_\alpha = \pm 2′$，试求水平距离 D 及其中误差 m_D？

学习情境五　地形图测绘

子情境1　地形图基本知识

一、地形图的概念

地球表面的形状十分复杂，物体种类繁多，地势起伏形态各异，但总体上可分为地物和地貌两大类。具有明显轮廓、固定性的自然形成或人工构筑的各种物体称为地物，如河流、湖泊、草地、森林等属于自然地物，道路、房屋、电线、水渠等属于人工地物；地球表面的自然起伏、变化各异的形态称为地貌，如山地、盆地、丘陵、平原等，地物和地貌统称为地形。

应用相应的测绘方法，通过实地测量，将地面上的各种地形沿铅垂方向投影到水平面上，并按规定的地形图图式符号和一定的比例尺缩绘成图，称为地形图。地形图在图上既表示地物的平面位置，又表示地面的起伏状态，即地貌的情况。在图上仅表示地物平面位置的称为地物图。

地形图能客观地反映地面的实际情况，特别是大比例尺地形图是各项工程规划、设计和施工必不可少的基础资料，所以要全面学习地形图的基础知识，才能正确识读和应用地形图，正确进行地形图的测绘工作。

二、地形图的比例尺

地形图上某线段的长度 l 与地面上相应线段的水平长度 L 之比，称为地形图的比例尺。比例尺一般分为数字比例尺和图示比例尺两大类。

（一）数字比例尺

数字比例尺一般用分子为1的分数形式表示。依比例尺的定义有：

$$\frac{l}{L} = \frac{1}{\frac{L}{l}} = \frac{1}{M} \tag{5-1}$$

式中：M 称比例尺分母，表示图上的单位长代表实地平距的 M 个单位长。例如，某地形图上2cm的长度是实地平距100m缩小的结果，则该图的比例尺是：

$$\frac{2\text{cm}}{100\text{m}} = \frac{2\text{cm}}{10000\text{cm}} = \frac{1}{5000}$$

比例尺1/5000表示着，图上1cm代表实地平距5000cm（即50m）。

数字比例尺也可表示为两数相比的形式1：M，如1：500、1：1000等。

比例尺的大小是以其比值来衡量的，M 越小，比例尺越大；M 越大，比例尺越小。通常称 1：500、1：1000、1：2000 和 1：5000 的地形图为大比例尺地形图；1：1 万、1：2.5 万、1：5 万和 1：10 万的地形图为中比例尺地形图；1：25 万、1：50 万、1：100 万的地形图为小比例尺地形图。按照地形图图式规定，比例尺以宋体字高 4.0mm 标注在外图廓正下方 9mm 处。

中比例尺地形图是国家基本地图，由国家专业测绘部门负责测绘，目前均采用航空摄影测量方法成图。小比例尺地形图一般由中比例尺地形图缩小编绘而成。城市和工程建设一般需要大比例尺地形图，其中比例尺为 1：500 和 1：1000 的地形图一般用全站仪、RTK 等仪器测绘，平板仪、经纬仪应用逐渐减少；比例尺为 1：2000 和 1：5000 的地形图一般由 1：500 或 1：1000 的地形图缩小编绘而成。大面积 1：500 ~ 1：5000 的地形图也可用航空摄影测量方法成图。

（二）图示比例尺

为了用图方便，以及减弱由于图纸伸缩而引起的变形误差，在绘制地形图时，常在图上绘制图示比例尺，如图 5-1 所示。例如，要绘制 1：500 的图示比例尺，绘制时先在图上绘两条平行线，再把它分成若干相等的线段，称为比例尺的基本单位，一般为 2cm；将左端的一段基本单位分成十等分，每等分的长度相当于实地 1m。而每一基本单位所代表的实地长度为 2cm × 500 = 10m。

图 5-1　图示比例尺

（三）比例尺的精度

在正常情况下，人们用肉眼能分辨出图上两点间的最小距离为 0.1mm，因此一般在图上量度或在实地测图绘制时，就只能达到图上 0.1mm 的精确性。因此，把地形图上 0.1mm 所代表的实地水平距离，称为比例尺精度，用 ε 表示，即：

$$\varepsilon = 0.1\text{mm} \times M \qquad\qquad (5-2)$$

式中：M 为比例尺分母。

显然比例尺大小不同，其比例尺精度的高低也不同，如表 5-1 所示。

表 5-1　相应比例尺的比例尺精度

比例尺	1：500	1：1000	1：2000	1：5000	1：10000
比例尺精度（m）	0.05	0.1	0.2	0.5	1.0

比例尺精度的概念，对测图和设计用图都有重要的意义。例如，测绘 1：2000 比例尺地形图时，测量碎部点距离的精度只需达到 0.1mm × 2000 = 0.2m，因为测量得再精细，图上也是表示不出来的；又如，某项工程设计，要求在图上能反映出地面上 0.05m 的精度，则所选图的比例尺就不能小于 1：500。

不同的测图比例尺有不同的比例尺精度。图的比例尺越大，其表示的地物、地貌就越详细，精度也越高，但测图的时间、费用消耗也将随之增加。因此，采用哪一种比例尺测图，应从工程规划、施工实际需要的精度出发，用图部门可依工程需要参照《城市测量规范》（CJJ/T 8—2011）规定的各种比例尺地形图的适用范围（如表5-2所示）选择测图比例尺，以免比例尺选择不当造成浪费。

表5-2 测图比例尺的选用

比例尺	用途
1：10 000	城市规划设计
1：5000	
1：2000	城市详细规划和工程项目的初步设计等
1：1000	城市详细规划和管理、地下管线和地下普通建（构）筑工程的现状图、工程项目的施工图设计等
1：500	

三、地物及其表示

地物分为两大类：一类是自然地物，如河流、湖泊、森林、草地、独立岩石等；另一类是人工地物，如房屋、铁路、公路、各种管线、水渠、桥梁等。这些物体都要求尽可能地表示在地形图上。地物的表示，是将地面上各种地物按预定的比例尺和要求，以其平面投影的轮廓或特定的符号绘制在地形图上。表示要严格执行国家和行业部门颁布的有关地形测量的规范和相应比例尺的图式。

地物的表示符号有3种类型，即点状符号、线状符号、面状符号。有些地物如测量控制点、钻井、各种检修井或窨井等，其占据的平面面积按照比例缩小后，将无法在图上表现出来，但其在地物类别中又有重要的意义，必须表示，那么就要在地形图上用特殊的符号表示，称为点状符号，又称为非比例符号；有的线性地物如管道、渠道、电线等，其长度方向可比例缩小后绘出，但宽度按照比例缩小后已经无法表示，我们就要用线状符号表示，又称为半比例符号；地物占据的平面面积能够按比例缩小表示出来的，如较大的建筑物、湖泊、农田、街区等，就要用面状符号表示，又称为比例符号。

（一）点状符号

有些地物，如路灯、电线杆、纪念碑，以及各种不同级别的测量控制点、独立树、钻孔、塑像和检修井等，都属于点状符号，如图5-2所示。

点状符号有几类：符号几何图形的中心有一点的，以该点为定位点；符号底部有横线的，以横线中心为定位点；底部有直角的，以直角顶点为定位点。

点状符号不是一成不变的。例如，有的地物占据的平面面积在某一比例尺的地形图上只能作为点状符号，但在比例尺大一些的图上就可以是面状符号。如底直径小于2m的塔，在1：2000及更小比例尺的图上，就是点状符号，而在1：500的图上就不再是点状地物了。因此，地物的符号使用有一个原则：如果是重要地物，而其占据地面面积的长度小于图上

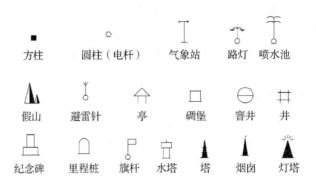

图5-2 点状符号

1mm 的，就不用按照比例表示，反之则必须用比例符号表示。地形图的图面信息负荷量如果太重，就会影响图面的美观，并导致无法阅读使用，因此，有些没有方位特征的地物，就可综合取舍，如行道树就不需逐一按照实际位置测定表示。在用图的时候，应予注意。

（二）线状符号

对于一些带状延伸地物，如各种通信、供电线路，电缆、管道、河流和沟渠等，其长度可按照比例表示，但宽度无法按比例尺缩绘，都称为线状符号，如图5-3 所示。对于对称线状符号，以中心线为定位线；不对称线状符号，以底线边缘线为定位线。

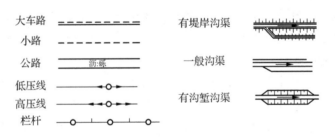

图5-3 线状符号

同点状地物一样的问题，有些线状地物，由于其宽度在比例尺小的图件上为线状地物，而在比例尺大的图件上就必须依比例表示。例如，宽度为 2m 的沟渠或管道，在 1:2000 的图上可用线状地物表示，但是在 1:500 的图上就要用面状符号。

（三）面状符号

地物占据的面积按比例缩小后表示在地形图上的就是面状符号。在大比例尺地形图上，典型的面状地物有建筑物、草地、森林、运动场、湖泊等，如图5-4 所示。原则上，地物占据地面面积的长宽尺

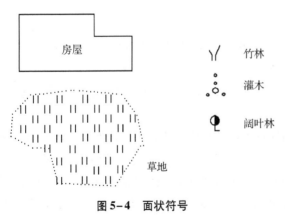

图5-4 面状符号

度大于图上 1mm 的地物，都应尽可能表示出来。因此，在大比例尺地形图上会遇到大量面状地物。

四、地貌及其表示

在地形图上用等高线和地貌符号来表示地面的高低起伏形态，即地貌。等高线就是地表高程相等的相邻点顺序连接而成的闭合曲线。

典型的地貌有平地、丘陵地、山地、盆地等。坡度 2°以下称为平地，坡度在 2°~6°称为丘陵地，6°~25°称为山地，坡度大于 25°的地方称为高山地。四周高而中间低的地方称为盆地，小的盆地也有人称为坝子，很小的称洼地。

地面的高低起伏，形成各种地貌形态的基本要素，主要包括山、山脊、山坡、鞍部、山谷等。地貌的独立凸起称为山。山顶向一个方向延伸到山脚的棱线称为山脊，其棱线起分散雨水的作用，称为分水线，又称山脊线。山脊的两侧到山脚称为山坡。相邻两个山头之间呈马鞍形的低凹部分称为鞍部。山脊相交向上时从丫口向山脚延伸有两山坡的面相交，使雨水汇合形成合水线，经水流冲蚀形成山谷，合水线又称山谷线。山谷的搬运作用可在山谷口形成冲积三角洲。山脊线和山谷线称为地性线，代表地形的变化。地貌要素与等高线如图 5-5 所示。

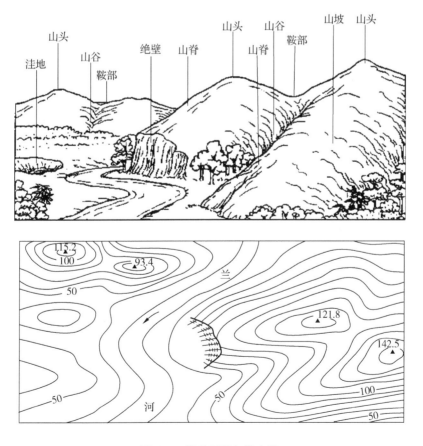

图 5-5 地貌要素与等高线

（一）等高线及其特性

1. 等高线原理

一座山如果被几个不同高度的平面相切，每一个平面和山的交线都是一条闭合的曲线，这就是等高线。等高线越接近山顶，曲线闭合面积越小，如图5-6所示。

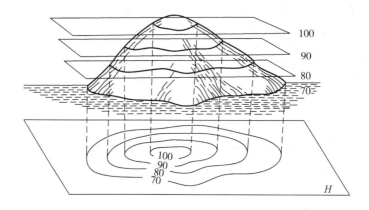

图5-6　等高线原理

2. 等高线的类型

在地形图上，两相邻等高线之间的高差称为等高距；平面图上相邻等高线之间的距离称为两条等高线的平距，或者等高线间距。

等高线分为首曲线、计曲线、间曲线和助曲线。

（1）首曲线

在图上绘出的等高线，是依据等高距来确定的，只绘出确定等高距整数倍高程的等高线，称为基本等高线，又称为首曲线。图式规定用0.15mm的实线表示。

（2）计曲线

为了方便利用等高线判读地貌高低起伏和确定高程，在基本等高线中，每隔4条，对高程为等高距整5倍的等高线予以加粗，并在其上面用字头向上坡方向标注该等高线的高程，这条等高线称为加粗等高线，又称为计曲线。图式规定用0.3mm粗的实线表示。

（3）间曲线

由于地面的坡度变化，为了反映地貌的细节，有时候需要在相邻基本等高线之间，绘出一条高程为两基本等高线中值的等高线来反映局部地貌，这种用基本等高距一半的高程绘制的等高线称为半距等高线，又称为间曲线。图式规定用0.15mm粗、6mm长、间隔1mm的虚线表示。

（4）助曲线

为了反映更详细的地貌，在间曲线和首曲线之间，用1/4等高距绘制出一条等高线，称为辅助等高线，又称助曲线。用0.15mm粗、3mm长、间隔1mm的短虚线表示。

助曲线和间曲线用于表现局部细节地貌，允许不完全绘出一整条等高线。在大比例尺地形图中，由于等高距小，一般不用表现到1/4等高距。

3. 等高线的特征

①等高线上的点的高程相等。

②每条等高线都是闭合曲线。即使在一幅图上不闭合，在相邻的图上也会闭合。

③不同高程的等高线不会相交，在遇到陡崖的时候，在平面图上等高线有相交的可能，但在空间上等高线不会相交。等高线也不会有分叉。

④等高线和地性线正交。山脊的等高线是一组凸向下坡的曲线，并和山脊线正交；山谷的等高线是凸向山顶的一组曲线，和山谷线保持正交。

⑤等高距相同时，等高线越稀坡度越小，等高线越密时坡度越大。

（二）一般地貌的表示

1. 等高距与示坡线

利用等高线的定义和特性，我们可以从地形图上判读出地貌。但要注意到，反映相同坡度的地面，选择的等高距小，在平面图上等高线就密，即等高线间距小；选用的等高距大，平面图上的等高线就稀，即等高线间距大。如果选用了一定的等高距，则地面坡度越大，等高线间距越小，等高线越密；地面坡度越小，等高间距越大，等高线越稀。为了使读图时方便，在同一测区，相同比例的地形图只能选用同一种等高距，否则将给读图和地形图的使用带来混乱。

用等高线判读地貌，还要注意洼地的等高线和山头的等高线在平面图上是相似的，山脊和山谷的等高线在平面图上也是相似的，这样给地貌判读带来了困难。为方便判读，在山顶的最高的等高线上，沿山脊下坡方向依次标注一短线（0.8mm），来表示下坡方向，这样的短线称为示坡线；同样，在洼地的等高线上也标注示坡线来表示下坡方向。

2. 典型地貌与等高线

为更好理解并判读地貌，列出以下几种典型地貌与等高线的对应关系。

（1）山头与洼地的等高线

山有尖顶山、圆顶山和平顶山之分。尖顶山由于其坡度接近，表现出等高线的间距变化不大；圆顶山越接近山顶，坡度变缓，接近山顶等高线间距逐步变大；平顶山由于接近平顶的时候，山的坡度有一个突变，因此等高线间距会有一个突然变大的过程。

洼地也有尖底洼地、圆底洼地和平底洼地之分。其等高线变化特征和尖顶山、圆顶山和平顶山等高线变化特征相同。区别在于，山头的等高线由外圈向内圈高程逐渐增加，洼地的等高线由外圈向内圈高程逐渐减小，如图5-7所示。

（2）山脊和山谷的等高线

山脊和山谷的等高线特征相像，但二者的等高线凸向不同，山脊的等高线凸向下坡方向，而山谷的等高线凸向上坡方向，如图5-8所示。

山脊有尖山脊、圆山脊和平山脊区分。用等高线表示出来，等高线在与山脊线（分水线）相交的地方曲率较大。尖山脊的等高线在与山脊线相交时，圆弧的曲率最大；圆山脊的等高线在与山脊线相交时，圆弧的曲率较大；平山脊由于分水线不明显，等高线在与山脊线相交时，几乎变成直线。

山谷有尖底谷、圆底谷和平底谷之分。其等高线与山谷线（合水线）特征与3种山脊

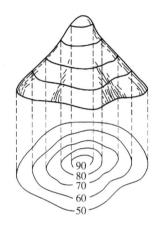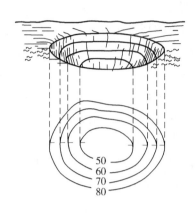

图 5-7　山头和洼地的等高线对照

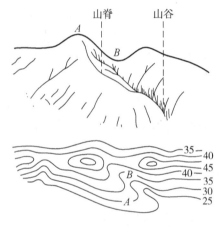

图 5-8　山脊与山谷的等高线

的等高线与山脊线相像。在地形图测绘及应用中，山脊线和山谷线具有重要意义。冲积三角洲是由于山谷的降水在搬运作用后形成的地貌，等高线特征和缓山坡一致。但冲积三角洲对应着山谷，所以和山谷的等高线相比较有一个变化，即山谷的等高线凸向上坡，而冲积三角洲的等高线凸向下坡。

（3）鞍部

鞍部是山区道路选线的重要位置。鞍部左右两侧的等高线是近似对称的两组山脊线和两组山谷线，如图 5-9 中 S 所示的位置。

（4）陡崖和悬崖

陡崖是坡度在 70°以上的陡峭悬崖，有土质和石质之分，用等高线表示时，将是非常密集或是重合为一条线，因此采用陡崖符号来表示，如图 5-10（a）和图 5-10（b）所示；悬崖是上部突出、下部凹进的陡崖，其上部的等高线投影到水平面时，与下部的等高线相交，下部凹进的等高线部分用虚线表示，如图 5-10（c）所示。

（三）特殊地貌、土质和植被的表示

1. 自然形成的特殊地貌

自然形成的特殊地貌有崩塌冲蚀地貌，以及坡、坎等其他特殊地貌。遇到这些特殊地貌时，由于坡度大，等高线密集甚至无法绘出。因此，在其边缘清晰部分等高线可以交到边缘，在边缘不清晰部分可提前 1mm 中断。

（1）崩塌冲蚀地貌

崩塌冲蚀地貌具体形态有：崩崖、滑坡、陡崖、陡石山及露岩地、冲沟、干河床及干涸湖、地裂缝、溶岩漏斗等几种。

这几种地貌用图式专门规定的符号配合范围来表示。其中，几种特殊地貌的共同特点都是由于崩塌冲蚀形成，形成这样地貌的上下之间一般有较大的高差，使等高线到这几种特殊

134

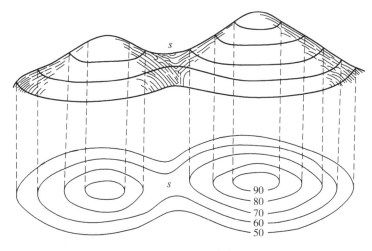

图 5-9　鞍部的等高线

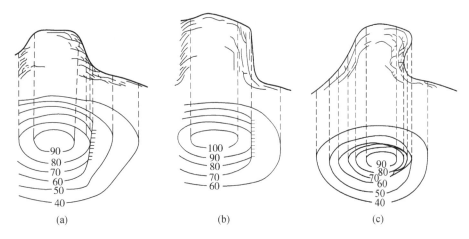

图 5-10　陡崖和悬崖的等高线

地貌处常常无法描绘，因此只用符号表示。这几种特殊地貌的上边缘轮廓一般清晰，因此上边缘一般要实测绘出。下边缘能测出标注的，用点符号圈出范围线（干河床及干涸湖用短虚线来标出范围）或将符号延伸到下边缘。如果下边缘不能测绘，如地裂缝，标注上边缘即可。冲沟在黄土层较厚的地方发育比较好，大一点的冲沟沟底较宽，也需要测绘等高线。

（2）坡和坎

坡和坎是常见的人工或自然形成的地貌。

坡度 70°以下而且比较平整的用图式规定的坡符号表示。坡的上边缘实测出来，下边缘实测位置，将坡符号的阴影长线延伸到下边缘，用短线画出长线的一半来表示。

坡度 70°以上的称为坎。坎通常用上边缘实测，量取坎高，标注比高的办法来进行测绘。旱地梯田坎的上下都要勾绘等高线。坎的两端高低不平，会出现坎上的一条等高线，在坎符号中断绘出后，在坎下绘出时，由于等高性使其向高端移动，称为"等高线坎下上移，坎上下移"。南方水田梯田坎由于坎和田中地很平整，一般不再绘出等高线。

（3）其他特殊地貌

除上述地貌外，还有洞、独立石、石堆、石垄、土堆、坑穴、乱掘地等特殊地貌。根据其占据的平面位置大小，用规定的符号分别以比例符号或非比例符号来表示，独立石、土堆和坑穴要标注比高。

2. 土质和植被的表示

表示了地貌后，还需要对土质和附着在上面的植被进行表示。在相同类型土质和植被的范围内，用规定的符号表现出来。符号分为整列式和散列式两种。植被中人工种植、规则排列的用整列式表示，不规则排列的用散列式表示。多种植被并存时表示主要的，最多表示出3种（土质符号也算一种）。

（四）由图上等高线认识地貌的一般方法

等高线作为一种地貌符号，具有明确的平面位置和高程大小的数量概念。学会由地形图上的等高线来认识地貌的空间形态，是熟练掌握地形图实际应用的一个十分重要的问题。因此，首先要透彻理解等高线的原理，熟悉表示各种地貌形态的等高线形状的特征。在此基础上，通过与实际地貌对照，逐步建立观察等高线时的立体感。

根据地形图上的等高线认识山区地貌的形态，一般可按如下方法进行。

①首先，在图上根据等高线找到1个以上的山顶，读出不少于2个山顶和计曲线的大小不同的高程注记值。

②山脊和山谷是构成山区地貌形态的骨干，其等高线形状均显著弯曲。由山顶和计曲线的高程注记，可判断何处地势较高，何处地势较低。由此即可判断等高线弯曲而凸向低处者为山脊，弯曲而凸向高处者为山谷。若图上有水系符号，亦可利用水系符号找出主要的山谷线。由已识别的部分山脊和山谷，根据"两谷之间必有一脊"的规律，可认识其他的山脊和山谷。只要识别了主要的山脊和山谷，即可把握该地区的总貌。

③在识别山顶、山脊、山谷的基础上，再识别鞍部地貌，并根据等高线疏密程度的不同，分析何处地面坡度较小，何处地面坡度较大，以及根据高程注记和等高线的条数，对比各个山顶和地面其他各点之间的高低。

④在利用图上等高线认识地貌形态的过程中，若遇等高线较密、条数较多的情况，为便于识别，可着重观察计曲线。

⑤陡崖的计算方法：假设陡崖的高度是 X，在等高线地形图上，有 n 条等高线重合，而等高距为 a，则陡崖高度的取值范围是 $a(n-1) \leqslant X < a(n+1)$。

五、文字、数字注记

注记和地形图的其他地物、地貌符号一样，是地形图的基本内容之一。地形图上除有符号表示外，还有文字和数字注记。

（一）文字注记

文字注记又称名称注记。地名注记如市名、县名、镇名、村名、山名、水系（河流）名等；说明注记如单位名、道路名等。另外还有性质说明，如建筑物的建筑材料，如砖、混、砼等；地物性质注记，如管道（水、污、雨、煤、热、电、信等）；植被种类，如茶、苹等。

（二）数字注记

数字注记，如碎部点高程注记；地物的特征数据注记，如管道直径、公路技术等级代码和编号、河流的水深和流速标注等。

（三）地形图注记的排列形式

根据注记性质和所注记的目标特征，其注记排列形式有以下几种。

1. 水平字列

各个字中心在一垂直于南北图廓的水平线上，自左向右排列。通常用于对一个范围进行注记，如地名、单位名称等。

2. 垂直字列

各个字中心在平行于南北图廓的垂直线上，自上向下排列。通常用于对一个范围进行注记，如地名、单位名称等。

3. 雁行字列

一般用来表示条、带状地物。根据地物的走向标注。字向平行于地物的走向，按照便于阅读的原则从上到下、从左到右的顺序来排列。

4. 屈曲字列

通常用来注记弯曲的地物，如河流等。字边垂直或平行于地物。文字注记的字向一般朝北。

如采用雁行字列和屈曲字列注记时，字向可以随地物方位变化。注意等高线计曲线注记数字的字头是朝上坡方向的。

六、地形图的图名、图号和图廓

（一）地形图的图名

图名即本幅图的名称，一般以本图幅中的主要地名、厂矿企业或村庄等的地理名称来命名。

（二）地形图的图号

为了区别各幅地形图所在的位置关系，每幅地形图上都有图号，图号是根据地形图分幅和编号方法编定的。

图名和图号标在北图廓上方的中央。如图 5-11 所示，"建设新村"是图名，"31.05 - 54.05"是按纵横坐标所编的图号。

（三）地形图的接合图表

为了便于查取相邻图幅，通常在图幅的左上方绘有该图幅和相邻图幅的接合图表，以表明本图幅与相邻图幅的联系。如图 5-11 所示，接合图表中间矩形块画有斜线的代表本幅图，其余为其四邻图幅，四邻图幅分别注明相应的图名或图号。在中比例尺地形图上，除了接合图表外，把相邻图幅的图号分别注在东、南、西、北图廓线中间，进一步表明与四邻图幅的相互关系。

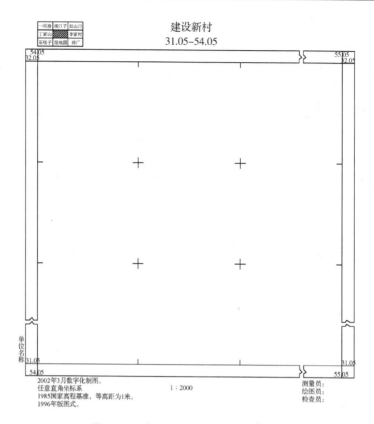

图 5-11　地形图的图名、图号和图廓

（四）地形图的图廓

图廓是地形图的边界线，有内、外图廓之分。如图 5-11 所示，正方形图幅外图廓线以粗线描绘，内图廓线以细线描绘，它也是坐标格网线。内、外图廓相距 12mm，在其四角标有以 km 为单位的坐标值。图廓内以 "＋" 表示 10cm×10cm 方格网的交点，以此可量测图上任何一点的坐标值。

七、地形图的分幅与编号方法

我国幅员广大、地域辽阔，各种比例尺地形图数量巨大。为了便于测绘、使用和管理，必须将不同比例尺的地形图分别按国家的统一规定进行分幅和编号。分幅是按照一定的规则和大小，将地面划分成整齐、大小一致的系列图块，每一个图块用一张图纸测绘，叫作一幅图；分幅规格称为图幅。编号是给每一个图幅确定一个有规则的统一号码，以示区别。地形图分幅的方法有两种，一种是按经纬线分幅的梯形分幅法，另一种是按坐标格网划分的矩形分幅法。前者用于国家基本图的分幅，后者则用于工程建设大比例尺图的分幅。

（一）梯形图幅的分幅与编号

梯形分幅是一种国际性的统一分幅方法。各种比例尺图幅的划分，都是从起始子午线和赤道开始，按不同的经差（两经度之差）和纬差（两纬度之差）来确定的，并将各图幅按一定规律编号。这样就能使各图幅在地球上的位置与其编号一一对应。只要知道某地区或某点的经纬度，就可以求得该地区或该点所在图幅的编号。有了编号，就可以迅速地找到需要的地形图，并确定该图幅在地球上的位置。

我国基本比例尺地形图是以国际1:100万地形图分幅为基础进行测绘的，其梯形图幅的地形图比例尺序列依次为：1:100万、1:50万、1:25万、1:10万、1:5万、1:2.5万、1:1万、1:5000。

1. 地形图分幅

1:100万地形图的分幅与编号是国际统一的，它是其他各种比例尺地形图分幅和编号的基础，如图5-12所示。

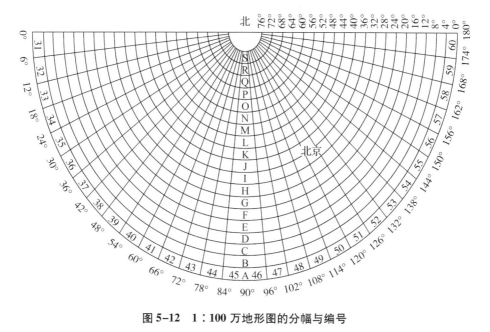

图5-12 1:100万地形图的分幅与编号

国际分幅是将地球用经纬线分成格网状。统一规定：自赤道向北或向南至纬度88°止，按纬差4°划分为22个横行。每横行依次用A、B、C、D、…、V表示。从经度180°起自西向东按经差6°划分为60个纵列，每纵列依次用1、2、3、4、…、60表示。这样，每幅1:100万地形图就是由纬差4°和经差6°的经纬线所围成的梯形图幅。图幅编号由该图幅所在的横行字母和纵列数字所组成，并在前面加上N或S，以区别北半球和南半球，一般北半球的N可省略不写。例如，我国位于北半球，在1:100万图幅中，首都北京位于J行（纬度36°~40°）、第50列（经度114°~120°），该图幅的编号为J50。

①每幅1:100万地形图划分为2行2列，共4幅1:50万地形图。每幅经差3°，纬差2°。

②每幅1:100万地形图划分为4行4列，共16幅1:25万地形图。每幅经差1°30′，纬差1°。

③每幅1:100万地形图划分为12行12列，共144幅1:10万地形图。每幅经差30′，纬差20′。

④每幅 1：100 万地形图划分为 24 行 24 列，共 576 幅 1：5 万地形图。每幅经差 15′，纬差 10′。

⑤每幅 1：100 万地形图划分为 48 行 48 列，共 2304 幅 1：2.5 万地形图。每幅经差 7′30″，纬差 5′。

⑥每幅 1：100 万地形图划分为 96 行 96 列，共 9216 幅 1：1 万地形图。每幅经差 3′45″，纬差 2′30″。

⑦每幅 1：100 万地形图划分为 192 行 192 列，共 36 864 幅 1：5000 地形图。每幅经差 1′52.5″，纬差 1′15″。

各比例尺地形图经纬差如表 5-3 所示。

表 5-3 比例尺经纬差

比例尺经纬差									
比例尺		1：100 万	1：50 万	1：25 万	1：10 万	1：5 万	1：2.5 万	1：1 万	1：5000
图幅范围	经差	6°	3°	1°30′	30′	15′	7′30″	3′45″	1′52.5″
	纬差	4°	2°	1°	20′	10′	5′	2′30″	1′15″
行列数量关系	行数	1	2	4	12	24	48	96	192
	列数	1	2	4	12	24	48	96	192
图幅数量关系		1	4	16	144	576	2304	9216	36 864

2. 地形图的编号

1：100 万地形图新的编号方法，除行号与列号改为连写外，没有任何变化，如北京在的 1：100 万地形图中的图号由 J-50 改写为 J50。1：50 万至 1：5000 地形图的编号，均以 1：100 万地形图编号为基础，采用行列式编号法。将 1：100 万地形图按所含各种比例尺地形图的经纬差划分成相应的行和列，横行自上而下，纵列从左到右，按顺序用阿拉伯数字编号，皆用 3 位数字表示，凡不足 3 位数的，则在其前补 0。

各大、中比例尺地形图的编号均由 5 个元素共 10 位码构成。从左向右，第一元素 1 位码为 1：100 万图幅行号字符码，第二元素共 2 位码为 1：100 万图幅列号数字码，第三元素 1 位码为编号地形图相应比例尺的字符代码，第四元素共 3 位码为编号地形图图幅行号数字码，第五元素共 3 位码为编号地形图图幅列号数字码。各元素均连写，如图 5-13 所示，比例尺代码如表 5-4 所示。

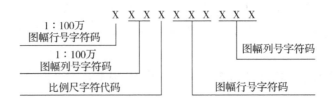

图 5-13 1：50 万至 1：5000 地形图编号构成

表 5-4　比例尺代码

比例尺	1：50 万	1：25 万	1：10 万	1：5 万	1：2.5 万	1：1 万	1：5000
代码	B	C	D	E	F	G	H

例如，图 5-14（a）中阴影部分地形图编号为 J50B001002，图 5-14（b）中阴影部分地形图编号为 J50C003003。

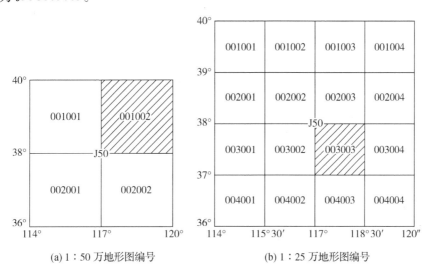

(a) 1：50 万地形图编号　　　　　(b) 1：25 万地形图编号

图 5-14　地形图编号

（二）矩形分幅

用于各种工程建设的大比例尺地形图，一般采用矩形分幅。矩形分幅有正方形分幅和长方形分幅两种，即以平面直角坐标的纵、横坐标线来划分图幅，使图廓呈长方形或正方形。矩形分幅的规格如表 5-5 所示。

表 5-5　矩形分幅的规格

比例尺	长方形分幅		正方形分幅			图廓坐标值（m）
	图幅大小（cm）	实地面积（km²）	图幅大小（cm）	实地面积（km²）	分幅数（幅）	
1：5000	50 × 40	5	40 × 40	4	1	1000 的整倍数
1：2000	50 × 40	0.8	50 × 50	1	4	1000 的整倍数
1：1000	50 × 40	0.2	50 × 50	0.25	16	500 的整倍数
1：500	50 × 40	0.05	50 × 50	0.0625	64	50 的整倍数

矩形分幅的编号方法有坐标编号法、流水编号法和行列编号法。

坐标编号法是以该图廓西南角点纵横坐标的千米数来表示该图图号。例如，一幅 1：2000 比例尺地形图，其西南角点坐标 $x = 84km$，$y = 62km$，则其图幅编号为 84.0 – 62.0。

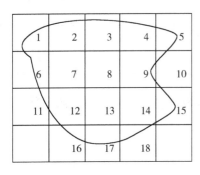

图 5-15　流水编号

测区不大、图幅不多时，可在整个测区内按从上到下、从左到右采用流水数字顺序编号，如图 5-15 所示。

行列编号法是将测区所有的图幅，以字母为行号，以数字为列号，以图幅所在行的字母和所在列的数字作为该图幅的编号，如图 5-16 所示。

如图 5-17 所示的 1：5000 图的编号为 40-50。一幅 1：5000 图可分为 4 幅 1：2000 的图，分别以 I、II、III、IV 编号。一幅 1：2000 图又可分成 4 幅 1：1000 图，一幅 1：1000 图再分成 4 幅 1：500 图，均以 I、II、III、IV 进行编号。各种比例尺地形图编号的编排顺序均为自西向东、自北向南。例如，图 5-17 中 P 点所在 1：2000 比例尺图幅的编号为 40-50-IV，所在 1：1000 比例尺图幅的编号为 40-50-IV-II，所在 1：500 比例尺图幅的编号为 40-50-IV-II-III。

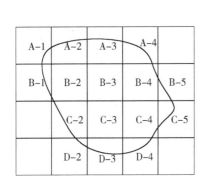

图 5-16　行列编号

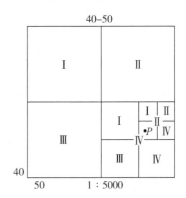

图 5-17　坐标编号

子情境 2　地形图测量方法

地形测图的方法，按使用仪器的不同，分为白纸测图、数字测图和航空摄影测量成图。白纸测图是指在野外现场直接将地面上的地物、地貌测绘到图纸上，具体包括经纬仪测图、大平板仪测图和小平板仪测图 3 种方法；数字测图是指在野外现场将各碎部点的测量数据记录下来，然后输入计算机，形成采集、输入、编辑、成图、输出、绘图、管理的测绘系统；航空摄影测量是指利用航摄像片（数码照相）测绘地形图的方法。本子情境就 3 种成图方法进行简单介绍。

一、白纸测图

（一）经纬仪测图

经纬仪测图一般采用极坐标法测量碎部点，依靠经纬仪来确定碎部点的方向和距离，然后根据所测的方向和距离，将碎部点在图纸上展绘出来。经纬仪测图的操作程序如下。

1. 安置仪器

在已知点上安置经纬仪，对中、整平后，量取仪器高 i 并记入记录手簿。将经纬仪精确照准另一已知点 B，如果用量角器展点，将水平度盘读数配置为 $0°00'00''$。此方向称为测站零方向，它的误差影响本测站所有碎部点图上的点位，所以，应予足够的重视。测图板可以放置在测站附近方便绘图的任何地方。

2. 测站检查

仪器安置完毕后，要再次检查仪器设置的各数据是否正确。

3. 观测

在需要测量的碎部点上立标尺，经纬仪照准标尺，十字丝横丝概略切准计算便利高时确定的切尺高的位置，读取视距并记入记录手簿；然后，十字丝横丝精确切准切尺高的位置，读取垂直角读数并记入记录手簿（垂直度盘指标水准器不是自动整平的经纬仪，此时应调整垂直度盘指标水准器气泡，使其居中）。此时，立尺员可以寻找下一个立尺点。最后读取水平度盘的读数并记入记录手簿。

4. 记录与计算

记录员在观测员读数时，对每个数据都要回报以复核，以免出错，并在回报的同时将数据一一记入碎部点观测记录手簿的相应栏内。然后，分别计算出碎部点的水平距离（或碎部点的坐标）和高程，记入手簿相应的栏内，并及时报给绘图员进行展点。碎部点观测记录如表5-6所示。

表5-6 碎部点观测记录表

测自____点至____点　　　　天气：____　　成像：____　　　　日期：____年____月____日

仪器编号：_____　　　　　观测者：_____　　　　记录者：_____

测站 A	仪器型号 DJ$_6$10	仪器高 1.51m
起始方向 B	指标差 24″	便利高 1125.00m
检查方向 C	测站高程 1125.36m	切尺高 1.87m

点号	视距（m）	垂直角（° ′）	水平距离（m）	水平方向 （° ′ ″）	Dtgα（m）	Δ（m）	高程（m）	备注
C	127.3	−1 07 18	127.3	155 43 27	−2.49		1122.51	检查点
1	64.5	0 34	64.5	59 15 00	0.64		1125.64	房角
2	58.0	0 33	58.0	27 35 00	0.56		1125.56	房角
3	71.2	1 21	71.2	32 43 00	1.68	−1	1125.68	房角
4	62.5	0 31	62.5	344 56 00	0.56		1125.56	路边

注：表中 Δ = 实际切尺高 − 设定切尺高。

5. 展点与绘图

经纬仪测图的展点有量角器展点和坐标展点器展点两种方法。

（1）量角器展点

先用小钢针（或大头针）穿过半圆量角器的刻画中心，轻轻钉在图上测站 A 点处。然后，在图上 AB 方向上位于量角器圆周内外处画一约 2cm 长的细线，作为起始方向线。该方向就是图上的零方向。展点时，先根据碎部点的水平方向读数，在图纸上确定碎部点的方向。然后，根据碎部点的水平距离，确定碎部点的点位。例如，将表 5-6 中的 1 号点展在图纸上，要先使量角器在刻画线 59°15′处精确对准图纸上的起始方向线，固定不动。此时，量角器直径方向（黑色刻画边）即为图纸上碎部点的方向。然后，在量角器直径方向上按图上距离刺出 1 号点的位置，并在点旁注记高程。当水平方向大于 180°时，图上距离应沿红色刻画线边刺点，如图 5-18 所示。

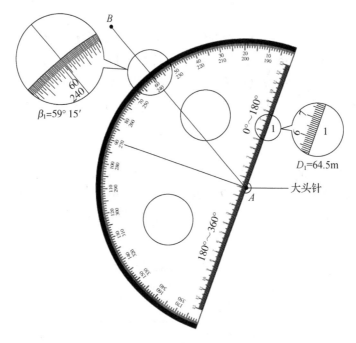

图 5-18 量角器展点

展点时，量角器在不断地旋转运动中，量角器刻画中心的刺孔会越来越大，使量角器中心在展点过程中发生变动，从而影响展点精度；另外，量角器限于半径，其角度的分辨率较低，一般为 5′左右。但量角器展点具有工具简单、操作方便、效率较高等优点。

（2）坐标展点器展点

与量角器按极坐标进行展点不同，坐标展点器是按直角坐标进行展点。所以，展点前，必须将碎部点观测计算的水平距离和水平方向计算成坐标，然后，按坐标将点展在图纸的坐标网格内。

用坐标展点器展点时，为了方便计算碎部点坐标，应在经纬仪照准起始方向 AB 时，将水平度盘的读数配置成 AB 方向的方位角。这样，在观测每个碎部点时的水平度盘读数就是测站点至该碎部点的方位角。

经纬仪测量碎部点坐标计算如下：

$$x_P = x_A + kl\cos^2\alpha \cdot \cos\beta$$
$$y_P = y_A + kl\cos^2\alpha \cdot \sin\beta$$

$$(5-3)$$

式中：α 为碎部点的垂直角；β 为测站点至碎部点的水平方向，也是测站点至碎部点的方位角。

用坐标展点器展点的方法如图 5-19 所示。设在 1：1000 比例尺测图中，算得碎部点 P 的坐标为 $x_P = 3261.42\text{m}$，$y_P = 1974.88\text{m}$。展点时，先根据 P 点的坐标判断它所在的方格，然后计算 P 点相对于该方格的坐标尾数：$\Delta_x = 3261.42 - 3200 = 61.42\text{m}$，$\Delta_y = 1974.88 - 1900 = 74.88\text{m}$。使展点器左、右两边线与 1900m 和 2000m 两纵坐标线重合，并上下移动展点器，使 61.42m 精确对准 3200m 横坐标线。最后，沿展点器上边缘于 74.88m 处刺出一点，即为碎部点 P 在图上的位置，并在其旁注记高程。

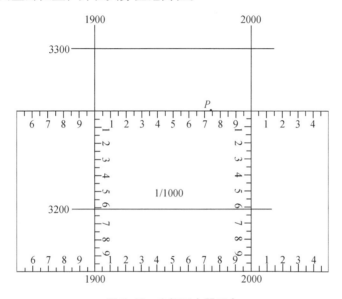

图 5-19 坐标展点器展点

用坐标展点器展点相对要复杂一些，但精度较高。

碎部点展到图纸上后，应立即根据碎部点点位绘出相应的地物、地貌，并与实地对照检查。

按上述步骤和方法，依次测绘其他碎部点，直到该测站碎部点全部测绘完毕。最后检查起始方向是否发生变动。若有明显变动，应检查重测；若无变动，则可以搬至下一测站继续测绘。

经纬仪测图时，观测和绘图由两人分担，绘图员因此有充分的时间观察地形和立尺点的位置，有利于提高测图质量。

（二）大平板仪测图

大平板仪测图是一种传统的地形测图方法。大平板仪由三脚架、大平板、照准仪、水准器和对点器组成。图纸铺贴于大平板。照准仪是不带水平度盘的经纬仪，用来照准目标、读取视距和垂直角。它照准目标的方向，由照准仪基部的平行尺在图纸上直接确定，故不用读水平方向，也不需要量角器。照准仪与大平板是分离的，用手持照准仪在图板上移动来照准方向。水准器是独立的，用于图板整平。有的照准仪带有水准器，就可以不用独立的水准器。对点器是用来对中的。

大平板仪的安置较经纬仪复杂。它的图板要安置在测站上，不仅要对中、整平，而且还要定向。所谓定向，就是使图板上两已知点的方向与实地相应的两已知点方向精确一致。大平板仪定向要求在整个测图过程中保持不变。定向的误差对该测站的所有碎部点的位置都有影响，故在安置中应当特别注意定向的精度。在测图过程中应经常检查定向方向，一旦发现定向方向发生变动，应立即调整，并检查之前所测的碎部点点位是否正确。

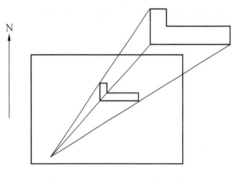

大平板仪测图依据相似形原理，其比例尺就是相似比，如图 5-20 所示。

大平板仪测图的操作程序如下。

①将大平板仪安置在测站点上，对中、整平、定向后，量取仪器高并记录。仪器高是指自地面测站点至照准仪横轴的垂直距离。

②测站检查，对大平板仪安置的相关数据再次进行检查，确保正确。

图 5-20 大平板仪测图原理

③将照准仪的平行尺斜边靠近图纸上的测站点，照准碎部点上的标尺，以中丝切准设定的切尺高，读取视距和垂直角，并记入观测手簿。

④计算水平距离，按测图比例尺计算图上距离；计算碎部点高程。

⑤移动平行尺，使其精确切于测站点。用分规在比例尺上截取图上距离，沿平行尺方向，将碎部点刺于图上，并在其旁注记高程。

⑥按上述方法，测绘其他碎部点。

⑦根据所测的碎部点，随时按地形图图式规定的符号描绘地物、地貌。在测绘过程中，应随时注意与实际的地物、地貌对照检查，发现错误，立即纠正。

大平板仪测图，观测和绘图由一人承担，所需作业人员较少，甚至一个专业人员加一个测工就可以作业。但测绘员工作量较大，影响出图速度。另外，大平板仪测图不太适合高差较大的地区。

（三）小平板仪测图

小平板仪测图和大平板仪测图都属于平板仪测图，所不同的是，小平板仪测图用照准器取代大平板仪测图中的照准仪。照准器只能在图板上确定碎部点的方向，不能读出距离和垂直角。故小平板仪测图时，需要和经纬仪或水准仪配合使用。用经纬仪或水准仪来测定碎部点的距离和高程，从而在图板上进行碎部点定位。

小平板仪测图也是将图板安置在测站点上，也要对中、整平和定向。经纬仪或水准仪安置在测站旁边便于操作的地方。观测时，照准器和经纬仪或水准仪同时照准碎部点上竖立的标尺，分别在图板上确定方向和读出视距及垂直角。

小平板仪配合经纬仪测图的操作程序如下。

①如图 5-21 所示，先将经纬仪安置在距测站点 1~3m 处便于观测的适当位置 A'。整平后，将望远镜置于水平位置，用中丝读取测站点 A 上竖立的标尺读数，即仪器高。

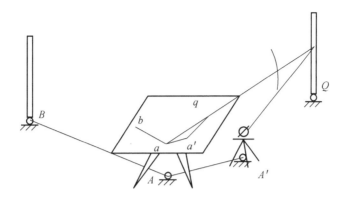

图 5-21　小平板仪配合经纬仪测图

②测站检查。

③将小平板仪安置在测站点 A 上，安置过程包括对中、整平、定向。

④将照准器直尺边切于图上测站点 a，照准经纬仪的垂球线，得到测站点至经纬仪的方向线，量取测站点至经纬仪的水平距离。按测图比例尺，在该方向上截取经纬仪在图上的位置 a'。

⑤在图上测站点 a 处插一小钢针，使照准器直尺边紧靠小钢针，照准碎部点 Q 上竖立的标尺。此时，照准器直尺边的方向即是碎部点 Q 在图上的方向。

⑥同时，经纬仪也照准碎部点 Q 上的标尺，以中丝切准设定的切尺高，读取视距和垂直角，并计算 A' 到 Q 的水平距离、图上距离和 Q 的高程。

⑦在图板上，以 a' 为圆心，以 $A'Q$ 的图上距离为半径画弧，与照准器直尺边线相交于 q 点，即为碎部点 Q 在图上的位置，在 q 点旁注记高程。

⑧按上述方法，依次测定其他碎部点，并及时描绘出地物、地貌符号。本测站碎部点全部测完后，应检查定向方向是否变动。

在平坦地区采用小平板仪测图时，也可以用水准仪取代经纬仪，其方法与上述方法类似。

小平板仪测图，采用经纬仪或水准仪配合观测，使观测和绘图的工作由两人分担，减轻了绘图员的工作量，对出图速度有利。小平板仪测图中，照准器照准的精度比大平板仪测图中的照准仪低，但仪器相对轻便一些。小平板仪测图也不适合高差较大的地区。

纬仪测图法、大平板仪测图法和小平板仪测图法又通称为图解测图法。20 世纪 90 年代以前，图解测图是主要的测图方法。随着数字测图技术的发展，目前，经纬仪测图法应用很少，大平板仪测图法和小平板仪测图法已被淘汰。

二、数字测图

数字测图是目前主要的测量方法。其利用全站仪、电子手簿（笔记本电脑）将地面上的地物和地貌以数字形式表示，经过计算机和数字化测图软件处理后，得到数字化地形图，再经绘图仪输出所需的地形图或存盘。与白纸测图相比，数字测图具有明显的优越性，它已成为地理信息数据来源的重要组成部分。

数字测图系统是以计算机为核心，连接测量仪器的输入、输出设备，在硬件和软件的支持下，对地形空间数据进行采集、输入、编辑、成图、输出、绘图、管理的测绘系统。数字测图系统如图 5-22 所示。

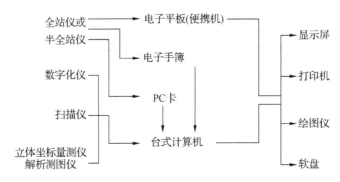

图 5-22　数字测图系统

用传统的白纸测图方法获得的地形图通常称为图解地形图，大比例尺数字化地形图的生产方法主要有数字化图解地形图和数字测图两种。

（一）数字化图解地形图

可以采用手扶数字化和扫描数字化两种方法进行数字化图解地形图。数字化图解地形图的原理是先将图纸平铺到数字化板上，然后用定标器将图纸逐一描入计算机，最后得到一个以 .DWG 为后缀的图形文件。这种方式所得图形的精度较高，但工作量较大，尤其等高线较多时更明显。扫描数字化的原理是先将图纸通过扫描仪录入计算机，得到以 .BMP、.GIF、.PCX 等为后缀的光栅图像文件，存放于计算机；再利用扫描矢量化软件提供的一些便捷功能，对该光栅图像进行矢量数字化；最后可以转换成为一个以 .DWG 为后缀的图形文件。这种方式所得图形的精度受扫描仪分辨率和屏幕分辨率的影响，会比数字化仪录入图形的精度低，但其工作强度较小，方法简便。

图解地形图数字化方法建立的大比例尺数字地形图的精度低于作为工作底图的图解地形图的精度。

图 5-23　数字化仪

1. 手扶跟踪数字化

手扶跟踪数字化需要的生产设备为数字化仪、计算机和数字测图软件。数字化仪由操作平板、定位标和接口装置构成，如图 5-23 所示。操作平板用来放置并固定工作底图，定位标用来操作数字测图软件，并从工作底图上采集地形特征点的坐标数据，接口装置一般为标准的 RS232C 串行接口，其作用是与计算机交换数据。工作前应将数字化仪与计算机的一个串行接口连接，并在数字化测图软件中配置好数字化仪。

数字化使用的工作底图应是聚酯薄膜原图。将工作底图固定在数字化仪操作面板上，操作员用数字化仪的定位标在工作底图上逐点采集地形图上地物或地貌的特征点；将工作底图上的图形、符号、位置转换成坐标数据，并输入数字化测图软件定义的相应代码，生成数字化采集的数据文件；经过人机交互编辑，形成数字地形图。

2. 扫描数字化

扫描数字化需要的生产设备为扫描仪、计算机、专用矢量化软件或数字测图软件。

将扫描得到的地形图图像格式文件引入矢量化软件，然后对引入的图像进行定位和纠正。数据采集的方式是操作员使用鼠标在计算机显示器上跟踪地形图位图上的地物或地貌的特征点；将工作底图上的图形、符号、位置转换成坐标数据，并输入矢量化软件或数字化测图软件定义的相应代码，生成数字化采集的数据文件；经过人机交互编辑，形成数字地形图。

（二）地面数字测图

在没有合适的大比例尺地形图的地区，当设备条件许可时，可以直接采用地面数字测图法，该方法也称为内外业一体化数字测图法。

内外业一体化数字测图法需要的生产设备为全站仪、电子手簿（或笔记本电脑和掌上电脑）、计算机和数字化测图软件。根据使用设备的不同，内外业一体化数字测图方法有两种实现形式。

1. 草图法

数字测记法模式为野外测记，室内成图。即在野外利用全站仪或电子手簿采集并记录外业数据或坐标，同时手工勾绘现场地物属性关系图；返回室内后，下载记录数据到计算机内，将外业观测的碎部点坐标读入数字化测图系统直接展点，再根据现场绘制的地物属性关系草图在显示器上连线成图，经编辑和注记后成图。

2. 电子平板法

电子平板模式为野外测绘，实时显示，现场编辑成图。所谓电子平板测量，即将全站仪与装有成图软件的便携机联机，在测站上全站仪实测地形点，计算机现场显示点位和图形，并可对其进行编辑，满足测图要求后，将测量和编辑数据存盘。这样，相当于在现场就得到一张平板仪测绘的地形图。因此，无须画草图，并可在现场将测得图形和实地相对照，如果有错误和遗漏，也能得到及时纠正。

与传统的白纸测图方法比较，内外业一体化数字测图方法创建大比例尺数字地形图具有如下特点。

①成图精度高。野外数字化测图较传统的平板仪测图，在平面、高程精度方面提高的幅度较大。其中，测站点平面位置提高16倍，地物点提高20倍，高程精度提高50%。这对地图的使用具有重要价值。

②减少野外工程量，提高工作效率。过去使用平板仪测图所需仪器设备多，而且笨重、操作烦琐，每台平板仪需6~7人配合才能工作；而数字化测图野外采用全站仪，其精度高、体积小、重量轻、操作方便、速度快，仅2~3人就可工作，同时把1/3的野外工作转移到室内来，每平方千米可节约资金近万元。不仅降低了劳动强度，而且提高了工作效率，减少

了成本。

③可任意制作不同比例尺地形图。平板仪测图是根据比例尺在实地一次性完成，如比例尺不同则需野外重测；而数字化测图是利用野外采集的已知数据，由内业计算出各点的平面位置和高程，适合各种比例尺地形图测绘的需要。如比例尺更换，仅在室内重新展点绘制即可，无须野外重测，避免重复劳动，缩短了成图周期。

④容易保存。野外采集的数据和计算成果，由内业编好程序输入计算机，随时调用，便于档案管理。还可为建立数据库打下基础，一旦需要随时从计算机中把数据调出，制版晒蓝即可。

三、航空摄影测量成图

航空摄影是在飞机上安装航空摄影仪，对地面进行垂直摄影，获取航摄像片或数字影像。航空摄影测量是利用航摄像片测绘地形图的一种方法，与白纸成图相比，其不仅可使绝大部分外业测量工作在室内完成，还具有成图速度快、精度均匀、成本低、不受气候和季节限制等优点。航空摄影测量成图的方法有模拟法和数字摄影测量法两种。

（一）模拟法

模拟法是模拟航摄时的几何关系测制地形图，又分为综合法和立体测图法两种。

1. 综合法

综合法是航空摄影测量和平板仪测量相结合的方法。平面位置通常采用纠正像片制作平面图得到，地面高程和等高线在野外用平板仪法或经纬仪配合量角器法测得。此方法适用于地形起伏不大的平坦地区。

2. 立体测图法

立体测图法是以将摄影过程做几何反转所构成的立体观察为理论基础，又分为全能法和微分法两种。全能法是利用精密立体测图仪和多倍投影测图仪等立体仪器，测绘地物和地貌以编制地形图。成图全过程能在一台仪器上完成，适用于丘陵和高山地区。微分法则是把成图过程分为先后相继的几个工序，如利用立体坐标量测仪加密控制点，利用立体测量仪描绘地貌，利用纠正仪或单投影器转绘地物等，适用于丘陵地区。

（二）数字摄影测量法

数字摄影测量法是以数字影像为基础，通过计算机分析和处理，获取数字图形和数字影像信息的摄影测量技术。具体而言，其是以立体数字影像为基础，由计算机进行影像处理和影像匹配，自动识别相应像点及坐标，运用解析摄影测量的方法确定所摄物体的三维坐标，并输出数字高程模型和正射数字影像或图解线划等高线图和带等高线的正射影像图等。

子情境3　地形数据采集

地形图测绘工作通常分为地形数据采集和内业数据处理编辑两大部分，其中地形数据采集极其重要，它直接决定成图的质量与效率。地形数据采集就是在野外直接测定地形特征点的位置，并记录地物的连接关系及其属性，为内业数据处理提供必要的绘图信息及便于数字地图深加工利用。

地形数据采集主要是通过全站仪或 RTK GNSS 接收机实地测定地形特征点的平面位置和高程，将这些点位信息自动存储在仪器的内存储器或电子手簿中。地形数据采集除采集碎部点的点位信息外，还要采集与绘图有关的其他信息，不同的数字测图系统有不同的操作方法。

一、测图前的准备工作

（一）图根控制测量

测区高级控制点的密度不可能满足大比例尺测图的需要，这时应布置适当数量的图根控制点，又称图根点，直接供测图使用。图根控制布设，是在各等级控制下进行加密，一般不超过两次附合。在较小的独立测区测图时，图根控制可作为首级控制。

图根点的精度，相对于邻近等级控制点的点位中误差，不应大于图上 0.1mm，高程中误差不应大于测图基本等高距的 1/10。图根控制点（包括已知高级点）的个数，应根据地形复杂、破碎程度或隐蔽情况而决定其数量。就常规成图方法而言，一般平坦而开阔地区每平方千米图根点的密度，对于 1∶2000 比例尺测图应不少于 15 个，1∶1000 比例尺测图应不少于 50 个，1∶500 比例尺测图应不少于 150 个。数字测图方法每平方千米图根点的密度，对于 1∶2000 比例尺测图应不少于 4 个，对于 1∶1000 比例尺测图应不少于 16 个，对于 1∶500 比例尺测图应不少于 64 个。

图根平面控制点的布设，可采用图根导线、图根三角、交会方法和 GNSS RTK 等方法。图根点的高程可采用图根水准和图根三角高程测定。采用全站仪采集数据时，还可采用"辐射法"和"一步测量法"。辐射法就是在某一通视良好的等级控制点上安置全站仪，用极坐标测量方法，按全圆方向观测方式直接测定周围几个图根点坐标，点位精度可在 1cm 以内。

有些数据采集软件有"一步测量法"功能，不需要单独进行图根控制测量。一步测量法是一种少安置一轮仪器，少跑一轮路，大大提高外业工作效率的测量方法。如图 5-24 所示，A、B、C、D 为已知点，1、2、3…为图根导线，1′、2′、3′…为碎部点。一步测量法可以提高功效，尤其适合于线路测量，具体步骤如下。

①全站仪置于 B 点，先后视 A 点，再照准 1 点测水平角、垂直角和距离，可求得 1 点

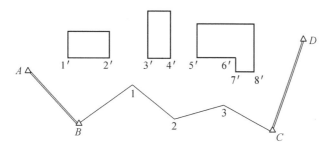

图 5-24　一步测量法

坐标。

②不搬运仪器，再施测 B 站周围的碎部点 1′、2′、3′…，根据 B 点坐标可得到碎部点的坐标。

③B 站测量完毕，仪器搬到 1 点，后视 B 点，前视 2 点，测角、测距，得 2 点坐标（近似坐标）；再施测 1 点周围碎部点，根据 1 点坐标可得周围碎部点坐标（近似坐标）。同理，可依次测得各导线点坐标和该站周围的碎部点坐标，但要注意及时勾绘草图、标注点号。

④待测至 C 点，则可由 B 点起至 C 点的导线数据，计算附合导线闭合差。若超限，则找出错误，重测导线；若在限差以内，用计算机重新对导线进行平差处理。然后利用平差后的导线坐标，重新改算各碎部点的坐标。

（二）测站点的测定

测图时应尽量利用各级控制点作为测站点。但由于地表上的地物、地貌有时是极其复杂零碎的，要在各级控制点上测绘所有的碎部点往往是困难的，因此，除了利用各级控制点外，还要增设测站点。尤其是在地形琐碎、合水线地形复杂地段，小沟、小山脊转弯处，房屋密集的居民地，以及雨裂冲沟繁多的地方，对测站点的数量要求会多一些，但要切忌用增设测站点做大面积的测图。

增设测站点是在控制点或图根点上，采用极坐标法、交会法和支导线测定测站点的坐标和高程。用支导线增设测站时，为保证方向传递精度，可用三联脚架法。数字测图时，测站点的点位精度，相对于附近图根点的中误差应大于图上 0.2mm，高程中误差不应大于测图基本等高距的 1/6。

在图根控制和测站点测量中，采用全站仪进行观测，可按半测回观测法观测水平方向和竖角。由经纬仪测角可知，采用测回法取盘左、盘右平均值测定水平方向和竖角，可以消除由于横轴误差和视准轴误差所产生的水平方向的影响，以及消除竖盘指标差对竖角的影响。

全站仪半测回观测法是预先测定经纬仪的横轴误差、视准轴误差和竖盘指标差，并存储在全站仪内存或电子手簿中。在观测水平方向和竖角时，由程序对半测回观测方向和天顶距自动进行改正来消除其影响。当视准轴误差和竖盘指标差有较大变化时，应进行仪器误差的重新测定。

（三）仪器器材与资料准备

实施数字测图前，应准备好仪器、器材、控制成果和技术资料。仪器、器材主要包括全站仪、对讲机、充电器、电子手簿或便携机、备用电池、通信电缆、花杆、反光棱镜、皮尺或钢尺、记录本、工作底图等。全站仪、对讲机应提前充电。在数字测图中，由于测站到镜站距离比较远，配备对讲机是必要的。

目前多数数字测图系统在野外进行数据采集时，要求绘制较详细的草图。绘制草图一般在专门准备的工作底图上进行。工作底图最好用旧地形图、平面图的晒蓝图或复印件制作，也可用航片放大影像图。在数据采集之前，最好提前将测区的全部已知成果输入电子手簿或便携机，以方便调用。

（四）测区划分

为了便于多个作业组作业，在野外采集数据之前，通常要对测区进行"作业区"划分。

数字测图不需按图幅测绘，而是以道路、河流、沟渠、山脊线等明显线状地物为界，将测区划分为若干个作业区，分块测绘。对于地籍测量来说，一般以街坊为单位划分作业区。分区的原则是各区之间的数据（地物）尽可能地独立（不相关），并各自测绘各区边界的路边线或河边线。对于跨区的地物，如电力线等，会增加内业编图的麻烦。

（五）人员配备

一个作业小组一般需配备：测站观测员（兼记录员）1人，镜站跑尺员1~3人，领尺（图）员1人；如果配套使用测图精灵（掌上电子平板），则一般设测站1人（既是观测员，又是绘图员），跑尺员1~3人即可。领尺员负责画草图或记录碎部点属性。内业绘图一般由领尺员承担，故领尺员是作业组的核心成员，需由技术全面的人担任。

二、地形数据采集方式

大比例尺数字测图野外数据采集按碎部点测量方法，分为全站仪测量方法和GNSS RTK测量方法。目前，主要采用全站仪测量方法。在控制点、图根点等测站点上架设全站仪，全站仪经定向后，观测碎部点上放置的棱镜，得到方向、竖直角（或天顶距）和距离等观测值，记录在电子手簿或存储在全站仪内存中；或者是由记录器程序计算碎部点的坐标和高程，记入电子手簿或存储在全站仪内存中。如果观测条件许可，也可采用GNSS RTK测定碎部点，将直接得到碎部点的坐标和高程。野外数据采集除了采集碎部点的坐标数据（点位信息）外，还需要采集连接信息和属性信息（即绘图信息），如碎部点的地形要素名称、连接线型等，以便由计算机生成图形文件，进行图形处理。大比例尺数字测图野外数据采集除硬件设备外，需要有数字测图软件来支持。不同的数字测图软件在数据采集方法、数据记录格式、图形文件格式和图形编辑功能等方面会有一些差别。根据软件设计者思路不同，使用的设备不同，数字测图有不同的作业模式，归纳而言，可分为两种：测记法和电子平板法。

（一）测记法

测记法是在观测碎部点时，绘制工作草图，在工作草图记录地形要素名称、碎部点连接关系；然后在室内将碎部点显示在计算机上，根据工作草图，采用人机交互方式连接碎部点，输入图形信息码和生成图形。

1. 测记法具体操作

进入测区后，领镜（尺）员首先对测站周围的地形、地物分布情况进行大概观察，认清方向，制作含主要地物、地貌的工作草图（若在原有旧图上标明会更准确），便于观测时在草图上标明所有测碎部点的位置及点号。

观测员指挥立镜员到事先选定好的某已知点上立镜定向；自己快速架好仪器，量取仪器高，启动全站仪，进入数据采集状态，选择保存数据的文件，按照全站仪的操作设置测站点、定向点，记录完成后，照准定向点完成定向工作。为确保设站无误，可选择检核点，测量检核点的坐标，若坐标差值在规定的范围内，即可开始采集数据，不通过检核则不能继续测量。

上述工作完成后，通知立镜员开始跑点。每观测一个点，观测员都要核对观测点的点号、属性、镜高，并存入全站仪的内存中。

野外数据采集，测站与测点两处作业人员必须时时联络。每观测完一点，观测员要告知绘草图者被测点的点号，以便及时对照全站仪内存中记录的点号和绘草图者标注的点号，保证两者一致。若两者不一致，应查找原因，是漏标点还是多标点了，或一个位置测重复了，必须及时更正。

测记法数据采集通常区分为有码作业和无码作业。有码作业需要现场输入野外操作码（如 CASS6.0）。无码作业现场不输入数据编码，而用草图记录绘图信息。绘草图人员在镜站把所测点的属性及连接关系在草图上反映出来，以供内业处理、图形编辑时用。另外，需要提醒一下，在野外采集时，能测到的点要尽量测，实在测不到的点可利用皮尺或钢尺量距，将丈量结果记录在草图上，室内用交互编辑方法成图。

在进行地貌采点时，可以用一站多镜的方法进行。一般在地性线上要有足够密度的点，特征点也要尽量测到。例如，在山沟底测一排点，也应该在山坡边再测一排点，这样生成的等高线才真实。测量陡坎时，最好在坎上、坎下同时测点，这样生成的等高线才没有问题。在其他地形变化不大的地方，可以适当放宽采点密度。

在一个测站上，当所有的碎部点测完后，要找一个已知点重测，以检查施测过程中是否存在误操作，或者由于仪器碰动或出故障等原图造成的错误。检核完，确定无误后，关机、装箱搬站。到下一测站，重新按上述采集方法、步骤进行施测。

2. 草图绘制

在数字测图野外数据采集中，绘制工作草图是保证数字测图质量的一项措施。工作草图是图形信息编码碎部点间接坐标计算和人机交互编辑修改的依据。在进行数字测图时，如果测区有相近比例尺的地图，则可利用旧图或影像图，并适当放大复制，裁成合适的大小（如 A4 幅面）作为工作草图。在这种情况下，作业员可先进行测区调查，对照实地将变化的地物反映在草图上，同时标出控制点的位置，这种工作草图也起到工作计划图的作用。在没有合适的地图可作为工作草图的情况下，应在数据采集时绘制工作草图。工作草图应绘制地物的相关位置、地貌的地性线、点号、丈量距离记录、地理名称和说明注记等。草图可按地物相互关系逐块地绘制，也可按测站绘制，地物密集处可绘制局部放大图。草图上点号标注应清楚正确，并和电子手簿记录点号一一对应，如图 5-25 所示。

（二）电子平板法

另一种是采用笔记本电脑和 PDA（掌上电脑）作为野外数据采集记录器，可以在观测碎部点之后，对照实际地形输入图形信息码和生成图形。

电子平板的基本操作过程如下。

①利用计算机将测区的已知控制点及测站点的坐标传输到全站仪的内存中，或手工输入控制点及测站点的坐标到全站仪的内存中。

②在测站点上架好仪器，并把笔记本电脑或 PDA 与全站仪用相应的电缆连接好，开机后进入测图系统；设置全站仪的通信参数；选定所使用的全站仪类型。分别在全站仪和笔记本电脑或 PDA 上完成测站、定向点的设置工作。

③全站仪照准碎部点，利用计算机控制全站仪的测角和测距，每测完一个点，屏幕上都会及时地展绘显示出来。

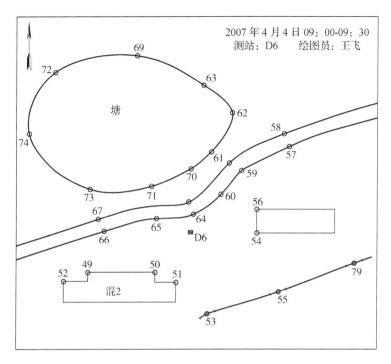

图 5-25　工作草图

④根据被测点的类型，在测图系统上找到相应的操作，将被测点绘制出来，现场成图。

三、地形数据采集相关要求

(一) 地物

凡能依比例尺表示的地物，都应将其水平投影位置的几何形状测绘到地形图上，或是将它们的边界位置表示到图上，边界内再充填绘入相应的地物符号。对于不能依比例尺表示的地物，则测绘出地物的中心位置，并以相应的地物符号表示。地物测绘必须依测图比例尺，按地形测量规范和地形图图式的要求，经综合取舍，将各种地物表示在图上。

1. 居民地

居民地是重要的地形要素，按其形式分为街区式（城市和城镇）、散列式（农村自然村、窑洞、蒙古包等）。测绘居民地应正确表示其结构形式，反映出外部轮廓特征，区分内部的主要街道、较大的场地和其他重要的地物。居民地内部较小的场地，应根据测图比例尺和用图要求，适当加以综合取舍。独立房屋应一一逐个测绘。

测绘居民地，主要是测出各建筑物轮廓线的转折点。居民地通常通视条件较差，很多背街后巷不易从测站点直接测绘。因此，常采用距离交会法或极坐标法进行建筑物相对定位。所谓建筑物相对定位，就是在能通视的范围内，先将尺寸大或主要的建筑物正确地测绘到图纸上；然后用草图描绘周围隐蔽的次要建筑物与主要建筑物的相对关系，丈量距离并注记；最后依次转绘到图纸上。

对于整齐排列的成片建筑物群，如图 5-26 所示，可以先测绘几个控制性的碎部点，如

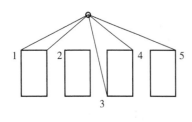

图 5-26　居民地测绘

图中的 1、2、3、4、5 等，然后丈量距离，根据平行关系、垂直关系等，在图纸上直接定点。

居民地建筑物密集地区或隐蔽地区，建筑物之间的相对关系的运用十分重要，如运用得恰当，能够明显地提高测图效率。但在运用相对关系测绘时，应注意加强检核，以免出错；另外，应控制这种相对关系的大面积运用和连续多次运用，否则，将不能保证测图精度。

居民地房屋轮廓线的转折点较多，但同一幢房屋的地基高程一般相同，甚至相连的若干幢房屋的地基高程也相同，其高程不必每点注记，代表性注记即可；若每幢房屋的高程不同，则应分别注记高程。房屋一般还应注记类别和层数。

属于建筑物的台阶、室外楼梯、门廊、建筑物通道、地下室、街道旁走廊等，能按比例测绘的应测绘，并以相应的符号表示。

居民地、厂矿、机关、学校、医院、街道等均应按现有的名称注记对应名称。

2. 道路

道路包括铁路、各种等级公路、大车路、乡村小路等。道路及其附属物如车站、桥涵、路堑、路堤、里程碑、收费站等均应测绘到图上。

各种道路均属于线状地物，一般由直线和曲线两部分组成。其特征点主要是直线部分的起点、交叉点、终点，直线与曲线的连接点，曲线部分的变换点。

铁路应实测铁轨中心线，按图式符号表示。在 1：500、1：1000 比例尺测图时，应按比例尺绘出轨宽，并将两侧的路肩、路沟表现出来。铁路一般有路堤或路堑，路堤的下边缘线、路堑的上边缘线，都应一一测出，用路堤、路堑符号表示。

铁路上的高程应测轨面高程，曲线部分测内轨面高程。但在图上，高程均注记在铁路中心线上。

铁路两侧的附属建筑物，均按实际位置测绘，以图示符号表示。

公路应按实际位置测绘，特征点可选在路面中心或路的一侧，实地量取路面宽度，按比例尺描绘；也可以将标尺交错地立于公路两侧，分别连接相应一侧的特征点，绘出公路在图上的位置。公路的高程应测公路中心线的高程，注记于中心线。公路在图上应按不同等级的符号分别表示，并注明路面材料。

公路两旁的附属建筑物，按实地位置测绘，以相应的图示符号表示。路堤和路堑的测绘方法与铁路相同。

大车路是指路基未经修筑或经简单修筑能通行大车，某些路段也能通行汽车的道路。大车路路宽不均匀、变化大，道路边界有时不明显。测绘时，标尺立于中心，按平均路宽绘出。

乡村小路是村庄间来往的步行道路，可通行单轮车，一般不能通行大车。乡村小路应视重要程度选择测绘。一般测定中心线，以单虚线表示。有的乡村小路弯曲较多，可以适当取舍。

各种道路均应按现有的名称注记道路名称。

3. 管线、垣栅

管线包括地下、地上和空中的各种管道、电力线和通信线路，管道包括上水管、下水管、煤气管、暖气管、通风管、输油管及其他工业管道等；电力线包括各种等级的高压线和低压线；通信线路包括电话线、广播线、网络线和有线电视线。

各种管线均应实测其起点、转折点、交叉点和终点的位置，按相应的符号表示。架空管线在转折处的支架杆应实测其位置，直线部分的支架杆应根据测图比例尺和规范要求进行实测或按挡距长度图解求出。各种管道还应实测检修井的位置，以相应符号表示。管道通过水域时，应区别架空通过还是地下通过。各种管道应加注类别，如"上水"、"暖"、"油"、"风"等。电力线有杆柱变压器的，应实测表示。图面上各种管线的起止走向应明确清楚。

垣栅包括城墙、围墙、栅栏、篱笆、铁丝网等，应测定其起点、终点、交叉点和转折点的位置，以相应的符号表示。临时性的篱笆和铁丝网可根据用图需要加以取舍。

4. 水系

水系包括河流、湖泊、水库、沟渠、池塘、小溪、沼泽、井、泉等及其相关设施如码头、水闸、水坝、输水槽、泄洪道、桥涵等。

各种水系应实测其岸边界线和水涯线，并适当注记高程。水涯线一般应测常年水位线或测图时的水位线，必要时加注测图日期。当要求测出最高洪水位时，应在调查研究的基础上绘出，并注记高程和年份。

河流宽度在图上小于 0.5mm 的，以单线表示；图上宽度大于 0.5mm 的，应在两岸分别立尺测绘，在图上按比例尺以实宽双线表示，并注明流向。

沟渠宽度在图上大于 1mm 时，以双线按比例绘出；小于 1mm 的以单线表示。沟渠的土堤堤高在 0.5m 以上的要在图上表示。堤顶宽度、斜坡、堤基底宽度，均应实测依比例表示，并注记堤底高程。

泉源、水井应在其中心立尺测定，但在水网地区，当其密度较大时，可视需要进行取舍。水井应测井台的高程并注记。泉源应注记高程和类别，如"矿"、"温"。

沼泽按范围边线依比例实测，并分别区分能通行和不能通行，并以相应的符号表示。盐碱沼泽加注"碱"。

各种水系附属建筑物，均应按比例实测，以相应的符号组合表示，适当注记高程。对于大型桥梁、输水槽、水坝、水闸等，还应注明材料，有名称的应注记名称。

各种水系有名称的均应注记名称。属于养殖或种植的水域，应注记类别，如"鱼"、"藕"等。

5. 独立地物

独立地物种类很多，包括碑、亭、雕像、塔、窑、钟楼、庙宇、坟地、烟囱、电站、矿井、加油站等。独立地物对于判定方位、确定位置、指示目标起着重要的作用，应准确测绘其位置。

凡是图上地物轮廓大于图式符号尺寸的，应依比例符号表示，实测该地物的平面轮廓线，并将相应的符号表示其中。地物轮廓小于符号尺寸的，依非比例符号表示，实测该地物的几何中心，以相应的符号表示。独立地物在图上的定位点和定位线一般按下列原则确定：

凡具有三角形、圆形、矩形等形状的地物，应测定其几何图形的中心点，该点就是相应符号的定位点；杆形地物如照射灯、风车等，应测定杆底部的点位，将相应符号的定位点绘于该点位上。

范围较大的独立地物如变电设备，若设置在房屋内，应实测房屋轮廓，并在其中配置相应的符号；露天的，则应测定四周围墙或实际范围，以相应的图式符号表示在中间。

独立地物一般应注记高程，有的独立地物还应加注类别，如矿井符号旁加注"铁"、"煤"、"石膏"等；塔形符号旁加注"散"、"蒸"、"伞"等。

6. 植被

植被是指覆盖在地表上的各种植物的总称，包括自然生长的树林、竹林、灌木林、芦苇地、草地等和人工栽培的苗圃、花圃、经济林、各种农作物地、水田、旱地、菜地等。

测绘各种植被，应沿该植被外围轮廓线上弯曲点和转折点立尺，测定其位置。依实地形状按比例描绘地类线，并在其范围内配置相应的符号，如图5-27所示。树林在图上的面积大于25cm² 的，应注记树名（如"松"、"梨"等）及平均树高（树高注记到整米）。幼林和苗圃应注记"幼"、"苗"。

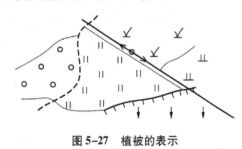

图5-27 植被的表示

在同一地块生长有多种植物时，植被符号可以配合表示，但不得超过3种。若超过3种，按经济价值大小和数量多少进行取舍。符号的配置应与实地植物的主次和疏密情况相适应。

植被符号的范围界线明显的，用地类界符号表示其轮廓。当植被的地类界线与地面上有实物的线形符号如道路、河流、沟渠、陡崖等重合时，可以省略不绘；与地面上无实物的线形符号如电力线、通信线路、等高线等重合时，则移位绘出地类线，如图5-27所示。

植被符号范围内，有等高线通过的应加绘等高线。若地面较平坦如水田，不能绘等高线的应适当注记高程。

7. 境界

境界是国家间和国内行政区划的界线，包括国境线、省级界线、市级界线、县级界线、乡镇级界线5个级别。国境线的测绘非常严肃，它涉及国家领土主权的归属，应根据政府文件进行。国内各级境界应按规范要求精确测绘，对界桩、界碑、以河流或线状地物为界的境界线，均应按图式规定符号绘出。不同级别的境界线重合时，只绘高级境界线，其他注记不得压盖境界符号。

8. 测量控制点

测量控制点包括平面控制点和高程控制点。控制点是测图的测站点，决定地形图内各要素的位置、高程和精度，在图上应精确表示，如图5-28所示。

根据控制点的测定方法和等级不同，各种控制点以不同的几何图形，如五角星形、三角形、正方形、圆形等来表示。其几何图形的中心表示实地上标志的中心位置。

各种测量控制点应注记点名和高程。点名和高程采用分式表示，分子注记点名或点号，

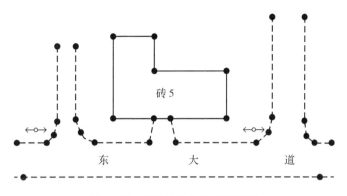

图5-28　基础地物特征点采集图

分母注记高程。水准点高程注记到0.0001m，水准点和经水准连测的三角点及小三角点，高程注记到0.001m，采用三角高程测定的一般注记到0.01m。

9. 测图的综合取舍

地形图是将地表面的各种地物、地貌按比例缩小后描绘在图纸上的，但不可能将地面所有一切统统表示在图上。否则，图纸内容负载过大，会造成图面不清晰而影响使用。地形图既要精细、完整地表达出地面的地物、地貌，又要清晰、简明而便于使用。这就需要对所测的内容进行选择——综合取舍。所谓综合取舍，实质上就是在保证地形图精度要求的前提下，按照需要和可能，正确与合理地处理地形图内容中的繁与简、主与次的关系问题。即对于一幅完善的地形图确定应该测绘哪些内容，哪些内容可以合并表示，哪些内容可以舍去。显然，地形测图的综合取舍取决于测图比例尺、用图目的及测区的地形情况。

综合取舍随测图比例尺减小而变化明显。1∶500、1∶1000比例尺测图能表示较小的地物和地面起伏变化，一般没有多大的综合取舍余地。在1∶5000或更小的比例尺测图中，就必须考虑测图的综合取舍问题。中小比例尺地形测图的综合取舍，应依据测图的目的和测区的地形情况，在测图的技术设计书中明确做出相应的规定。

综合取舍具有相对性，各种地形要素的主次之分，随测区情况存在差异。测区地貌简单，各种地物较少，舍掉的可能性就很小；当测区地貌复杂，地物密集、拥挤，内容繁多，以至图上无法描绘，或明显影响图纸的清晰度时，原则上可以舍去一些次要内容，或将某些内容予以综合表示。一般对于目标显著、具有方位作用或具有经济、文化和军事意义的各种地物，虽然较小也应着重表示；不能按比例表示、临时性和意义不大的地物则可舍去。在地物密集和水源丰富的地区，若舍去一个小井泉，并无多大关系；但在地物稀少的半沙漠或荒原地区，舍去一个小井泉就是极大的错误。同样，在森林地区舍去一小块树林，不致影响地形图的使用价值；但在几乎没有树木的地区把它舍掉了，则是极不合理的。对于居民地内的小街巷、空地、房屋墙垣的凸凹部分，按照上述原则，有的可以舍去，有的可以综合。但综合后不应改变地物外部轮廓特征。在地面起伏形态不很规则的地区，测绘地貌时不要为一些小坑、小凹等微小起伏所左右，而应抓住地貌主体，即抓住地形起伏的主要形态正确表示，并略去影响地貌主体表示的微小起伏。

综合取舍也应考虑到用图目的。例如，若测图用于水利工程建设，则各种水系及其附属建筑物就是地形图的主要地形要素，不应舍掉，哪怕是一个小井泉。当图面拥挤时，只能舍去与水利工程建设关系不大的次要地形要素。测图用于线路设计时，通过线路的各种立交是重点，应逐一测绘。

（二）地貌测绘

地形图上所表示的内容除了地物外，另一部分内容就是地貌。地貌千姿百态，但从几何的观点分析，可以认为它是由许多不同形状、不同方向、不同倾角和不同大小的面组合而成的。这些面的相交棱线，称为地性线。地性线有两种：一种是由两个不同走向的坡面相交而成的棱线，称为方向变换线，如山脊线和山谷线；另一种是由两个不同倾斜的坡面相交而成的棱线，称为坡度变换线，如陡坡与缓坡的交界线、山坡与平地交界的坡麓线等。

地性线上的方向变换点和坡度变换点是主要的地貌特征点。在测绘中，要正确选择地性线，测出特征点，以地性线构成地貌的"骨架"，然后将地貌的形态以等高线的形式描绘出来。观测前，应认真观察和分析所测的地貌，正确选择具有代表性和概括性的地性线，根据地性线上的方向变换点和坡度变换点来确定立尺点。立尺点选择不当或重要的立尺点遗漏，就会改变骨架的位置，从而影响等高线的精度。地貌特征点包括山的最高点、洼地的最低点、谷口点、鞍部的最低点、地面坡度和方向的变换点等，如图5-29所示。选好地貌特征点后，在其上依次立尺，将地貌特征点测绘到图纸上。

图5-29 地貌特征点采集

子情境4 地形成图软件简介

数字测图软件是数字测图系统的关键。一个功能比较完善的数字测图系统软件，应集数据采集、数据处理（包括图形数据的处理和属性数据及其他数据格式的处理）、图形编辑与修改、成果输出与管理于一身，且通用性强、稳定性好，并提供与其他软件进行数据转换的接口。目前，用于数字测图的应用软件很多，各有其特点，即使是同一种软件，由于版本的不同，其功能也有差异。

目前，市场上比较成熟的大比例尺数字测图软件主要有以下3种：

①广州南方测绘公司开发的 CASS；

②北京威远图仪器公司开发的 SV300；

③北京清华山维新技术开发有限公司编制的清华山维 EPSW 电子平板测图系统软件。

上述数字化测图软件一般都应用了数据库管理技术，并具有 GIS 前端数据采集功能，其生成的数字地图可以多种格式文件输出，并供某些 GIS 软件读取。一个城市的各测绘生产单位应根据本市的实际需求，选择同一种数字化测图软件来统一本市的数字化测图工作，不宜引进多种数字化测图软件。本节主要介绍南方 CASS 软件和清华山维 EPSW 电子平板测图系统软件。

一、CASS 软件简介

CASS 地形地籍成图软件是基于 AutoCAD 平台技术的 GIS 前端数据处理系统，广泛应用于地形成图、地籍成图、工程测量应用、空间数据建库、市政监管等领域。其全面面向 GIS，彻底打通数字化成图系统与 GIS 接口，使用骨架线实时编辑、简码用户化、GIS 无缝接口等先进技术。自 CASS 软件推出以来，已经成长为用户量最大、升级最快、服务最好的主流成图系统。

（一）CASS 9.0 的运行环境

1. 硬件环境

以 AutoCAD2010 的配置要求为基准。处理器：32 位 Intel Pentium 4 或 AMD Athlon Dual Core，主频 1.6GHz 或更高；RAM：2GB；图形卡：1024 × 768，真彩色，需要一个支持 Windows 的显示适配器。对于支持硬件加速的图形卡，必须安装 DirectX 9.0c 或更高版本。从"ACAD. msi"文件进行的安装并不安装 DirectX 9.0c 或更高版本。必须手动安装 DirectX 以配置硬件加速硬盘：安装需 750MB。硬盘：32 位，安装需要使用 1GB；64 位，安装需要使用 1.5GB。

2. 软件环境

操作系统：32 位的 Microsoft Windows Vista Business SP1、Microsoft Windows Vista Enterprise SP1、Microsoft Windows XP Home SP2 或更高版本、Microsoft Windows XP Professional SP2 或更高版本、64 位 Microsoft Windows Vista Business SP1、Microsoft Windows Vista Enterprise SP1、Microsoft Windows XP Professional x64 Edition SP2 或更高版本。浏览器：Web 浏览器 Microsoft Internet Explorer 7.0 或更高版本。平台：AutoCAD 2002/2004/2005/2006/2007/2008/2010。文档及表格处理：Microsoft Office2003 或更高版本。

（二）CASS9.0 操作界面

CASS9.0 的操作界面主要分为顶部菜单面板、右侧屏幕菜单和工具条、属性面板，如图 5-30 所示。每个菜单项均以对话框或命令行提示的方式与用户交互应答，操作灵活方便。

（三）文件菜单介绍（如图 5-31 所示）

①图形的打开、更名、存盘等操作：这是图件保存的关键，操作不当将导致图件丢失。图件的保存形式：文件名.dwg 格式（同 CAD 的格式）。

②CASS 的修复功能：修复破坏的图形文件的功能，无须用户干涉即可修复毁坏的图

图 5-30 CASS9.0 界面

图 5-31 文件菜单面板

形；加入 CASS 环境的功能：将 CASS9.0 系统的图层、图块、线型等加入当前绘图环境中；清理图形功能：将当前图形中冗余的图层、线型、字型、块、形等清除掉。

此外还包括 CASS 参数配置、AutoCAD 环境设置及图形输出和打印功能。

（四）工具菜单介绍（如图 5-32 所示）

①操作回退：取消任何一条执行过的命令，即可无限回退。可以用它清除上一个操作的后果。

图 5-32 工具菜单面板

②取消回退：操作回退的逆操作，取消因操作回退而造成的影响。

③物体捕捉模式：当绘制图形或编辑对象时，需要在屏幕上指定一些点。定点最快的方法是直接在屏幕上拾取，但这样却不能精确指定点。精确指定点最直接的办法是输入点的坐

标值，但这样不够简捷快速。应用捕捉方式，可以快速精确地定点。AutoCAD 提供了多种定点工具，如栅格（GRID）、正交（ORTHO）、物体捕捉（OSNAP）及自动追踪（AutoTrack）。而在物体捕捉模式中又有圆心点、端点、插入点等，如图 5-33 所示子菜单。

④交会功能：包括前方交会、后方交会、边长交会、方向交会、支距量算。

（五）编辑菜单介绍

CASS9.0 编辑菜单主要通过调用 AutoCAD 命令，利用其强大丰富、灵活方便的编辑功能来编辑图形，菜单如图 5-34 所示。

①编辑文本文件：直接调用 Windows 的记事本来编辑文本文件，如编辑权属引导文件或坐标数据文件。

操作过程：左键点取本菜单后，选择需要编辑的文件即可。

②对象特性管理：管理图形实体在 AutoCAD 中的所有属性。在对象管理器中，特性可以按类别排列，也可按字母顺序排列。对象管理器窗口大小可变，并可锁定在 AutoCAD 主窗口上。另外，还可自动记忆上一次打开时的位置、大小及锁定状态。在对象管理器中提供了 QuickSelect 按钮，可以方便地建立供编辑用的选择集。

图 5-33　物体捕捉
模式子菜单

图 5-34　编辑菜单面板

③图元编辑：对直线、复合线、弧、圆、文字、点等各种实体进行编辑，修改它们的颜色、线型、图层、厚度等属性（执行 DDMODIFY 命令）。

④图层控制：控制层的创建和显示，是 AutoCAD 中用户组织图形的最有效工具之一。用户可以利用图层来组织自己的图形，或利用图层的特性如不同的颜色、线型和线宽来区分不同的对象。

⑤图形设定：对屏幕显示方式及捕捉方式进行设定，如图 5-35 所示。

图 5-35　图形设定命令子菜单

（六）显示菜单介绍

在 CASS9.0 中观察一个图形可以有许多方法。掌握好这些方法，将提高绘图的效率。特别与以前版本不同的是 CASS9.0 利用 AutoCAD2006 的新功能，为用户提供了对对象的三维动态显示，使视觉效果更加丰富多彩。显示菜单如图 5-36 所示。

①重画屏幕：用于清除屏幕上的定点痕迹。

②鹰眼：辅助观察图形，为可视化地平移和缩放提供了一个快捷的方法。

③多窗口操作功能：层叠排列、水平排列、垂直排列、图标排列等都是为用户在进行多

图 5-36　显示菜单面板

窗口操作时，所提供的窗口排列方式。

④地物绘制菜单：用于调出右侧地物编辑菜单。

⑤工具栏：用于设置显示用户需要的工具栏。

（七）数据菜单介绍

本菜单包括了大部分 CASS9.0 面向数据的重要功能，如图 5-37 所示。

图 5-37　数据菜单面板

①查看实体编码：显示所查实体的 CASS9.0 内部代码及文字说明。

②加入实体编码：为所选实体加上 CASS9.0 内部代码。

③生成用户编码：将 index.ini 文件中对应图形实体的编码写到该实体的厚度属性中去。此项功能主要为用户使用自己的编码提供可能。

④编辑实体地物编码：相当于"属性编辑"，用来修改已有地物的属性及显示的方式。

⑤批量修改坐标数据：可以通过加固定常数、乘固定常数、XY 交换 3 种方法批量地修改所有数据或高程为 0 的数据。

⑥数据合并：将不同观测组的测量数据文件合并成一个坐标数据文件，以便统一处理。数据合并后，每个文件的点名不变，以确保与草图对应，要求在测图时同一个测区不要出现点名重名现象，否则数据合并以后点名可能存在重复现象。

⑦数据分幅：将坐标数据文件按指定范围提取、生成一个新的坐标数据文件。

⑧数据分幅的应用：当测区很大时，数据量也很大，假如在某项工程中，只需要应用到该测区的某一块图形，除了把该图形裁剪下来，还要提供该图的测量数据，那么我们就可以通过数据分幅操作来提取数据，满足实际应用中的需要。

二、EPS2008 软件简介

北京清华山维新技术开发有限公司是专门从事 3S（GIS、GPS、RS）软件开发的高新技术企业。所提供的数字城市基础地理信息全面解决方案，是以数据库为核心的一体化解决数据采集、数据编辑、数据监理、跨平台数据转换、整合共享与多格式数据分发、数据库建设、数据更新到 GIS 分析应用等诸多问题的综合信息系统体系。

EPS 平台从地理信息角度构建数据模型，综合 CAD 技术与 GIS 技术，以数据库为核心，构建图形与属性共存的框架，彻底将图形和属性融为一体，并从数据生产源头率先实现从数字图到信息化的转变。EPS 支持 4D 产品生产、跨专业组合应用、多元海量数据集成管理、跨平台数据库更新维护。广泛应用于测绘与地理信息相关行业，并在实践中不断发展。

（一）平台功能界定

①可读入流行的各种地理数据，如 DWG、SHP、DGN、MIF、E00、ARCGISMDB、VCT 等格式的数据。

②支持不同种类、不同数学基础、不同尺度的数据通过工作空间无缝集成；支持跨服务器、跨区域数据集成。

③除增删改点、线、面、注记基本绘图功能外，提供十字尺、随手绘、曲线注记、嵌入 office 文档等专业性功能，且图形操作自动带属性。

④具有对象选择、基本图形编辑、属性编辑、符号编辑等图属编辑功能。

⑤具有扩展编辑处理、悬挂点处理、拓扑构面、叠置分割、缓冲区处理等批量处理功能。

⑥常用工具有选择过滤、查图导航、数据检查、空间量算、查询统计、坐标转换、脚本定制等。

⑦显示漫游有自由缩放、定比缩放、书签设置、实体显示控制、参照系显示控制等。

⑧提供打印区域设置、打印机设置、打印效果设置，输出到位图（栅格化）等打印输出功能。

⑨系统设置有显示环境设置、投影设置、模板定制、应用程序界面定制等。

（二）软件主界面

EPS 平台具有常见图形系统通用的界面形式，界面风格简洁明了、图形区宽阔。打开常用工具条、各种窗口，如图 5-38 所示。

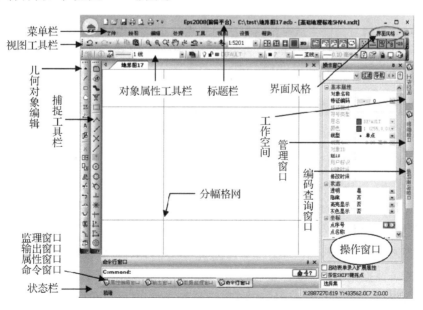

图 5-38 EPS2008 软件桌面

①标题栏：在窗口的最顶部，显示工作台面、当前打开的工程（图形文件）路径、名称和使用模板的名称。

②主菜单：系统的大部分功能在菜单上都能找到。EPS 平台菜单列有文件、绘图、编辑、处理、工具、视图、设置、帮助共八大类，如图 5-39 所示，每大类的菜单都有下拉菜单，详列了所具有的各项功能。

文件　　绘图　　编辑　　处理　　工具　　视图　　设置　　帮助

图 5-39　主菜单

③对象属性工具栏：用来显示或输入实体对象的基本属性，如实体对象的编码、层名、颜色、线型、线宽等，如图 5-40 所示。

图 5-40　对象属性工具栏

④视图工具栏：从左至右依次为撤销、恢复撤销、剪切、复制、粘贴、屏幕缩小 1 倍、屏幕放大 1 倍、无级缩放、移屏、三维漫游、上一屏、下一屏、屏幕书签、数据范围全视、工作范围全视、当前图幅范围全视、显示分幅格网、显示图号、详绘\粗绘、点地物详绘\粗绘、线地物详绘\粗绘、面地物详绘\粗绘、显示线宽、点显示开关、线显示开关、面显示开关、注记显示开关、点标注显示开关，如图 5-41 所示。

图 5-41　视图工具栏

⑤几何对象编辑工具栏：从左至右依次为画点、画线（改线）、画矩形、画面、用面类符号填充闭和区域、尺寸标注、注记、注记字典、删除、平移、旋转、镜像、裁剪、延伸、连线、删连线、打断、距离平行线、高程注记拖动等，如图 5-42 所示。

图 5-42　几何对象编辑

⑥捕捉工具栏：常用的捕捉工具栏内容从左至右依次为选择集操作、多边形选择、带状选择、选择过滤、清空选择集、捕捉最近点、捕捉中点、捕捉交点、捕捉线上任意点、捕捉网格点、捕捉圆心、捕捉圆上四等分点、捕捉圆上切点与最近点、捕捉垂足与反向垂足、定向延伸与求交、捕捉正交点、定向量边（十字尺）、相对坐标输入、环尺。

⑦其他工具栏：包括状态显示栏和快捷工具栏。状态显示栏在窗口最底端，显示当前操作过程中一些用户可能关心的信息或状态，如鼠标点位置坐标、测站信息、对象的基本属性

等。快捷工具栏是可以自定义的用户工具栏，用户可以根据工作中常用的功能制定属于自己的个性工具栏。

子情境5　地形成图方法

一、白纸测图的成图方法

在外业工作中，当碎部点展绘在图纸上后，就可以对照实地随时描绘地物和等高线。

（一）地物描绘

地物应按地形图图式规定的符号表示，房屋轮廓需要用直线直接连接起来，而道路、河流的弯曲部分应逐点连成光滑的曲线。不能依比例描绘的地物，应按规定的非比例符号表示。

（二）等高线的勾绘

等高线的测绘有两种方法：直接法和间接法。

直接法是将等高线上的若干地貌特征点依次测绘到图纸上，根据实地等高线的走向，在图纸上勾画等高线。可以隔几根等高线测一根等高线，中间的等高线采用内插的方法画出。这种方法实际上是将等高线当作一种轮廓线来测定，所测绘的等高线有较好的精度。但是，这种方法效率不高，且不适用于高低起伏较大的丘陵和山区。

测定等高线一般都是采用间接法。间接法的作业过程可以分为以下几个步骤：先测定地性线上的地貌特征点，连接地性线以构成地貌骨架；再在各地性线上采用等分内插的方法，确定基本等高线的通过点；最后对照实地，连接相邻地性线的等高点，勾画出各等高线。

1. 测定地貌特征点

测定地貌特征点主要是为了确定各地性线的空间位置，故这些特征点应是地性线上的地貌特征点。观测前，应认真观察和分析所测的地貌，正确选择具有代表性和概括性的地性线，根据地性线上的方向变换点和坡度变换点来确定立尺点。立尺点选择不当或重要的立尺点遗漏，就会改变骨架的位置，从而影响等高线的精度。

地貌特征点包括山的最高点、洼地的最低点、谷口点、鞍部的最低点、地面坡度和方向的变换点等。选好地貌特征点后，在其上依次立尺，将地貌特征点测绘到图纸上。地貌特征点旁注记高程到dm（分米），如图5-43（a）所示。

2. 连接地性线

当测绘出一定数量的地貌特征点后，应依实地情况，及时在图上用铅笔连接地性线，如图5-43（b）所示。山脊线用实线表示，山谷线用虚线表示。地性线应随地貌特征点陆续测定而随时连接，并与实地对照，以防连错。

3. 确定等高线通过点

有了地性线骨干网后，需要确定各等高线与地性线的交点，即等高线的通过点。由于各地性线上的坡度变换点已经测定，因此，在图上同一地性线中的两相邻特征点之间的地面，可以认为是等坡度的。在同一坡度的斜面上各点之间，其高差与平距成正比。因此，可以按

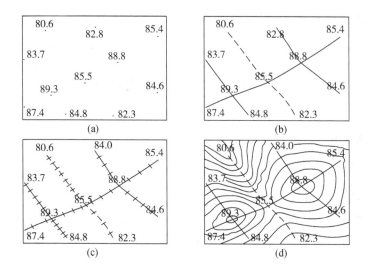

图 5-43　等高线的测绘方法

等分内插的方法确定等高线在地线性上的通过点。

如图 5-44 和图 5-45 所示，a、b 为图上某一地性线上相邻的两个碎部点，其高程分别为 63.5m 和 67.8m。若测图的等高距为 1m，则 a、b 之间应有 64m、65m、66m、67m 的等高线通过。因为地面点 A、B 之间可以看作是等坡度的直线，如图 5-45 所示，所以 AB 线上高程为 64m、65m、66m、67m 的 C、D、E、F 点在图上相应位置为 c、d、e、f 点，即可按相似三角形关系确定。

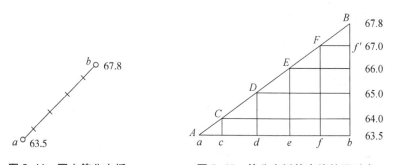

图 5-44　图上等分内插　　　　图 5-45　等分内插等高线的通过点

设量得图上 ab 长为 17.5mm，A、B 的高差为 67.8 − 63.5 = 4.3m。则可求得 ac、fb 在图上的长度及等高线的间距：

$$ac = \frac{ab \times Cc}{Bb} = \frac{17.5 \times 0.5}{4.3} = 2.0 \text{mm}$$

$$fb = \frac{ab \times Bf'}{Bb} = \frac{17.5 \times 0.8}{4.3} = 3.3 \text{mm}$$

$$cd = de = ef = \frac{17.5 \times 1.0}{4.3} = 4.1 \text{mm}$$

在 ab 线上，分别自 a 和 b 量取 2.0mm、3.3mm 刺点，即得 c、f 点。c、f 点就是 64m、

67m 的等高线在 ab 地性线上的通过点。将 cf 三等分，得分点 d、e 即为 66m、67m 等高线的通过点。这就是所谓的等分内插法。

上述等分内插法为解析法，而在实际测图中，常采用目估法。解析法的计算比较烦琐，不适应快速测图的要求；另外，描绘等高线本身容许有一定的误差，而两相邻点的地面也只能是近似等坡度，精确计算等高线通过点的位置并无多大实际意义。所以，采用目估等分内插就可以了。

目估等分内插仍然依据上述解析法等分内插的原理进行，只是量算的过程采用目估和心算。首先根据相邻两点的高差和图上距离，分别确定靠近该两点的等高线通过点，再将剩下部分等分确定其他等高线通过点。

目估等分内插等高线的通过点有一个熟练的过程，初学者应加强练习，提高目估等分内插的精确性。另外，在画线刺点中，应轻画轻刺，便于修改，避免留下明显的点痕，影响图面整洁，甚至引起误解。

按上述方法，将各地性线上等高线的通过点确定下来，如图 5-43（c）所示。

二、数字测图的成图方法

CASS 系统为数字测图提供了多种成图方法：包括测点点号定位成图法、屏幕坐标定位成图法、简编码自动成图法、引导文件自动成图法和电子平板测图法等。在上述方法中，除电子平板测图法外，其余均为测记式成图法。即把野外采集的数据存储在电子手簿或全站仪的内存中，同时绘制草图，回到室内后再将数据传输到计算机内，对照草图完成各种绘制编辑工作，最后形成地形图。

"草图法"工作方式要求外业工作时，除了测量员和跑尺员外，还要安排一名绘草图的人员。在跑尺员跑尺时，绘图员要标注出所测的是什么地物（属性信息）及记下所测点的点号（位置信息），在测量过程中要和测量员及时联系，使草图上标注的某点点号和全站仪里记录的点号一致，而在测量每一个碎部点时不用在电子手簿或全站仪里输入地物编码，故又称为"无码方式"。

"草图法"在内业工作时，根据作业方式的不同，分为点号定位、坐标定位、编码引导几种方法。

（一）点号定位法作业流程

1. 定显示区

定显示区的作用是根据输入坐标数据文件的数据大小，定义屏幕显示区域的大小，以保证所有点可见。

首先移动鼠标至"绘图处理"项，按左键，出现下拉菜单如图 5-46 所示。

图 5-46　绘图处理下拉菜单

然后选择"定显示区"项，按左键，出现一个对话窗，如图 5-47 所示。

图 5-47　选择测点点号定位成图法的对话框

这时，需输入碎部点坐标数据文件名。可直接通过键盘输入，如在"文件(N)："（即光标闪烁处）输入"C：\CASS9.0\DEMO\YMSJ.DAT"后，再移动鼠标至"打开（O）"处，按左键。也可参考 Windows 选择打开文件的操作方法操作。这时，命令区显示：

"最小坐标（米）$X = 87.315$，$Y = 97.020$"

"最大坐标（米）$X = 221.270$，$Y = 200.00$"

2. 选择测点点号定位成图法

移动鼠标至屏幕右侧菜单区"坐标定位/点号定位"项，按左键，又会出现如图 5-47 所示的对话框。输入点号坐标点数据文件名"C：\CASS9.0\DEMO\YMSJ.DAT"后，命令区提示：

"读点完成！共读入 60 点。"

3. 绘平面图

根据野外作业时绘制的草图，移动鼠标至屏幕右侧菜单区，选择相应的地形图图式符号，然后在屏幕中将所有的地物绘制出来。系统中所有地形图图式符号都是按照图层来划分的，例如所有表示测量控制点的符号都放在"控制点"这一层，所有表示独立地物的符号都放在"独立地物"这一层，所有表示植被的符号都放在"植被土质"这一层。

①为了更加直观地在图形编辑区内看到各测点之间的关系，可以先将野外测点点号在屏幕中展出。其操作方法是：先移动鼠标至屏幕的顶部菜单"绘图处理"项按左键，系统会弹出一个下拉菜单；再移动鼠标选择"展野外测点点号"项按左键，出现对话框，输入对应的坐标数据文件名"C：\CASS9.0\DEMO\YMSJ.DAT"后，便可在屏幕展出野外测点的点号。

②根据外业草图，选择相应的地图图式符号，在屏幕上将平面图绘出来。如草图（如图 5-48 所示），由 33、34、35 号点连成一间普通房屋。移动鼠标至右侧菜单"居民地/一般房屋"处按左键，弹出对话框如图 5-49 所示。移动鼠标到"四点房屋"的图标处按左键，图标变亮表示该图标已被选中，然后点击"确定"。

这时命令区提示：

"绘图比例尺 1"，输入 1000，回车。

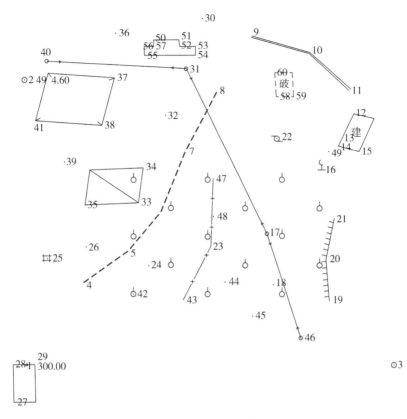

图 5-48　外业作业草图

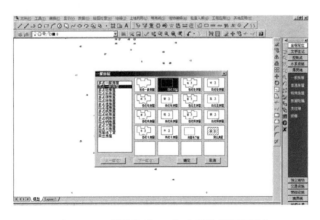

图 5-49　"居民地/一般房屋"图层图例

"1. 已知三点/2. 已知两点及宽度/3. 已知四点 < 1 >"输入 1，或直接回车默认选 1。

说明：已知三点是指测矩形房子时测了 3 个点；已知两点及宽度则是指测矩形房子时测了 2 个点及房子的 1 条边；已知四点则是测了房子的 4 个角点。

"点 P/ < 点号 >"，输入 33，回车。

说明：点 P 是指根据实际情况在屏幕上指定一个点；点号是指绘地物符号定位点的点

— 171 —

号（与草图的点号对应），此处使用点号。

"点 P／＜点号＞"，输入 34，回车。

"点 P／＜点号＞"，输入 35，回车。

这样，即将 33、34、35 号点连成一间普通房屋。

注意：绘房子时，输入的点号必须按顺时针或逆时针的顺序输入，如上例的点号按 34、33、35 或 35、33、34 的顺序输入，否则绘出来房子是错误的。

重复上述操作，将 37、38、41 号点绘成四点棚房；60、58、59 号点绘成四点破坏房子；12、14、15 号点绘成四点建筑中房屋；50、52、51、53、54、55、56、57 号点绘成多点一般房屋；27、28、29 号点绘成四点房屋。

同样，在"居民地/垣栅"层找到"依比例围墙"的图标，将 9、10、11 号点绘成依比例围墙的符号；在"居民地/垣栅"层找到"篱笆"的图标，将 47、48、23、43 号点绘成篱笆的符号。完成这些操作后，其平面图如图 5-50 所示。

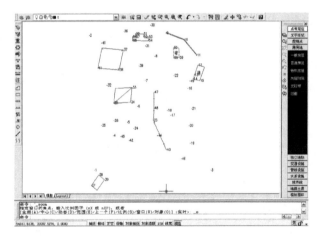

图 5-50　用"居民地"图层绘出的平面图

再把草图中的 19、20、21 号点连成一段陡坎，操作方法：先移动鼠标至右侧屏幕菜单"地貌土质/人工地貌"处，按左键，弹出对话框如图 5-51 所示。

移动鼠标到表示未加固陡坎符号的图标处，按左键选择其图标后确认。命令区会分别出现以下提示：

"请输入坎高，单位：米＜1.0＞"，输入坎高，或直接回车默认坎高 1 米。

说明：在这里输入的坎高（实测得的坎顶高程），系统将坎顶点的高程减去坎高得到坎底点高程，这样在建立（DTM）时，坎底点便参与组网的计算。

"点 P／＜点号＞"，输入 19，回车。

"点 P／＜点号＞"，输入 20，回车。

"点 P／＜点号＞"，输入 21，回车。

"点 P／＜点号＞"，回车或按鼠标的右键，结束输入。

注意：如果需要在点号定位的过程中临时切换到坐标定位，可以按"P"键，想回到点

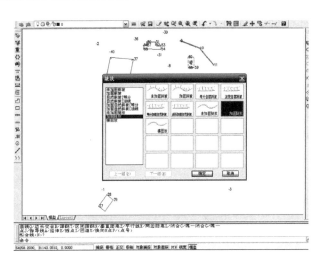

图5-51　"地貌土质"图层图例

号定位状态时，再次按"P"键即可。

"拟合吗？＜N＞"回车或按鼠标的右键，默认输入N。

说明：拟合的作用是对复合线进行圆滑。

这时，便在19、20、21号点之间绘成陡坎的符号，如图5-52所示。注意：陡坎上的坎毛生成在绘图方向的左侧。

这样，重复上述的操作便可以将所有测点用地图图式符号绘制出来。在操作过程中，可以嵌用CAD的透明命令，如放大显示、移动图纸、删除、文字注记等。

（二）坐标定位法作业流程

1. 定显示区

此步操作与"点号定位法作业流程"的"定显示区"操作相同。

2. 选择坐标定位成图法

移动鼠标至屏幕右侧菜单区"坐标定位"项，按左键，进入"坐标定位"项的菜单。如果是在"测点点号"状态下，可通过选择"CASS9.0成图软件"按钮返回主菜单之后，再进入"坐标定位"菜单。

3. 绘平面图

与点号定位法成图流程类似，需先在屏幕上展点，根据外业草图，选择相应的地图图式符号在屏幕上将平面图绘出来，区别在于不能通过测点点号来进行定位。仍以作居民地为例讲解。移动鼠标至右侧菜单"居民地"处按左键，弹出对话框，如图5-47所示。移动鼠标到"四点房屋"图标处按左键，图标变亮表示该图标已被选中，然后点击"确定"。这时命令区提示：

"1. 已知三点/2. 已知两点及宽度/3. 已知四点＜1＞"，输入1，或直接回车默认选1。

"输入点"，移动鼠标至右侧屏幕菜单的"捕捉方式"项按左键，弹出对话框如图5-53所示。移动鼠标到"NOD"（节点）的图标处按左键，图标变亮表示该图标已被选中，然后点击"确定"。这时，鼠标靠近33号点，出现黄色标记，点击左键，完成捕捉工作。

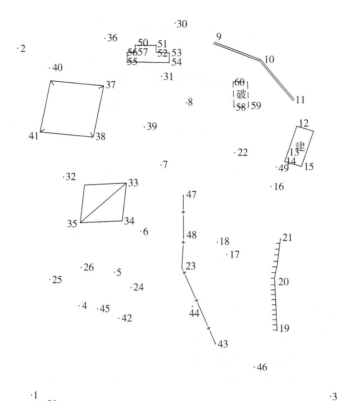

图 5-52　加绘陡坎后的平面图

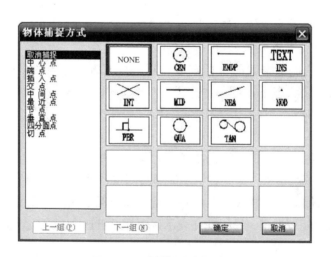

图 5-53　"捕捉方式"选项

"输入点",同上操作捕捉 34 号点。

"输入点",同上操作捕捉 35 号点。

这样，即将 33、34、35 号点连成一间普通房屋。

注意：在输入点时，嵌套使用了捕捉功能，选择不同的捕捉方式会出现不同形式的黄颜色光标，适用于不同的情况。

命令区要求"输入点"时，也可以用鼠标左键在屏幕上直接点击，为了精确定位也可输入实地坐标。下面以"路灯"为例进行演示。移动鼠标至右侧屏幕菜单"独立地物/公共设施"处按左键，这时系统便弹出"独立地物/其他设施"的对话框，如图 5-54 所示。移动鼠标到"路灯"的图标处按左键，图标变亮表示该图标已被选中，然后点击"确定"。这时命令区提示：

"输入点"，输入 143.35、159.28，回车。

这时就在（143.35，159.28）处绘好了一个路灯。

注意：随着鼠标在屏幕上移动，左下角提示的坐标会实时变化。

图 5-54　"独立地物/其他设施"图层图例

（三）编码引导法作业流程

此方式也称为"编码引导文件+无码坐标数据文件自动绘图方式"。

1. 编辑引导文件

移动鼠标至绘图屏幕的顶部菜单，选择"编辑"菜单中的"编辑文本文件"项，该处以高亮度（深蓝）显示，按左键，弹出对话框如图 5-55 所示。

以"C:\CASS9.0\DEMO\WMSJ.YD"为例。

屏幕上将弹出记事本，这时根据野外作业草图，参考附录 A 的地物代码及文件格式，编辑好此文件。

移动鼠标至"文件"项按左键，便出现文件类操作的下拉菜单，然后移动鼠标至"退出"项。

①每一行表示一个地物；

②每一行的第一项为地物的"地物代码"，之后各数据为构成该地物各测点的点号（依连接顺序的排列）；

图 5-55　编辑文本

③同行的数据之间用逗号分隔；

④表示地物代码的字母要大写；

⑤用户可根据自己的需要定制野外操作简码，通过更改 "C：\ CASS9.0 \ SYSTEM \ JCODE. DEF" 文件即可实现。

2. 定显示区

此步操作与"点号定位法作业流程"的"定显示区"操作相同。

3. 编码引导

编码引导的作用是将引导文件与无码的坐标数据文件合并，生成一个新的带简编码格式的坐标数据文件。这个新的带简编码格式的坐标数据文件在下一步"简码识别"操作时将要用到。

移动鼠标至绘图屏幕的最上方，选择"绘图处理"菜单中"编码引导"项，该处以高亮度（深蓝）显示，按下鼠标左键，弹出对话框如图 5-56 所示。输入编码引导文件名 "C：\CASS9.0\DEMO\WMSJ. YD"，或通过 Windows 窗口操作找到此文件，然后点击"打开"。

图 5-56　输入编码引导文件

接着，弹出对话框如图 5-57 所示。要求输入坐标数据文件名，此时输入 "C：\CASS9.0 \DEMO\WMSJ. DAT"。

这时，系统按照这两个文件自动生成图形，如图 5-58 所示。

图 5-57 输入坐标数据文件

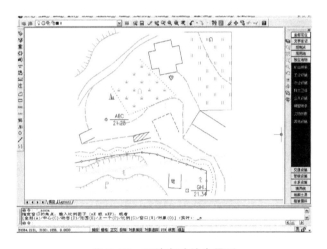

图 5-58 系统自动绘出图形

（四）简码法工作方式

此种工作方式也称作"带简编码格式的坐标数据文件自动绘图方式"。与"草图法"在野外测量时不同的是，每测一个地物点时都要在电子手簿或全站仪上输入地物点的简编码。简编码一般由一位字母和一或两位数字组成。用户可根据自己的需要通过 JCODE. DEF 文件定制野外操作简码。

1. 定显示区

此步操作与"草图法"中"测点点号"定位绘图方式作业流程的"定显示区"操作相同。

2. 简码识别

简码识别的作用是将带简编码格式的坐标数据文件转换成计算机能识别的程序内部码（又称绘图码）。

移动鼠标至菜单"绘图处理"菜单中"简码识别"项，该处以高亮度（深蓝）显示，按左键，弹出对话框如图 5-59 所示。输入带简编码格式的坐标数据文件名（此处以"C:\CASS9.0\DEMO\YMSJ. DAT"为例）。提示区显示"简码识别完毕！"，同时在屏幕绘出平面

图 5-59 选择简编码文件

图形。

以上介绍了"草图法"、"简码法"的工作方法。其中，"草图法"包括点号定位法、坐标定位法、编码引导法；编码引导法的外业工作也需要绘制草图，但内业通过编辑编码引导文件，将编码引导文件与无码坐标数据文件合并，生成带简码的坐标数据文件，其后的操作等效于"简码法"，"简码识别"时就可自动绘图。

（五）绘制等高线的工作流程

在地形图中，等高线是表示地貌起伏的一种重要手段。传统的白纸测图，等高线是由手工描绘的，可以描绘得比较圆滑，但精度稍低。在数字化自动成图系统中，等高线由计算机自动勾绘，精度相当高。

CASS9.0 在绘制等高线时，充分考虑到等高线通过地性线和断裂线时情况的处理，如陡坎、陡涯等。CASS9.0 能自动切除通过地物、注记、陡坎的等高线。由于采用了轻量线来生成等高线，CASS9.0 在生成等高线后，文件大小比其他软件小很多。

在绘等高线之前，必须先将野外测的高程点建立数字地面模型（DTM），然后在数字地面模型上生成等高线。

1. 建立数字地面模型（构建三角网）

数字地面模型是在一定区域范围内规则格网点或三角网点的平面坐标 (x, y) 和其地物性质的数据集合。如果此地物性质是该点的高程 Z，则此数字地面模型又称为数字高程模型（DEM）。这个数据集合从微分角度三维地描述了该区域地形、地貌的空间分布。DTM 作为一种新兴的数字产品，与传统的矢量数据相辅相成、各领风骚，在空间分析和决策方面发挥着越来越大的作用。借助计算机和地理信息系统软件，DTM 数据可以用于建立各种模型解决一些实际问题。主要的应用有：按用户设定的等高距生成等高线图、透视图、坡度图、断面图、渲染图、与数字正射影像 DOM 复合生成景观图，或者计算特定物体对象的体积、表面覆盖面积等，还可用于空间复合、可达性分析、表面分析、扩散分析等方面。

在使用 CASS9.0 自动生成等高线时，应先建立数字地面模型。在这之前，可以先"定显示区"及"展点"，"定显示区"的操作与"点号定位法工作流程"中的"定显示区"操作相同。出现如图 5-60 所示界面要求输入文件名时，找到该路径的数据文件"C:\CASS9.0\DEMO\DGX.DAT"。展点时可选择"展高程点"选项，如图 5-60 所示。

要求输入文件名时，在"C：\CASS9.0\DEMO\DGX.DAT"路径下选择"打开"DGX.DAT文件后命令区提示：

"注记高程点的距离（米）"，根据规范要求输入高程点注记距离（即注记高程点的密度），回车默认为注记全部高程点的高程。这时，所有高程点和控制点的高程均自动展绘到图上。

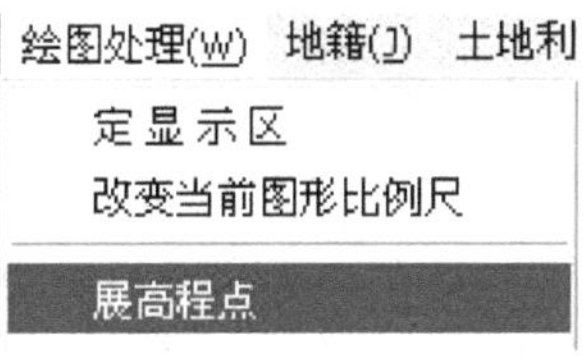

绘图处理(W)　地籍(J)　土地利
　　定显示区
　　改变当前图形比例尺
展高程点

图5-60　绘图处理下拉菜单

移动鼠标至屏幕顶部菜单"等高线"项按左键，出现下拉菜单如图5-61所示。

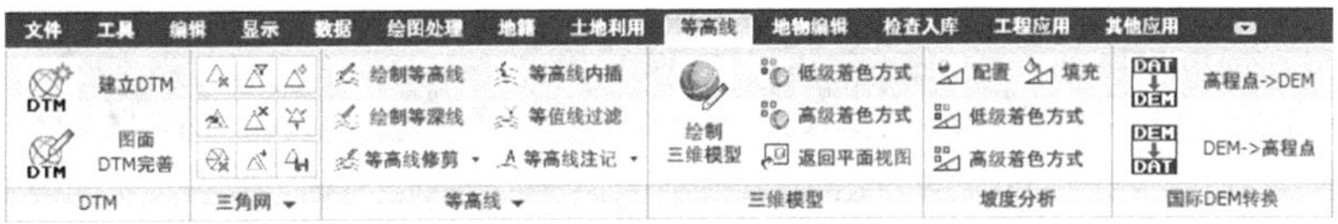

图5-61　"等高线"下拉菜单

图5-62　选择建模高程数据文件

移动鼠标至"建立DTM"项，该处以高亮度（深蓝）显示，按左键，弹出对话框如图5-62所示。

首先选择建立DTM的方式，分为两种方式：由数据文件生成和由图面高程点生成。如果选择由数据文件生成，则在坐标数据文件名中选择坐标数据文件；如果选择由图面高程点生成，则在绘图区选择参加建立DTM的高程点。然后选择结果显示，分为3种：显示建三角网结果、显示建三角网过程和不显示三角网。最后选择在建立DTM的过程中是否考虑陡坎和地性线。

点击确定后生成如图5-63所示的三角网。

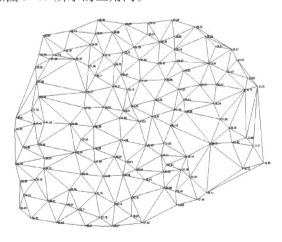

图5-63　用DGX.DAT数据建立的三角网

2. 修改数字地面模型（修改三角网）

一般情况下，由于地形条件的限制，在外业采集的碎部点很难一次性生成理想的等高线，如楼顶上的控制点。另外，还因现实地貌的多样性和复杂性，自动构成的数字地面模型与实际地貌不太一致，这时可以通过修改三角网来修改这些局部不合理的地方。

（1）删除三角形

如果在某局部内没有等高线通过，则可将其局部内相关的三角形删除。删除三角形的操作方法是：将要删除三角形的地方局部放大，选择"等高线"下拉菜单中的"删除三角形"项，命令区提示选择对象：这时便可选择要删除的三角形。如果误删，可用"U"命令将误删的三角形恢复。删除三角形后如图 5-64 所示。

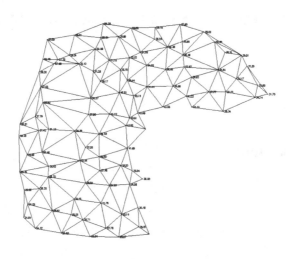

图 5-64　将右下角的三角形删除

（2）过滤三角形

可根据用户需要，输入符合三角形中最小角度数或三角形中最大边长最多大于最小边长的倍数等条件的三角形。如果出现 CASS9.0 在建立三角网后点无法绘制等高线，可过滤掉部分形状特殊的三角形。另外，如果生成的等高线不光滑，也可以用此功能将不符合要求的三角形过滤掉，再生成等高线。

（3）增加三角形

如果要增加三角形，可选择"等高线"菜单中的"增加三角形"项，依照提示在要增加三角形的地方用鼠标点取，如果点取的地方没有高程点，系统会提示输入高程。

（4）三角形内插点

选择此命令后，可根据提示输入要插入的点：在三角形中指定点（可输入坐标或用鼠标直接点取），提示"高程（米）="时，输入此点高程。通过此功能，可将此点与相邻的三角形顶点相连构成三角形，同时，原三角形会自动被删除。

（5）删三角形顶点

通过此功能可将所有由该点生成的三角形删除。因为一个点会与周围很多点构成三角形，如果手工删除三角形，不仅工作量较大，而且容易出错。这个功能常用在发现某一点坐标错误时，要将它从三角网中剔除的情况下。

（6）重组三角形

指定两相邻三角形的公共边，系统自动将两三角形删除，并将两三角形的另两点连接起来构成两个新的三角形，这样做可以改变不合理的三角形连接。如果因两三角形的形状特殊无法重组，会有出错提示。

（7）删三角网

生成等高线后就不再需要三角网了，这时如果要对等高线进行处理，三角网比较碍事，可以用此功能将整个三角网全部删除。

（8）修改结果存盘

通过以上命令修改了三角网后，选择"等高线"菜单中的"修改结果存盘"项，把修改后的数字地面模型存盘。这样，绘制的等高线不会内插到修改前的三角形内。

注意：修改了三角网后一定要进行此步操作，否则修改无效！

当命令区显示"存盘结束！"时，表明操作成功。

3. 绘制等高线

完成前两步准备操作后，便可进行等高线绘制。等高线的绘制可以在绘平面图的基础上叠加，也可以在"新建图形"的状态下绘制。如在"新建图形"状态下绘制等高线，系统会提示您输入绘图比例尺。

用鼠标选择"等高线"下拉菜单中的"绘制等高线"项，弹出对话框如图 5-65 所示。

图 5-65　绘制等高线

对话框中会显示参加生成 DTM 的高程点的最小高程和最大高程。如果只生成单条等高线，那么就在单条等高线高程中输入此条等高线的高程；如果生成多条等高线，则在等高距框中输入相邻两条等高线之间的等高距。最后选择等高线的拟合方式，总共有 4 种：不拟合（折线）、张力样条拟合、三次 B 样条拟合和 SPLINE 拟合。观察等高线效果时，可输入较大等高距并选择不光滑，以加快速度。如选拟合方法 2（张力样条拟合），则拟合步距以 2m 为宜，但这时生成的等高线数据量比较大，速度会稍慢。测点较密或等高线较密时，最好选择光滑方法（三次 B 样条拟合），也可选择不光滑，过后再用"批量拟合"功能对等高线进行拟合。选择 SPLINE 拟合则用标准 SPLINE 样条曲线来绘制等高线，提示"请输入样条曲线容差：＜0.0＞"（容差是曲线偏离理论点的允许差值）时，可直接回车。SPLINE 线的优点在于即使其被断开后，仍然是样条曲线，可以进行后续编辑修改，缺点是较三次 B 样条拟合容易发生线条交叉现象。

当命令区显示"绘制完成!"，便完成绘制等高线的工作，如图 5-66 所示。

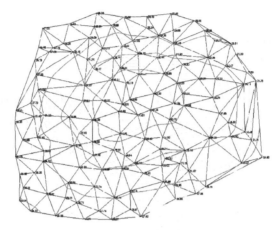

图 5-66　完成绘制等高线的工作

4. 等高线的修饰

（1）注记等高线

用"窗口缩放"项得到局部放大图如图 5-67 所示，再选择"等高线"下拉菜单中的"等高线注记"的"单个高程注记"项。

当命令区提示：

"选择需注记的等高（深）线"，移动鼠标至要注记高程的等高线位置，如图 5-67 所示位置 A，按左键；

"依法线方向指定相邻一条等高（深）线"，移动鼠标至如图 5-67 所示等高线位置 B，按左键。

等高线的高程值即自动注记在 A 处，且字头朝 B 处。

（2）修剪等高线

左键点击"等高线"—"等高线修剪"—"批量修剪等高线"，弹出对话框如图 5-68 所示。

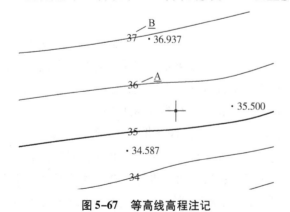

图 5-67　等高线高程注记　　　　　图 5-68　等高线修剪

首先选择是"消隐"还是"修剪"等高线，然后选择是"整图处理"还是"手工选择"需要修剪的等高线，最后选择地物和注记符号。单击"确定"后，会根据输入的条件修剪等高线。

（3）切除指定二线间等高线

当命令区提示：

"选择第一条线"，用鼠标指定一条线，如选择公路的一边；

"选择第二条线"，用鼠标指定第二条线，如选择公路的另一边。

程序将自动切除等高线穿过此二线间的部分。

（4）切除指定区域内等高线

选择一封闭复合线，系统将切除该复合线内所有等高线。注意：封闭区域的边界一定要是复合线，如果不是，系统将无法处理。

（5）等值线滤波

此功能可在很大程度上给绘制好等高线的图形文件减肥。一般的等高线都是用样条拟合的，这时，虽然从图上看出来的节点数很少，但事实却并非如此。以高程为 38 的等高线为例说明，如图 5-69 所示。

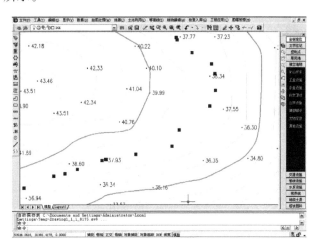

图 5-69 剪切前等高线夹持点

选中等高线，图上会出现一些夹持点，这些点并不是这条等高线上实际的点，而只是样条的锚点。要还原它的真面目，请做如下操作：

选择"等高线"菜单中的"切除穿高程注记等高线"，然后看结果，如图 5-70 所示。

这时，在等高线上出现了密布的夹持点，这些点才是这条等高线真正的特征点。如果一张很简单的图生成等高线后变得非常大，原因就在这里。如果想将这幅图的尺寸变小，就要用"等值线滤波"功能。执行此功能后，系统提示如下：

"请输入滤波阀值：< 0.5 米 >"，此值越大，精简的程度就越大，但是会导致等高线失真（即变形），因此，用户可根据实际需要选择合适的值。一般选择系统默认的值就可以了。

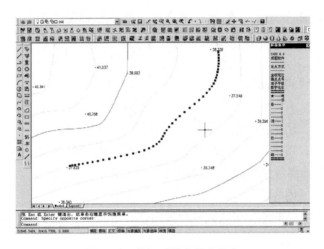

图5-70　剪切后等高线夹持点

5. 绘制三维模型

建立 DTM 之后，就可以生成三维模型，观察一下立体效果。

选择"等高线"下拉菜单中的"绘制三维模型"项，当命令区提示：

"输入高程乘系数 <1.0>"，输入5。如果用默认值，建成的三维模型与实际情况一致。如果测区内的地势较为平坦，可以输入较大的值，将地形的起伏状态放大。因本图坡度变化不大，输入高程乘系数将其夸张显示。

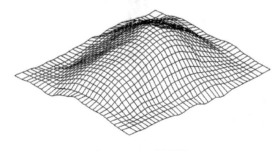

图5-71　三维效果

"是否拟合？（1）是（2）否 <1>"，回车，默认选1，拟合。

这时将显示此数据文件的三维模型，如图5-71 所示。

另外，利用"低级着色方式"、"高级着色方式"功能还可对三维模型进行渲染等操作；利用"显示"菜单下的"三维静态显示"功能可以转换角度、视点、坐标轴；利用"显示"菜单下的"三维动态显示"功能可以绘出更高级的三维动态效果。以上即是绘制等高线的全过程。

子情境6　地形图检查验收

一、检查验收的基本规定

测绘产品的检查验收与质量评定是生产过程必不可少的环节，是测绘产品的质量保证，是对测绘产品质量的评价。为了控制测绘产品的质量，测绘工作者必须具有较高的质量意识和管理才能。因此，完成数字地形图后必须做好检查验收和质量评定工作。

（一）检查验收的依据

①相关测绘任务书、合同书中有关产品质量特性的摘录文件或委托检查、验收文件；

②有关法规和技术标准；

③技术设计书和有关的技术规定等。

（二）二级检查一级验收制

对数字测绘产品实行过程检查、最终检查和验收制度。

过程检查由生产单位的中队（室）检查人员承担。最终检查由生产单位的质量管理机构负责实施。验收工作由任务的委托单位组织实施，或由该单位委托具有检验资格的检验机构验收。各级检查工作必须独立进行，不得省略或代替。

（三）应提交检查验收的资料

①提交的成果资料必须齐全。一般应包括：项目设计书、技术设计书、技术总结等；文档簿、质量跟踪卡等；数据文件（包括图廓内外整饰信息文件）、元数据文件等；作为数据源使用的原图或复制的二底图；图形或影像数据输出的检查图或模拟图；技术规定或技术设计书规定的其他文件资料。

②凡资料不全或数据不完整者，承担检查或验收的单位有权拒绝检查验收。

（四）检查验收的记录及存档

检查验收记录包括质量问题记录、问题处理记录及质量评定记录等。记录必须及时、认真、规范、清晰。检查验收工作完成后，须编写检查验收报告，并随产品一起归档。

二、质量检查验收的标准

（一）平面和高程精度的检查

1. 选择检测点的一般规定

数字地形图平面检测点应是均匀分布、随机选取的明显地物点。平面和高程检测点的数量视地物复杂程度、比例尺等具体情况确定，每幅图一般各选取 20～50 个点。

2. 检测方法

野外测量采集数据的数字地形图，当比例尺大于 1 : 5000 时，检测点的平面坐标和高程采用外业散点法按测站点精度施测。用钢尺或测距仪量测相邻地物点间距离，量测边数量每幅一般不少于 20 处。

3. 检测数据的处理

①分析检测数据，检查各项误差是否符合正态分布。

②进行检测点的平面和高程中误差计算。

地物点的平面中误差按如下公式计算：

$$M_x = \pm \sqrt{\frac{\sum_{i=1}^{n}(X_i - x_i)^2}{n-1}} \qquad M_y = \pm \sqrt{\frac{\sum_{i=1}^{n}(Y_i - y_i)^2}{n-1}}$$

式中：M_x 为坐标 X 的中误差（m），M_y 为坐标 Y 的中误差（m），X_i 为坐标 X 的检测值（m），x_i 为坐标 X 的原测值（m），Y_i 为坐标 Y 的检测值（m），y_i 为坐标 Y 的原测值（m），

n 为检测点数。

相邻地物点之间间距中误差（或点状目标位移中误差、线状目标位移中误差）按下式计算：

$$M_s = \pm \sqrt{\dfrac{\sum\limits_{i=1}^{n} \Delta S_i^2}{n-1}}$$

式中：ΔS_i 为相邻地物点实测边长与图上同名边长较差，或地图数字化采集的数字地形图与数字化原图套合后透检量测的点状或线状目标的位移差（m）；n 为量测边条数（或点状目标、线状目标的个数）。

高程中误差按下式计算：

$$M_h = \pm \sqrt{\dfrac{\sum\limits_{i=1}^{n} (H_i - H_j)^2}{n-1}}$$

式中：H_i 为检测点的实测高程（m），H_j 为数字地形图上相应内插点高程（m），n 为高程检测点个数。

（二）接边精度的检测

通过量取两相邻图幅接边处要素端点的距离 Δd 是否等于 0 来检查接边精度，未连接的记录其偏差值；检查接边要素几何上自然连接情况，避免生硬；检查面域属性、线划属性的一致情况，记录属性不一致的要素实体个数。

三、检查验收工作的实施

（一）检查工作的实施

①作业人员经自查确认无误后，方可按规定整理上交资料成果。中队（室）进行过程检查，生产单位（院）进行最终检查，二级均为 100% 的成果全面检查。

②在过程及最终检查时，如发现有不符合质量要求的产品，应退给作业组、中队（室）进行处理，然后再进行检查，直到检查合格为止。

（二）验收工作的实施

①验收工作应在测绘产品经最终检查合格后进行。

②检验批一般应由同一区域、同一生产单位的测绘产品组成。同一区域范围较大时，可以按生产时间不同分别组成检验批。

③验收部门在验收时，一般按检验批中的单位产品数量 N 的 10% 抽取样本（n）。当检验批单位产品数量 $N \leqslant 10$ 时，$n=2$；当 $N>10$ 且 $N \times 10\%$ 不为整数时，则取整加 1 作为抽检样本数。

④抽样方法可采用简单随机抽样法或分级随机抽样法。对困难类别、作业方法等大体一致的产品，可采用简单随机抽样法。否则，应采用分级随机抽样法。

⑤对样本进行详查，并按规定进行产品质量核定。对样本以外的产品一般进行概查。经验收，如样本中有质量不合格产品，须进行二次抽样详查。

⑥根据规定判定检验批的质量。经验收判为合格的检验批，被检单位要对验收中发现的问题进行处理；经验收判为一次检验未通过的检验批，要全部或部分退回被检单位，令其重新检查、处理，然后再重新复检。

⑦验收工作完成后，按规定编写验收报告。验收报告经验收单位上级主管部门审核（委托验收的验收报告送委托单位审核）后，随产品归档，并送生产单位一份。

四、质量评定

（一）质量评定基本规定

数字测绘产品质量实行优级品、良级品、合格品、不合格品评定制。数字测绘产品质量由生产单位评定，验收单位则通过检验批进行核定。数字测绘产品检验批质量实行合格批、不合格批评定制。

1. 单位产品质量等级的划分标准

优级品：$N = 90 \sim 100$ 分；

良级品：$N = 75 \sim 89$ 分；

合格品：$N = 60 \sim 74$ 分；

不合格品：$N = 0 \sim 59$ 分。

2. 检验批质量判定

对检验批按规定比例抽取样本。若样本中全部为合格品以上产品，则该检验批判为合格批。若样本中有不合格产品，则该检验批为一次检验未通过批，应从检验批中再抽取一定比例的样本进行详查；如样本中仍有不合格产品，则该检验批判为不合格批。

（二）单位产品质量评定方法

采用百分制表征单位产品的质量水平；

采用缺陷扣分法计算单位产品得分。

（三）缺陷扣分标准

严重缺陷的缺陷值：42 分；

重缺陷的缺陷值：$12/T$ 分；

轻缺陷的缺陷值：$1/T$ 分。

其中，T 为缺陷值调整系数，根据单位产品的复杂程度而定，一般取值为 $0.8 \sim 1.2$。设单位产品由简单至复杂分别为三级、四级或五级，则 T 可分别取为 0.8、1.0、1.2 或 0.8、0.9、1.0、1.1 或 0.8、0.9、1.0、1.1、1.2。缺陷值保留 1 位小数，小数点第 2 位数字四舍五入。严重缺陷、重缺陷、轻缺陷的缺陷分类详见规范要求。

（四）质量评分方法

每个单位产品得分预置为 X 分，根据缺陷扣分标准对单位产品中出现的缺陷逐个扣分。单位产品得分按下式计算：

$$N = X - 42i - (12/T)j - (1/T)K$$

式中：X 为单位产品预置得分，i 为单位产品中严重缺陷的个数，j 为单位产品中重缺陷的个数，K 为单位产品中轻缺陷的个数，T 为缺陷值调整系数。

生产单位最终检查质量评定时，设预置得分 X 为 100 分。验收单位进行质量核定时，预置得分 X 根据生产单位最终检查评定的质量等级取其最高分，即优级品、良级品、合格品分别为 100 分、89 分、74 分。

子情境7　地形测量技术设计

技术设计是数字测图最基本的工作，是依据国家有关规定（规程）及数字图用途、用户要求、本单位仪器设备状况等对数字测图工作进行具体设计。因此，在测图开始前，应编写技术设计书，拟定作业计划，以保证测量工作在技术上合理、可靠，在经济上节省人力、物力，有计划、有步骤地开展工作。

在数字测图作业开始之前，必须做好实施前的工区踏勘、资料收集、器材筹备、观测计划拟定、仪器设备检校及设计书编写等工作。

一、数字测图技术设计的依据

数字测图技术设计的主要依据是国家现行的有关测量规范（规程）和测量任务书。

（一）数字测图测量规范（规程）

数字测图测量规范（规程）是国家测绘管理部门或行业部门制定的技术法规。目前，数字测图技术设计依据的规范（规程）有：

① 《1 : 500　1 : 1000　1 : 2000 地形图图式》（GB/T 20257.1—2007）；

② 《1 : 500　1 : 1000　1 : 2000 外业数字测图技术规程》（GB/T 14912—2005）；

③ 《1 : 500　1 : 1000　1 : 2000 地形图数字化规范》（GB/T 17160—1997）；

④ 《1 : 500　1 : 1000　1 : 2000 地形图要素分类与代码》（GB 14804—1993）；

⑤ 《大比例尺地形图机助制图规范》（GB 14912—1994）；

⑥ 《工程测量规范》、《城市测量规范》、《地籍测绘规范》、《房产测量规范》等；

⑦测量任务书中要求执行的有关技术规程（规程）。

（二）测量任务书

测量任务书或测量合同是测量施工单位上级主管部门或合同甲方下达的技术要求文件。这种技术文件是指令性的，它包含：工程项目或编号，设计阶段及测量目的，测区范围（附图）及工作量，对测量工作的主要技术要求和特殊要求，以及上交资料的种类和时间等内容。

数字测图方案设计，一般是依据测量任务书提出的数字测图的目的、精度、控制点密度、提交的成果和经济指标等，结合规范（规程）规定和本单位的仪器设备、技术人员状况，通过现场踏勘具体确定加密控制方案、数字测图的方式、野外数字采集的方法及时间、人员安排等内容。

二、数字测图的外业准备及技术设计书编写

在数字测图作业开始之前，必须做好测区踏勘、资料收集、器材筹备、观测计划拟定、

仪器设备检校及设计书编写等工作。

（一）测区踏勘

接受下达任务或签订数字测图任务合同后，就可以进行测区踏勘工作，为编写技术设计、施工设计、成本预算等提供资料来源。测区踏勘主要调查了解的内容有：

①交通情况，包含公路、铁路、乡村便道的分布及通行情况等；

②水系分布情况，包含江河、湖泊、池塘、水渠的分布、桥梁、码头及水路交通情况等；

③植被情况，包含森林、草原、农作物的分布及面积等；

④控制点分布情况，包含三角点、水准点、GNSS 点、导线点的等级、坐标、高程系统，点位的数量及分布，点位标志的保存状况等；

⑤居民点分布情况，包含测区内城镇、乡村居民点的分布、食宿及供电情况等；

⑥当地风俗民情，包含民族的分布、习俗及地方方言、习惯及社会治安情况等。

（二）资料收集

根据踏勘测区掌握的情况，收集下列资料：

①各类图件，包含测区及测区附近已有的测量成果等资料，资料内容应说明其施测单位、施测年代、等级、精度、比例尺、规范依据范围、平面和高程坐标系统、投影带号、标石保存情况及可利用的程度等；

②其他资料，包含测区有关的地质、气象、交通、通信等方面的资料及城市与乡、村行政区划表等。

（三）拟定作业计划

1. 拟定作业依据

数字测图通常分为外业数据采集和内业编辑处理，拟定作业计划的主要依据是：

①测量任务书及有关规程（规范）；

②投入的仪器设备；

③参加的人员数据、技术状况；

④使用的软件及采用的作业模式；

⑤测区资料收集情况；

⑥测区及附近的交通、通信及后勤保障（食宿、供电等）。

2. 主要内容

作业计划的主要内容应包括：

①测区控制的具体实施计划；

②野外数据采集及实施计划；

③仪器配备、经费预算计划；

④提交资料的时间计划及检查验收计划等。

（四）仪器设备的选型及检验

仪器设备是保证完成测量任务的关键所在。仪器设备的性能、型号精度、数量与测量的精度、测区的范围、采用的作业模式等有关。

对于测区控制网，首级一般采用 GNSS 网，加密采用导线加密。导线的施测最好采用测角精度 2″以上，测距精度 $3 + 2ppm \cdot D$ 以上的全站仪，当然也可采用 GNSS RTK。数字测图的野外数据采集采用测角精度不低于 6″，测距精度不低于 $5 + 5ppm \cdot D$ 即可，有条件的采用 GNSS RTK，效率更高。

观测中所选用的仪器设备，必须对其性能与可靠性进行检验，合格后方可参加作业。有关检验项目应遵循相关规范进行。

（五）技术设计书的编写

资料收集齐全后，要编写技术设计书。主要编写内容有：任务概述、测区情况、已有资料及其分析、技术方案的设计、组织与劳动计划、仪器配备及供应计划、财务预算、检查验收计划及安全措施等。

习题和思考题

1. 何谓地形图？地形图与地图有何区别？何谓比例尺、比例尺精度？

2. 测绘地形图前，如何选择地形图的比例尺？

3. 何谓地物、地貌？地物符号有哪几种？试举例说明。

4. 何谓等高线、等高距、等高线平距？等高线有哪些特征？

5. 等高线有哪几种？各自如何表示？

6. 试绘出山丘、盆地、山脊、山谷、鞍部等 5 种地貌的等高线图。

7. 何谓山脊线、山谷线、地性线？

8. 如图 5-72 所示的等高线地形图上有陡坡、缓坡、山顶、盆地和峡谷，试判断图上甲、乙、丙、丁、戊各处所代表的实际地形分别是哪一种？

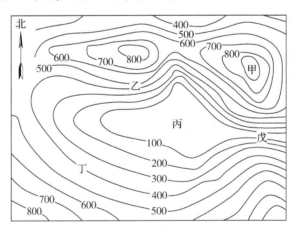

图 5-72　等高线地形图

9. 大比例尺地形图设计包括的内容有哪些？

10. 试概述地形图测图的准备工作及其主要工序的精度要求。

11. 测量碎部点的平面位置有哪几种方法？分别阐述之。

12. 地形测图有哪几种方法？试比较它们的异同点。

13. 地形测图时，立尺员应如何选择立尺点？

14. 衡量一幅地形图质量的指标有哪些？如何检查地形图的质量？

15. 地形图检查验收的依据是什么？主要检查哪些内容？

16. 地形测量前，为什么要进行技术设计？

17. 地形测量工作完成后，为什么要进行技术总结？

18. 什么是极坐标法、方向交会法、直角坐标法？

19. 图解法测绘大比例尺地形图有哪些方法？地面数字测图有哪些方法，各有何特点？

20. 试述量角器配合经纬仪测图法在一个测站测绘地形图的工作步骤？

21. 简述在实地如何选择地形碎部点？

22. 如何进行居民地房屋与建筑物的测绘？

23. 内插等高线的原则是什么？有哪些方法？

24. 在实地进行测图时，如何对地物、地貌进行综合取舍？

25. 按地貌特征点高程，用目估法在图 5-73 上勾绘 1m 等高距的等高线（图中虚线为山脊线，实线为山谷线）。

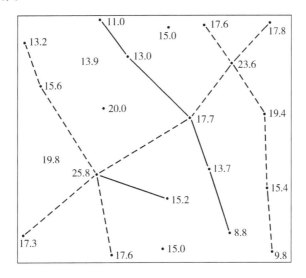

图 5-73　地貌特征

学习情境六　地形图应用

子情境1　地形图基本应用

地形图的应用内容包括：在地形图上确定点的坐标、点与点之间的距离和直线之间的夹角；确定直线的方位；确定点的高程和两点间的高差；计算制定范围的面积和体积，由此确定地块面积、土石方量、蓄水量、矿产量等。

一、点位坐标的量测

地形图上一点的平面位置是用地面点的平面直角坐标（一般为高斯平面直角坐标）来表示的，它们可通过图解的方法确定。

地形图上绘有10cm×10cm的坐标格网，并在图廓的西、南边上注有纵、横坐标值，如图6-1所示。

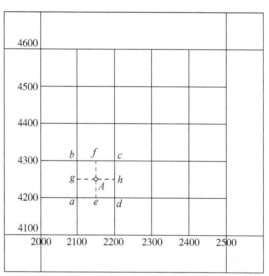

图6-1　点位坐标的量测

欲求图上A点的坐标，首先要根据A点在图上的位置，确定A点所在的坐标方格abcd，过A点作平行于x轴和y轴的两条直线ef、gh，与坐标方格相交于e、f、g、h四点，再按地形图比例尺量出ag = 68.5m，ae = 48.8m，则A点的坐标为：

$$\begin{cases} x_A = x_a + ag = 4200 + 68.5 = 4268.5\text{m} \\ y_A = y_a + ae = 2100 + 48.8 = 2148.8\text{m} \end{cases}$$

如果精度要求较高，则应考虑图纸伸缩的影响，此时，还应量出 ab 和 ad 的长度。设图上坐标方格边长的理论值为 l，则 A 点的坐标可按下式计算，即：

$$\begin{cases} x_A = x_a + ag\dfrac{l}{ab} \\ y_A = y_a + ae\dfrac{l}{ad} \end{cases}$$

二、两点间的距离量测

（一）水平距离的量测

1. 在图上直接量取

如图 6-2 所示，欲确定 AB 的距离，用量角规在图上直接卡出 A、B 两点的长度，然后乘以比例尺分母，或者与地形图上的直线比例尺进行比较，即可得出 AB 的实地水平距离。例如，在 $1:500$ 地形图上量得 A、B 两点的长度 $d = 26.7\text{mm}$，则其实地水平距离 $D = dM = 26.7\text{mm} \times 500 = 13350\text{mm} = 13.35\text{m}$。当精度要求不高时，可用比例尺直接在图上量取。

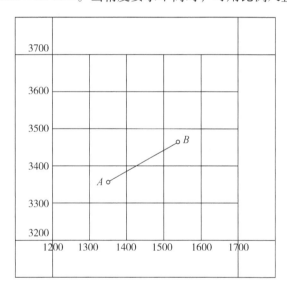

图 6-2　水平距离的量测

2. 解析法

按上述点位坐标的量测方法，先求出图 6-2 上 A、B 两点坐标 (x_A, y_A) 和 (x_B, y_B)，然后按下式计算 AB 的水平距离：

$$D_{AB} = \sqrt{(x_B - x_A)^2 + (y_B - y_A)^2}$$

这种方法既适合 A、B 两点在同一幅图内，也适合 A、B 两点不在同一幅图内，或是地形图上没有直线比例尺，且图纸变形较大时。解析法的精度要高于在图上直接量取的精度。

（二）倾斜距离的量算

在工程设计中，有时候还需要了解两点间的倾斜距离。在地形图上量算两点倾斜距离时，应先算出两点间的水平距离 D，并按等高线插求出两点的高程，算出两点间高差 h，再按下式计算出两点间的倾斜距离 S，即：

$$S = \sqrt{D^2 + h^2}$$

（三）折线距离的量测

地形图上的一些管线，如通信线路、输电线等，都是由许多短线段所组成的折线。测量折线长度时，可将构成折线的各线段，分别按直线分段量取其，累加而获得整个折线的长度。但这样做，工作速度慢且精度不高。一般情况下，可将构成折线的各直线段在图上累加，再一次量出其全长。这样做可使量测精度大大提高。

（四）曲线距离的量测

在地形图上有许多曲线形地物，如河流、道路等。在工程设计时，经常需要量测这些曲线段的长度。

曲线的量测方法很多，可以将曲线分成若干近似的直线段，按折线来量测其长度；也可以在曲线上铅垂地扎上一系列的测针，用不伸缩的细线以测针为准，密合曲线，拉直后用直尺量测其长度。但这些方法均有操作麻烦、精度低的缺点。在工程设计上，常采用"曲线计"来量测曲线的长度（曲线计使用简单且不常用，故不再详述）。

三、直线坐标方位角的量测

我们把确定图上直线方向称为确定直线的方位角，测量上常常确定的方位角是坐标方位角。

（一）解析法

先求出 A、B 两点的坐标，再按下式计算 AB 的坐标方位角。当直线较长时，解析法可取得较好的结果。

$$\alpha_{AB} = \mathrm{tg}^{-1}\frac{y_B - y_A}{x_B - x_A}$$

（二）图解法

如图 6-3 所示，求一直线 AB 的坐标方位角时，可先过 A、B 两点分别作坐标纵轴的平行线，然后用量角器的中心分别对准 A、B 两点量出直线 AB 的坐标方位角 α_{AB} 和直线 BA 的坐标方位角 α_{BA}，则直线 AB 的坐标方位角为：

$$\alpha_{AB} = \frac{1}{2}(\alpha_{AB} + \alpha_{BA} \pm 180°)$$

应用上式时，注意根据直线 AB 所在的象限确定 α_{AB} 的最后值。

四、点位的高程和两点间的坡度量测

（一）确定图上一点的高程

地形图上点的高程可根据等高线来确定。如果某点恰好位于等高线上，则其高程即为等高线的注记高程。如图 6-4 所示的 A 点，其高程为 83m。

如果某点位于两条等高线中间，则可用比例关系求得这点的高程。如图 6-4 所示，B 点位于 85m 和 86m 两条等高线之间，这时可通过 B 点做一条大致垂直于两条等高线的直线，

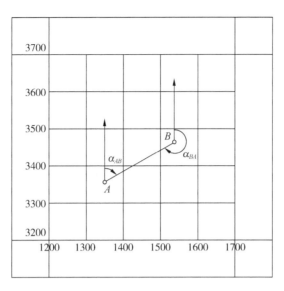

图 6-3 方位角量测

分别交等高线于 m、n 两点。在图上量取 nm 和 nB 的长度，又已知等高距为 $h = 1\text{m}$，则 B 点相对于 n 点的高差 h_{nB} 可按下式计算：

$$h_{nB} = \frac{nB}{nm} h$$

设 $\dfrac{nB}{nm}$ 的值为 0.5，则 B 点的高程为：

$$H_B = H_n + h_{nB} = 85 + 0.5 \times 1 = 85.5\text{m}$$

实际工作中，当相邻两条等高线间隔不大时，通常用目估法按比例推算图上点的高程。

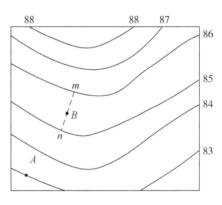

图 6-4 坡度确定

（二）确定两点间的坡度

如图 6-5 所示，地面两点 A、B 间的水平距离为 D，高差为 h，则高差与水平距离之比称为坡度，以 i 表示，即：

$$i = \frac{h}{D} = \frac{h}{d \cdot M}$$

式中：d 为图上量得的长度，M 为地形图比例尺分母。

坡度 i 有正负号，正号表示上坡，负号表示下坡，常用百分率（%）或千分率（‰）表示。如果两点间的距离较长，中间通过疏密不等的等高线，则上式所求地面坡度为两点间的平均坡度。

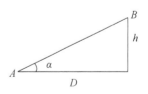

图 6-5 两点间坡度

坡度还可用地面的倾斜角 α 来表示，其计算式为：

$$i = \text{tg}\alpha = \frac{h}{D}$$

五、图形面积的量算

在国民经济建设和工程设计中，经常需要在地形图上量算一定轮廓范围的面积。下面介绍几种常用方法：图解法、坐标计算法、膜片法、求积仪法和 CAD 法。

（一）图解法

如图 6-6 所示，几何图形法就是利用直尺和三角板将比较复杂的几何图形划分成简单的几何图形（常用的有三角形、梯形和矩形），并利用比例尺直接在地形图上量取图形的几何要素；然后通过公式计算，求出各简单几何图形的面积；最后将各简单几何图形的面积相加，即得到所求图形的面积。

（二）坐标计算法

如图 6-7 所示，若已知某多边形各顶点的坐标，欲求多边形的面积 S，则可根据公式计算图形的面积。

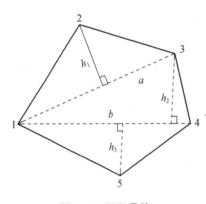

图 6-6　面积量算

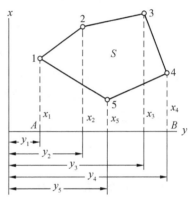

图 6-7　面积计算

将多边形各顶点投影于 y 轴，设多边形首尾两点的投影与 y 轴相交于 A、B 两点，则多边形的面积可表示为 $A—1—2—3—4—B$ 与 $A—1—5—4—B$ 两多边形面积之差。而上述面积又是各梯形面积之和，即：

$$S = \frac{(x_1 + x_2)(y_2 - y_1)}{2} + \frac{(x_2 + x_3)(y_3 - y_2)}{2} + \frac{(x_3 + x_4)(y_4 - y_3)}{2} -$$

$$\frac{(x_4 + x_5)(y_5 - y_4)}{2} - \frac{(x_5 + x_1)(y_1 - y_5)}{2}$$

若图形有 n 个顶点，则上式可推广为：

$$S = \sum \frac{(x_i + x_{i+1})(y_{i+1} - y_i)}{2}$$

式中：i 从 1 取到 n，当 $i+1 > n$ 时，取 1。

同理，也可通过多边形各顶点向 x 轴投影，得到利用各顶点坐标计算多边形面积的公式为：

$$S = \sum \frac{(y_i + y_{i+1})(x_{i+1} - x_i)}{2}$$

上述二式计算出的面积应完全相等。

（三）膜片法

膜片法就是利用聚酯薄膜或透明胶片等制成膜片，在膜片上建立一组有单位面积的方格、平行线等；然后利用这种膜片去覆盖被量测的面积，从而求得相应的图上面积值；最后根据地形图的比例尺，计算出所测图形的实地面积。

1. 方格法

如图 6-8 所示，方格法是先在透明膜片上绘制边长为 1mm 的正方形格网，再把它覆盖在待测算面积的图形上；然后数出图形内整方格数和图形边缘零散方格数的凑整格数，相加即为该图形的图上面积；最后依据地形图比例尺将其换算为所测算图形的实地面积。

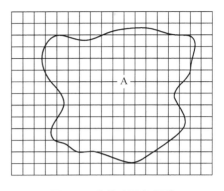

图 6-8　方格法面积量算

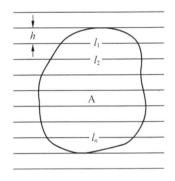

图 6-9　平行线法面积量算

2. 平行线法

如图 6-9 所示，平行线法是先在透明膜片上绘制间距为 h 的一组平行线（同一膜片上间距相同），再将它覆盖在待测面积的图形上，并调整使平行线与图形的上、下边线相切。此时，相邻两平行线之间所截的部分为若干个高为 h 的梯形，量出各梯形的底边长 l_1、l_2、$\cdots$、l_n，则图形的总面积为：

$$S = S_1 + S_2 + \cdots + S_{n+1} = (l_1 + l_2 + \cdots + l_n)h = \sum l_{ih}$$

式中：S 为图形面积（m^2），l_1、l_2、$\cdots$、l_n 为梯形底边长度（m），h 为平行线间距（m）。

（四）求积仪法

求积仪是一种专门用于在图纸上量算图形面积的仪器，有机械和电子的两种，适用于量测不同图形的面积。先进的求积仪具有多种功能，可以测定坐标、面积、线长、角度，还可以展点等，且可打印结果，能与计算机通信，能当数字化仪使用。型号不同的求积仪，使用方法各异，但操作简单，操作前认真阅读说明书即可。

（五）CAD 法

1. 多边形面积的量算

如待量取面积的边界为一个多边形，且已知各顶点的平面坐标，可打开 Windows 记事本，按下列格式输入多边形顶点的坐标。

"点号，Y 坐标，X 坐标，0"

下面以图 6-10 所示的"多边形顶点坐标数据 . dat"文件定义的九边形为例，介绍在 CASS 中计算其面积的方法。

①执行 CASS "绘图处理"下拉菜单中

图 6-10　多边形顶点坐标数据

图6-11 绘图处理下拉菜单

的"展野外测点点号"命令,如图6-11所示,在弹出的"输入坐标数据文件名"对话框中选择"多边形顶点坐标.dat"文件,展出9个多边形顶点于AutoCAD的绘图区。

②将AutoCAD的对象捕捉设置为节点捕捉(Nod),执行多段线命令Pline,连接9个顶点为一个封闭多边形。

③执行AutoCAD中的面积命令Area,命令行提示及其操作过程如下:

命令:Area

指定第一个角点或"对象(O)/加(A)/减(S)"

点击"O"选择对象:"面积 = 76 028.8589,长度 = 1007.3449"

上述结果的意义是,多边形的面积为76 028.8589,周长为1007.3449。

2. 不规则图形面积的计算

如图6-12所示,当待量取面积的边界为一个不规则曲线,只知道边界中的某个长度尺寸,曲线上点的平面坐标不宜获得时,可用扫描仪扫描边界图形,并获得该边界图形的JPG格式图形文件,在AutoCAD中的操作如下:

①执行图像命令Image,将图形对象附着到AutoCAD的当前图形文件中;

②执行对齐命令Align,将图中A、B两点的长度校准为72.5m;

③执行多段线命令Pline,沿图中的边界描绘一个封闭多段线;

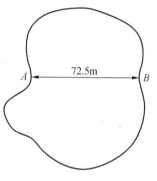

图6-12 不规则图形面积的计算

④执行面积命令Area,可量出该边界图形的面积为7531.7181m^2,周长为330.5044m。

子情境2 地形图在工程规划中的应用

在国民经济建设中,各项工程建设的规划、设计阶段,都需要了解工程建设地区的地形和环境条件等资料,以便使规划、设计符合实际情况。通常,都是以地形图的形式提供这些资料的。各项工程建设的施工阶段,必须要参照相应的地形图、规划图、施工图等图纸资料,以保证施工能够严格按照规划、设计要求完成。因此,地形图是制订规划、进行工程建设的重要依据和基础资料。

一、按一定方向绘制纵断面图

纵断面图是反映指定方向地面起伏变化的剖面图。在道路、管道等工程设计中,为进行填、挖土(石)方量的概算及合理确定线路的纵坡等,均需较详细地了解沿线路方向上的地面起伏变化情况，为此常根据大比例尺地形图的等高线绘制线路的纵断面图。

如图 6-13 所示，欲绘制直线 *AB*、*BC* 的纵断面图，具体步骤如下。

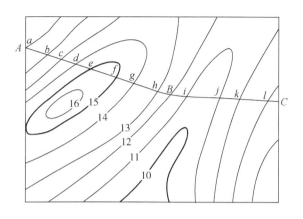

图 6-13 绘制的断面图

①在图纸上绘出表示平距的横轴 *PQ*，过 *A* 点做垂线，作为纵轴，表示高程。平距的比例尺与地形图的比例尺一致；为了明显地表示地面起伏变化情况，高程比例尺往往比平距比例尺放大 10～20 倍。

②在纵轴上标注高程，在图上沿断面方向量取两相邻等高线间的平距，依次在横轴上标出，得 *b*、*c*、*d*、…、*l* 及 *C* 等点。

③从各点作横轴的垂线，在垂线上按各点的高程，对照纵轴标注的高程确定各点在剖面上的位置。

④用光滑的曲线连接各点，即得已知方向线 *A—B—C* 的纵断面图如图 6-14 所示。

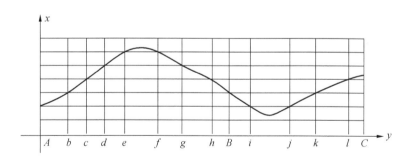

图 6-14 纵断面图

⑤为了使用上的方便，通常还在图下标注相应的平距和高程。

作纵断面图时，如果等高线过密，可不必按每根等高线的交点来做纵断面图，而是隔一条或两条等高线，甚至按计曲线来做；如果等高线的间距较大，难以准确绘出剖面图时，应在平距过大处增加一些辅助点，内插出这些辅助点的高程后，根据方向线与等高线的交点和这些辅助点，按上述方法绘纵断面图。

二、按规定坡度选定最短线路

进行管线、道路、渠道等工程设计时，经常要求在规定的坡度内选择一条最短线路。如图 6-15 所示，欲在 A 和 B 两点间选择一条纵向坡度不超过 i 的公路。设图上等高距为 h，地形图的比例尺为 $1:M$，则：

$$i = \frac{h}{D} = \frac{h}{d \cdot M}$$

得到路线通过相邻两条等高线的最短距离为 $d = \frac{h}{iM}$。

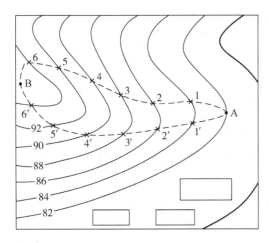

图 6-15　选定最短线路

在图上选线时，以 A 点为圆心，以 d 为半径画弧，交 84m 等高线于 1、1′ 两点；再以 1、1′ 两点为圆心，以 d 为半径画弧，交 86m 等高线于 2、2′ 两点，依次画弧直至 B 点。将这些相邻交点依次连接起来，便可获得两条同坡度线 A—1—2—…—B 和 A—1′—2′—…—B，这样得出的线路就是满足限制坡度的最短路线。最后通过实地调查比较，从中选定一条最合适的路线（一般考虑线路顺畅、施工方便、工程量小等诸多因素）。

在作图过程中，如果出现半径小于相邻等高线平距的情况，即圆弧与等高线不能相交，说明该处地面坡度小于设计坡度。此时，路线可按两等高线间垂线连接。

三、地形图在平整土地中的应用

在各种工程建设中，除对建筑物作合理的平面布置外，经常还要对原地貌作必要的改造，以便适于布置各类建筑物，排除地面水及满足交通运输和敷设地下管线等。这种地貌改造称之为平整土地。在平整土地工作中，常需预算土（石）方的工程量，即利用地形图进行填、挖土（石）方量的概算。在诸多方法中，方格网法是应用最广泛的一种，下面分两种情况来介绍。

（一）按设计高程将地面平整成水平场地

如图 6-16 所示，要求将图上的地面平整为某一设计高程的水平场地，要求填、挖方量平衡，并概算土（石）方量，其步骤如下。

1. 在地形图上绘方格网

在地形图上拟建场地内绘制方格网。方格网的大小取决于地形复杂程度和土方概算的精度要求，方格边长一般为 2cm。方格网绘制完后，根据地形图上的等高线，用内插法求出每一个方格顶点的地面高程，并注记在相应方格顶点的右上方（如图 6-16 所示）。

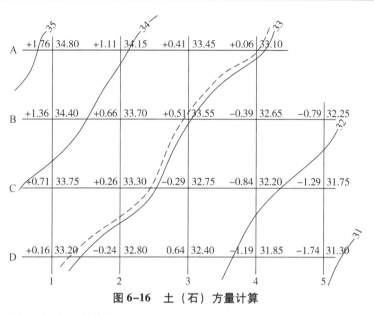

图 6-16　土（石）方量计算

2. 计算挖、填平衡的设计高程

先将每个方格顶点的高程加起来除以 4，得到各方格的平均高程 H_i（$i=1$，2，$\cdots$，n），再把每个方格的平均高程相加除以方格总数，得到设计高程 H_0，即：

$$H_0 = \frac{H_1 + H_2 + \cdots + H_n}{n} = 33.04\text{m}$$

3. 计算填、挖高度

根据设计高程和方格顶点的高程，计算出每个方格顶点的填、挖高度，即：

$$h = H_{地} - H_{设}$$

并将图中 Ⅰ、Ⅱ、Ⅲ、Ⅳ 各方格顶点的填、挖高度写于相应方格顶点的左上方，正号为挖深，负号为填高。

4. 绘出填挖边界线

在方格边有一端为填，另一端为挖的边上找出不填也不挖的点（即填、挖高度为零的点），这种点因施工高度为零又称为零点。将相邻的零点连接起来，即得到零线，也就是填、挖边界线。找零点的方法有作图法或计算法。作图法最简单：①按内插法绘出设计高程 33.04m 的等高线，即为零线（图中加短竖线表示）；②可在该边

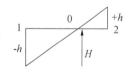

图 6-17　绘制填、挖边界线

的两端点垂直于该边分别向相反方向按比例绘制长度为填、挖高度的短线，其连线与该边的交点即为零点，如图 6-17 所示。

5. 计算填、挖土方量

可按角点、边点、拐点和中点分别计算填、挖土方量，公式如下：

$$角点：填（挖）高 \times \frac{1}{4} 方格面积$$

$$边点：填（挖）高 \times \frac{2}{4} 方格面积$$

$$拐点：填（挖）高 \times \frac{3}{4} 方格面积$$

$$中点：填（挖）高 \times \frac{4}{4} 方格面积$$

填、挖土方量的计算一般在表格中进行，通常使用 Excel，既节省了计算量，又提高了计算速度。以图 6-16 为例，使用 Excel 计算的填、挖土方量如图 6-18 所示。

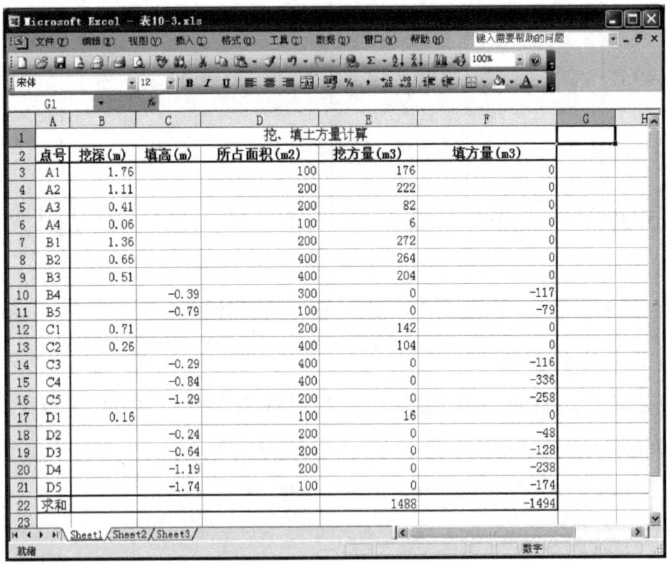

挖、填土方量计算

点号	挖深(m)	填高(m)	所占面积(m2)	挖方量(m3)	填方量(m3)
A1	1.76		100	176	0
A2	1.11		200	222	0
A3	0.41		200	82	0
A4	0.06		100	6	0
B1	1.36		200	272	0
B2	0.66		400	264	0
B3	0.51		400	204	0
B4		-0.39	300	0	-117
B5		-0.79	100	0	-79
C1	0.71		200	142	0
C2	0.26		400	104	0
C3		-0.29	400	0	-116
C4		-0.84	400	0	-336
C5		-1.29	200	0	-258
D1	0.16		100	16	0
D2		-0.24	200	0	-48
D3		-0.64	200	0	-128
D4		-1.19	200	0	-238
D5		-1.74	100	0	-174
求和				1488	-1494

图 6-18　使用 Excel 计算填、挖土方量

第一行为表题，第二行为标题栏。A 列为各方格顶点点号；B 列为各方格顶点的挖深；C 列为各方格顶点的填高；一个方格网的面积为 $400m^2$，D 列为考虑了顶点特性后的方格网面积；E 列为挖方量，其中 E3 单元的计算公式为“ = B3 * D3”；F 列为填方量，其中 F3 单元的计算公式为“ = C3 * D3”。总挖方量计算结果放在 E22 单元中，其计算公式为“ = SUM(E3：E21)”；总填方量计算结果放在 F22 单元，其计算公式为“ = SUM(F3：F21)”。如图 6-18 所示，总挖方量与总填方量之差为 $1488 - 1494 = -6m^3$。

（二）按设计等高线将地面整理成倾斜面

将原地形改造成某一坡度的倾斜面，一般可根据填、挖平衡的原则，绘出设计倾斜面的等高线。但是，有时要求设计的倾斜面必须包含不能改动的某些高程点（称为设计斜面的控制高程点）。例如，已有道路的中线高程点、永久性或大型建筑物的外墙地坪高程等。可按以下步骤进行：

①确定设计等高线的平距；

②确定设计等高线的方向；

③插绘设计倾斜面的等高线；

④计算填、挖土方量。

与前一方法相同，首先在地形图上绘方格网，并确定各方格顶点的填高和挖深量。不同之处是各方格顶点的设计高程是根据设计等高线内插求得的，并注记在方格顶点的右下方；但其填高和挖深量仍记在各顶点的左上方。填方量和挖方量的计算与前一方法相同。

图6-19　工程应用菜单

四、数字地形图的应用基础

目前，以现代测绘设备和计算机应用软件为主体的数字测图技术已广泛应用于测绘生产。数字测图已经成为地形测绘的主流，并逐步代替白纸测图。因此，数字地形图有着广泛的应用前景。本情境主要以CASS7.0中的数字地形图在工程中的应用为例来讲述，这些命令放置在下拉菜单"工程应用"中，如图6-19所示。

（一）查询计算与结果注记

执行"工程应用"下拉菜单中的"查询指定点坐标"命令，提示如下：

"输入点"，点取需要查询的点位，注意使用对象捕捉（圆心捕捉图6-20中的图根点 $D121$）。

显示："测量坐标：$X = 31194.120$ 米、$Y = 53167.880$ 米、$H = 495.800$ 米"。

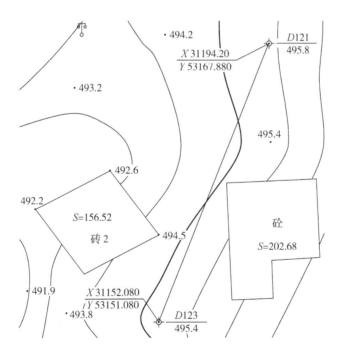

图6-20　数字地形图应用实例

如要在图上注记点的坐标，则必须执行屏幕菜单的"文字注记"命令。弹出对话框如图6-21所示，点击"注记坐标"图标，并单击"确定"按钮。根据命令行的提示指定注记点和注记位置后，CASS自动标注指定点的 X、Y 坐标，图6-20注记了图根点 $D121$ 和 $D123$

图6-21 "注记"对话框

点的坐标。

（二）查询两点的距离和方位角

执行"工程应用"下拉菜单中的"查询两点距离及方位"命令，提示如下：

第一点：

"输入点"，圆心捕捉图6-20中的D121点。

第二点：

"输入点"，圆心捕捉图6-20中的D123点。

显示："两点间距离 = 45.273米，方位角 = 201度46分57.39秒"。

（三）查询线长

执行"工程应用"下拉菜单中的"查询线长"命令，提示如下：

"选择精度，（1）0.1米 （2）1米 （3）0.01米 < 1 >"，默认选1。

"选择曲线"，点取图6-20中D121点至D123的直线。

完成响应后，CASS弹出提示框，给出查询的线长值。

（四）查询封闭对象的面积

执行"工程应用"下拉菜单中的"查询实体面积"命令，提示如下：

"选择对象"，点取图6-20中砼房屋轮廓线上的点。

显示："实体面积为202.683平方米"。

（五）注记封闭对象的面积

执行"工程应用"下拉菜单中的"计算指定范围的面积"命令，提示如下：

"选目标"，选择指定的封闭对象注记面积。

"选图层"，键入图层名，注记该图层上的全部封闭对象的面积。

"选指定图层的目标"，先键入图层名，再选择该图层上的封闭对象，注记它们的面积。

注意：CASS 将各种类型房屋都放置在 JMD（居民地）图层，面积注记文字位于对象的中央，并自动放置在 MJZJ（面积注记）图层。

（六）统计注记面积

对图中的面积注记数字求和。统计上述全部房屋面积的操作步骤为：执行"下拉菜单工程应用"中的"统计指定区域的面积"命令，提示如下：

"面积统计"，可用"窗口（W. C）/多边形窗口（WP. CP)/…"等多种方式选择已计算过面积的区域。

"选择对象"，选择需统计的面积。

"选择对象"，选择完毕后回车。

显示："总面积 = ××××平方米"。

也可以点取单个面积注记文字。当面积注记文字比较分散时，也可以使用各种类型窗选方法选择面积注记对象。CASS 自动过滤出 MJZJ 图层上的面积注记对象进行统计计算，结果只在命令行提示，不注记在图上。

（七）计算指定点围成的面积

执行"工程应用"下拉菜单中的"指定点所围成的面积"命令，提示如下：

"输入点"，选择指定点。

"输入点"，选择完毕后回车。

显示："指定点所围成的面积 = ××××平方米"。

面积计算结果只在命令行提示，不注记在图上。

（八）土方量的计算

CASS7. 0 中除提供 4 种土方量计算的方法（方格网法、DTM 法、断面法、等高线法）外，还提供区域土方量的平衡的计算功能。此处只介绍方格网法土方量计算。

1. 方格网法土方计算

由方格网来计算土方量是根据实地测定的地面点坐标（X，Y，Z）和设计高程，通过生成方格网来计算每一个方格内的填、挖方量，最后累计得到指定范围内填方和挖方的土方量，并绘出填、挖方分界线。

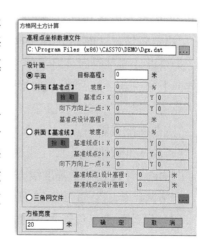

系统首先将方格的 4 个角上的高程相加（如果角上没有高程点，通过周围高程点内插得出其高程），取平均值与设计高程相减。然后通过指定的方格边长得到每个方格的面积，再用长方体的体积计算公式得到填、挖方量。方格网法简便直观、易于操作，在实际工作中应用非常广泛。

用方格网法算土方量，设计面可以是平面，也可以是斜面，还可以是三角网，如图 6-22 所示。

图 6-22　方格网土方计算

（1）设计面是平面时的操作步骤

用复合线画出所要计算土方的区域，一定要闭合，但是尽量不要拟合。因为拟合过的曲线在进行土方计算时会用折线迭代，影响计算结果的精度。

选择"工程应用"下拉菜单中的"方格网法土方计算"命令。命令行提示：

"选择计算区域边界线"，选择土方计算区域的边界线（闭合复合线）。

屏幕上将弹出方格网土方计算对话框，如图 6-22 所示。在对话框中选择所需的坐标文件；在"设计面"栏选择"平面"，并输入目标高程；在"方格宽度"栏输入方格网的宽度，这是每个方格的边长，默认值为 20m。由原理可知，方格的宽度越小，计算精度越高。但如果给的值太小，超过了野外采集点的密度也是没有实际意义的。

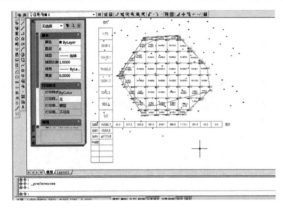

图 6-23　方格网法土方计算成果

点击"确定"，提示如下：

"最小高程＝××.×××，最大高程＝××.×××"

"总填方＝××××.×立方米，总挖方＝×××.×立方米"

同时，图上绘出所分析的方格网，填、挖方的分界线（绿色折线），并给出每个方格的填挖方，每行的挖方和每列的填方。结果如图 6-23 所示。

（2）设计面是斜面时的操作步骤

设计面是斜面时操作步骤与平面时操作步骤基本相同，区别在于在方格网土方计算对话框"设计面"栏中，选择"斜面（基准点）"或"斜面（基准线）"。

如果设计面是斜面（基准点），需要确定坡度、基准点和向下方向上一点的坐标，以及基准点的设计高程。

点击"拾取"，命令行提示：

"点取设计面基准点"，确定设计面的基准点。

"指定斜坡设计面向下的方向"，点取斜坡设计面向下的方向。

如果设计面是斜面（基准线），需要输入坡度并点取基准线上的两个点，以及基准线向下方向上的一点，最后输入基准线上两个点的设计高程。

点击"拾取"，提示如下：

"点取基准线第一点"，点取基准线的一点。

"点取基准线第二点"，点取基准线的另一点。

"指定设计高程低于基准线方向上的一点"，指定基准线方向两侧低的一边。

方格网计算成果如图 6-23 所示。

（3）设计面是三角网文件时的操作步骤

选择设计的三角网文件，点击"确定"，即可进行方格网土方计算。三角网文件由"等高线"菜单生成。

2. 等高线法土方计算

用户将白纸图扫描矢量化后可以得到图形。但这样的图都没有高程数据文件，所以无法用前面的几种方法计算土方量。

一般来说，这些图上都会有等高线。所以，CASS9.0开发了由等高线计算土方量的功能，专为这类用户设计。用此功能可计算任两条等高线之间的土方量，但所选等高线必须闭合。由于两条等高线所围面积可求，两条等高线之间的高差已知，可求出这两条等高线之间的土方量。

点取"工程应用"下拉菜单中的"等高线法土方计算"。提示如下：

"选择参与计算的封闭等高线"，可逐点取参与计算的等高线，也可按住鼠标左键拖框选取。但是，只有封闭的等高线才有效。

回车后提示：

"输入最高点高程"，直接回车不考虑最高点。

屏幕弹出如图6-24所示的总方量消息框。

回车后提示：

"请指定表格左上角位置"，直接回车不绘制表格。

在图上空白区域点击鼠标右键，系统将在该点绘出计算成果表格，如图6-25所示。

可以从表格中看到每条等高线围成的面积和两条相邻等高线之间的土方量，另外还有计算公式等。

图6-24　总方量消息框

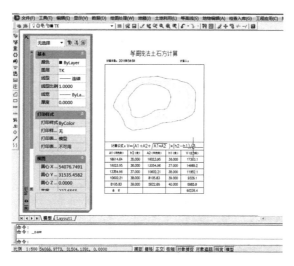

图6-25　等高线法土方计算

3. 区域土方量平衡

土方平衡的功能常在场地平整时使用。当一个场地的土方平衡时，挖掉的土方刚好等于填方量。以填、挖方边界线为界，从较高处挖得的土方直接填到区域内较低的地方，就可完成场地平整，这样可以大幅度减少运输费用。此方法只考虑体积上的相等，并未考虑砂石密度等因素。

在图上展出点，用复合线绘出需要进行土方平衡计算的边界。点取"工程应用"—"区域土方平衡"—"根据坐标数据文件（根据图上高程点）"。如果要分析整个坐标数据文件，可直接回车，如果没有坐标数据文件，而只有图上的高程点，则选择"根据图上高程点"。提示如下：

"选择边界线"，点取第一步所画闭合复合线。

"输入边界插值间隔（米）：<20>"，这个值将决定边界上的取样密度。如前面所说，如果密度太大，超过了高程点的密度，实际意义并不大。一般用默认值即可。

如果前面选择"根据坐标数据文件"，这里将弹出对话框，要求输入高程点坐标数据文件名；如果前面选择的是"根据图上高程点"，此时提示如下：

"选择高程点或控制点"，用鼠标选取参与计算的高程点或控制点。

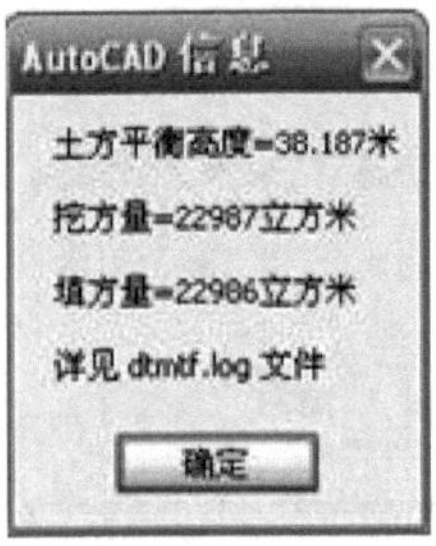

回车后，弹出对话框如图 6-26 所示。

同时，提示如下：

"平场面积 = ××××平方米"；

"土方平衡高度 = ×××米，挖方量 = ×××立方米，填方量 = ×××立方米"。

点击"确定"按钮，提示如下：

"请指定表格左下角位置"，直接回车不绘制表格。

在图上空白区域点击鼠标左键，绘出计算结果表格如图 6-27 所示。

图 6-26　土方量平衡

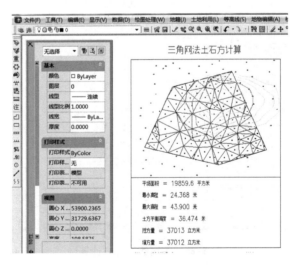

图 6-27　区域土方量平衡

（九）纵断面图的绘制

绘制纵断面图的方法有 4 种：由坐标文件生成、根据里程文件绘制、根据等高线绘制、根据三角网绘制。

1. 由坐标文件生成

坐标文件指野外观测得的包含高程点的文件，方法如下。

先用复合线生成纵断面线，点取"工程应用"—"绘断面图"—"根据已知坐标"项。提示如下：

"选择断面线"，用鼠标点取上步所绘纵断面线。弹出"断面线上取值"对话框如图6-28所示。如果"坐标获取方式"栏中选择"由数据文件生成"，则在"坐标数据文件名"栏中选择高程点数据文件；如果选"由图面高程点生成"，此步则为在图上选取高程点，前提是图面存在高程点，否则此方法无法生成纵断面图。

"输入采样点间距"，输入采样点的间距，系统的默认值为20m。采样点间距的含义是复合线上两顶点之间若大于此间距，则每隔此间距内插一个点。

"输入起始里程<0.0>"，系统默认起始里程为0。

点击"确定"之后，弹出绘制纵断面图对话框如图6-29所示。

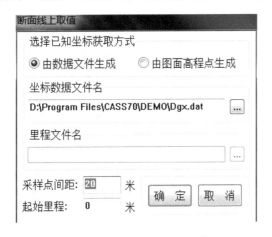

图6-28 根据已知坐标绘纵断面图

图6-29 绘制纵断面图对话框

输入相关参数，如：

"横向比例为1：<500>"，输入横向比例，系统默认值为1：500。

"纵向比例为1：<100>"，输入纵向比例，系统默认值为1：100。

"断面图位置"，可以手工输入，也可在图面上拾取。

另外，可以选择是否绘制平面图、标尺、标注，还有一些关于注记的设置。

点击"确定"之后，弹出所选断面线的纵断面图，如图6-30所示。

2. 根据里程文件绘制

一个里程文件可包含多个断面的信息，此时绘纵断面图就可一次绘出多个断面。

里程文件的一个断面信息内允许有该断面不同时期的断面数据，这样，绘制这个断面时就可以同时绘出实际断面线和设计断面线。

3. 根据等高线绘制

如果图面存在等高线，则可以根据断面线与等高线的交点来绘制纵断面图。

点取"工程应用"—"绘断面图"—"根据等高线"项，提示如下：

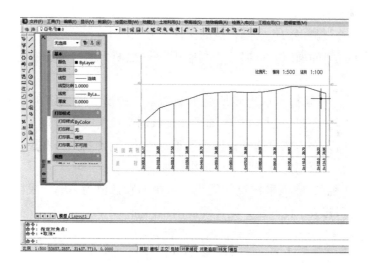

图 6-30　纵断面图

"请选取断面线"，选择要绘制纵断面图的断面线。弹出绘制纵断面图对话框如图 6-29 所示。操作方法详见"由坐标文件生成"。

4. 根据三角网绘制

如果图面存在三角网，则可以根据断面线与三角网的交点来绘制纵断面图。

点取"工程应用"—"绘断面图"—"根据三角网"项，提示如下：

"请选取断面线"，选择要绘制纵断面图的断面线。弹出绘制纵断面图对话框如图 6-29 所示。操作方法详见"由坐标文件生成"。

习题和思考题

1. 何谓坡度？在 1：500 的地形图上求得 A、B 两点的水平距离 $d_{AB}=17.8\text{cm}$，两点间高差 $h_{AB}=12.5\text{m}$，求 A、B 两点间的坡度。

2. 从地形图上量得 A、B 两点的坐标和高程如下：

$$X_A=1237.52\text{m}, \quad Y_A=976.03\text{m}, \quad H_A=163.574\text{m}$$
$$X_B=1176.02\text{m}, \quad Y_B=1017.35\text{m}, \quad H_B=159.634\text{m}$$

试求：①AB 间水平距离；②AB 边的坐标方位角；③AB 直线的坡度。

3. 已知 A 点的高程为 $H_A=20.5\text{m}$，A、B 直线的设计坡度 $i=-2\%$，A、B 间的平距 $D_{AB}=100\text{m}$，求 B 点的设计高程。

4. 现需从 A 点到高地 B 点定出一条路线，要求坡度限制为 2.5%，等高线间隔（即等高距）为 2m，试求出符合该坡度的等高线平距。

5. 已知建筑用地边界各点的坐标如表 6-1 所示，试计算其面积。

表6-1 各点坐标

点号	x (m)	y (m)
1	1536.26	1328.75
2	1688.20	1501.77
3	1554.89	1651.32
4	1306.27	1556.21
5	1408.24	1327.15

6. 为更明显地表示地面高低起伏情况，一般断面图上的高程比例尺比平距比例尺大多少倍？

附录 A　数字地形图测绘技术设计书示例

2014 年度 A 市 1：500 地形图更新测绘

技 术 设 计 书

A 市城市勘测院

二〇一四年六月

2014 年度 A 市 1∶500 地形图更新测绘

技 术 设 计 书

项目承担单位：（盖章）A 市城市勘测院　　设计负责人：

审批意见：　　　　　　　　　　　　　　　主要设计人：

审　核　人：

　　　　年　月　日　　　　　　　　　　　年　月　日

批准单位（盖章）：A 市规划局

审批意见：

审　核　人：

批　准　人：

　　　　年　月　日

目　录

2014 年度 A 市 1∶500 地形图更新测绘

1　项目概述

1.1　任务来源

根据《A 市"十二五"基础测绘规划》与 2014 年度基础测绘年度计划，我院承担了 2014 年度 A 市 1∶500 地形图更新测绘项目。

1.2　项目概况

测区位于 A 市新城区。主要工作内容有：

（1）对新划入新城区管辖的 E 镇、F 镇、G 镇，约 92 平方千米区域的重测工作；

（2）对新城区原管辖区域，依据规划竣工测绘图修补，开展更新测绘工作。

1.3　作业技术依据

（1）CJJ/T 8—2012《城市测量规范》（以下简称《规范》）；

（2）CJJ/T 73—2010《卫星定位城市测量技术规范》；

（3）CH/T 2009—2010《全球定位系统实时动态测量（RTK）技术规范》；

（4）GB/T 12898—2009《国家三、四等水准测量规范》（以下简称《水准测量规范》）；

（5）GB/T 13923—2006《基础地理信息要素分类与代码》；

（6）GB/T 20257.1—2007《国家基本比例尺地图图式第 1 部分：1∶500　1∶1000 1∶2000 地形图图式》（以下简称《图式》）；

（7）DB33/T 552—2005《1∶500　1∶1000　1∶2000 基础数字地形图测绘规范》；

（8）ZCB 001—2005《××省 1∶500、1∶1000、1∶2000 基础数字地形图产品检验规定和质量评定》；

（9）GB/T 20258.1—2007《基础地理信息要素数据字典　第 1 部分：1∶500　1∶1000 1∶2000 基础地理信息要素数据字典》；

（10）《××省基础地理信息要素字典》；

（11）DB33T 817—2010《基础地理信息要素分类与图形表达代码》；

（12）《A 市基础地理信息建设标准与规范》；

（13）《A 市大比例尺基础地理信息数据生产技术规定》；

（14）《A 市基础地理信息数据建库技术规定》；

（15）《"4D"产品数据成果入库提交技术规定》；

（16）《A 市基础地理信息元数据标准》。

2　任务概况

2.1　测区自然地理概况

测区位于 A 市新城区。测区北部地势平坦、东南部以山地为主。测区年平均气温16.5℃，平均降水量 1438mm。测区内交通便捷，G104 国道、G329 国道等主要道路穿境而过。

2.2　已有资料分析利用

2.2.1　平面控制点资料

测区内及周边有 A 市城市控制网改造中布设的三、四等 GPS 点，如 A3027、A3002、A3006、A3009、A3017 等，成果属 A 市城市坐标系，可作为整个测区的平面起算点。

2.2.2　高程控制点资料

测区内有 A 市城市控制网改造中布设的一、二、三等水准点，如Ⅰ14、Ⅰ15、Ⅱ02、Ⅱ03、Ⅱ07、Ⅱ11、Ⅱ3-28 等，其成果属 1985 国家高程基准（二期）成果，可作为整个测区的高程起算点。

2.2.3　地形图资料

测区有 1∶10 000 数字地形图，可作为控制点位设计用图。

2.3　平面、高程系统的确定

2.3.1　平面坐标系统

平面系统采用 A 市城市坐标系（系投影面为 -342m 的抵偿坐标系）。

2.3.2　高程系统

高程系统采用 1985 国家高程基准（二期）。

3　平面高程控制测量

3.1　测区一级 GNSS 控制网布设

3.1.1　基本要求

（1）在测区内已建立 A 市城市三、四等 GPS 控制网基础上，加密一级控制点。

（2）一级 GNSS 控制网采用静态方式观测。

（3）一级 GNSS 控制点布设原则：便于观测和利用、稳固和易于长期保存。

（4）通视要求：所有一级 GNSS 点原则上要求有 2 个以上通视方向，个别通视有困难的一级 GNSS 点保证至少要有一个通视方向。

（5）控制点距离要求：控制点平均点距为 300m。相邻点最小距离应不小于平均距离的1/3；最大距离应不大于平均距离的 3 倍。

3.1.2 选点埋石

3.1.2.1 选点

（1）一级 GNSS 点应选在视野开阔、地基稳固、能够长期保存、便于使用的地方，不宜选在房顶上。选点时宜先选择控制性点位，如桥梁、交叉路口等，然后再根据边长、密度选择其他点位。

（2）一级 GNSS 点点位周围应便于安置接收设备和操作，视场内不应有高度角大于 15°的成片障碍物；点位应远离大功率无线电发射源（如电视台、微波站等），距离不小于 200m，与高压输电线（10kV 以上）的距离不小于 50m。

（3）一级 GNSS 点密度要求：根据测区地形地貌，对建成区、镇区及建筑密集区域，地物点较多，GNSS 点密度按 12 点/km² 密度要求布设；平地田畈、农村等，按 10 点/km² 密度要求布设；山区根据实际情况定。

3.1.2.2 埋石

（1）沥青路面：根据沥青路面的质量情况不同，总体要求布设深度在 20cm 以上。一般情况，沥青路面的铺设层深度在 10~15cm。利用工程钻机钻孔，先将铺设层的沥青取出，再用钢钎凿深至 20cm 处，将搅和均匀的水泥砂浆灌入，标心放入其中，不做平台，与路面同高即可。

（2）水泥路面：总体要求深度在 15cm 左右。利用工程钻孔至 15cm 左右，将铺设的水泥块取出，将搅和均匀的水泥砂浆灌入，标心放入其中，不做平台，与路面同高即可。

（3）土质及沙石路面：埋设预制标石。标石上表面高出地面 3~5cm。

3.1.2.3 标志类型

一级 GNSS 点标志统一使用基础测绘定制的不锈钢标志。

3.1.2.4 一级 GNSS 点编号

一级 GNSS 点实地编号为"N×××"，如 N001、N002……（N 为英语的第 14 个字母，相当于 2014 年的 14）。

3.1.2.5 点之记绘制

点位选埋结束后，应在现场描绘点之记，用 3 个方位物交会点位，困难地区不得少于 2 个方位物，点位至方位物应用钢尺或皮尺量至分米。

3.2 一级 GPS 点观测

3.2.1 观测方式确定

一级 GNSS 控制网可采用静态方式观测。

3.2.2 仪器要求

GNSS-RTK 观测采用双频 GNSS 接收机。使用的接收机应在检定有效期内，出测前须对仪器进行相关检查。RTK 接收机标称精度（动态）应符合：平面 $\leqslant 10\text{mm} + 2 \times 10^{-6} \times d$，高程 $\leqslant 20\text{mm} + 2 \times 10^{-6} \times d$，其中 d 为测距边长度变量。

3.2.3 GNSS 静态观测

（1）静态观测技术要求

观测精度应达到如表 A-1 所示要求。

表 A-1　GNSS 网的主要技术要求（DB33/T 552—2005）

等级	平均距离（km）	a（mm）	b（$\times 10^{-6}$）	最弱边相对中误差
一级	0.5	≤10	≤15	1/20 000

相邻点空间距离观测精度用下列公式计算：

$$\sigma = \pm \sqrt{a^2 + (bd)^2}$$

式中：σ 为标准差（mm），a 为固定误差（mm），b 为比例误差系数（1×10^{-6}），d 为相邻点间的距离（km）。

一级 GNSS 控制网可采用多边形构网，也可采用闭合环或附合线路构网。闭合环或附合线路的边数不超过 10 条。GNSS 观测要求如表 A-2 所示。

表 A-2　GNSS 观测要求（DB33/T 552—2005）

级别	卫星高度角	数据采样间隔	有效观测卫星数	平均重复设站数	时段长度
一级	≥15°	15	≥5	≥1.6	≥45min

GNSS 天线利用脚架直接对中、整平，对中误差不大于 2mm。观测过程中，人员应尽量远离天线，使用对讲机时，人员须远离天线 10m 以上。

仔细、准确地量取天线高，要求量取两次取平均值，较差不得超过 3mm。天线高记录数据不得划改。在每个测站上，均要求用 GNSS 观测手簿进行记录。记录内容为：点名、点号、观测者、天气、日期、时间、时段、天线高、接收机和控制器编号等，并将特殊情况记录在备注栏内，但不要求记录气象元素。原始记录不得涂改，符合 GB/T 18314—2009《全球定位系统（GPS）测量规范》的规定。

每天观测结束后，应及时将数据转存到计算机硬盘且及时备份，确保观测数据不丢失。

静态观测时所用到的角架、对中基座使用前应全部认真、仔细检查，对达不到要求的予以维修、校正或更换。

按 GNSS 网形编制观测计划和 GNSS 卫星可见性预报表，预测可见卫星号、最佳观测星历的时刻与卫星几何图形强度因子等内容，尽量避开 PDOP 变化较大的时段。

按实地选埋确定的点位及交通等情况计划观测路线，在网图上标绘同步环和异步环。

一时段观测过程中不允许进行以下操作：接收机关闭又重新启动；进行自测试；改变卫星仰角限；改变数据采样间隔；改变天线位置；按动关闭文件和删除文件等功能键。

（2）GNSS 基线向量的计算及检核

GNSS 基线向量采用随机软件进行计算。

由若干条非同步边组成的异步环，其坐标差分量闭合差和全长闭合差按下列公式执行：

$$W_x、W_y、W_z \leq 2\sqrt{n} \cdot \sigma$$

$$W \leq 2\sqrt{3n} \cdot \sigma$$

式中：n 为闭合环边数，σ 值参见前面。

同步环闭合差检核：坐标分量相对闭合差 $\leqslant \frac{\sqrt{3}}{5}\sigma$，环线全长相对闭合差 $\leqslant \frac{3}{5}\sigma$。

当检核发现环闭合差及重复边互差超过规定限差时，应分析原因，对其中部分成果进行重测。

（3）一级 GNSS 控制网平差计算

GNSS 网平差计算采用同济大学的 TGPPSW、GPS–NET 或 GPS 随机软件进行。以非同步观测的 GNSS 基线向量作为观测值，并兼顾地面起始坐标，采用三维严密平差方法进行平差计算，平差成果包括全部一级 GNSS 点的大地坐标、平面坐标及相应的精度值。

无约束平差结束后，将 GNSS 空间向量网经投影变换至本次测量采用的坐标系统，进行三维约束平差或二维约束平差。约束平差中基线向量的改正数与无约束平差结果的同一基线相应改正数较差的绝对值（$\mathrm{d}V\Delta x$、$\mathrm{d}V\Delta y$、$\mathrm{d}V\Delta z$）应满足下式：

$$\mathrm{d}V\Delta x \leqslant 2\sigma$$

$$\mathrm{d}V\Delta y \leqslant 2\sigma$$

$$\mathrm{d}V\Delta z \leqslant 2\sigma$$

3.3 四等水准测量

3.3.1 水准网布设

所有一级 GNSS 点的高程，采用四等水准进行联测，并布设成结点网形式。个别水准路线无法到达时，可以采用 GNSS 精化水准面高程。

3.3.2 四等水准测量技术要求

（1）四等水准测量的主要技术要求按表 A–3 规定执行。

表 A–3 四等水准测量的主要技术要求（DB33/T 552—2005）

等级	水准线路长度（km）	视线度（m）	前后视距差（m）	前后视距累积差（m）	视线高度（m）	基辅分划或黑红面读数差（mm）	基辅分划、黑红或两次高差的差（mm）	附合路线闭合差（平地、丘陵）(mm)
四等	15	≤80	≤5.0	≤10.0	三丝能读数	3.0	5.0	$\pm 20\sqrt{L}$

注：L 为路线长度，不足 1km 按 1km 计；当成像清晰、稳定时，视线长度可以放长 20%。

（2）使用检定合格且在检定有效期内的水准仪，测量前后要检验 i 角。

3.3.3 测前准备

（1）一级 GNSS 点埋设完成后，应根据点位分布情况，编制观测计划及绘制四等水准网观测路线图。环线或附和于高等级点间水准路线的最大长度，应符合《规范》中表 3.1.5 的规定。

（2）测前应对所使用的水准仪及附件进行检查及记录，对达不到要求的予以维修、校正或更换。

3.3.4　观测注意事项

（1）水准观测应使用 DS$_3$ 以上等级的水准仪。

（2）水准仪视准轴与水准管轴的夹角（i）不得大于 20″。开测后一周内每天测前要检测一次，此后每星期要检测一次；整个测区观测结束后再检测一次，记录计算结果随成果上交。

（3）水准测量采用中丝读数法，直读距离至 0.1m；观测顺序为后—后—前—前。

（4）若使用电子水准仪观测，应根据仪器的实际情况确定观测顺序，仪器内各种参数应按照仪器使用说明书设定，使其小数点后的取位及观测等级不低于四等水准等级。

（5）水准观测须采用尺垫作转点尺承。观测应在标尺分划线成像清晰而稳定时进行。

（6）观测前，应使仪器与外界气温趋于一致。

（7）在连续各测站上安置水准仪的三脚架时，应使其中两脚与水准路线的方向平行，而第三脚轮换置于路线方向的左侧与右侧。

（8）同一测站上观测时，不得两次调焦。

3.3.5　高程计算

3.3.5.1　四等水准采用严密平差，计算软件为 NASEW95 等经典水准网平差软件

3.3.5.2　数据处理及平差

（1）首先对外业水准观测记录数据进行 200% 检查，应符合观测限差及路线、环线限差要求。

（2）四等水准测量，当水准网的环数超过 20 个时，应按照环线闭合差计算全中误差 M_W，应满足 ≤10mm 的精度规定。

（3）水准网环线闭合差与附合路线闭合差应符合限差要求。上述高程控制的外业检核项目如有不符合要求者，应认真查找原因，进行补测。

3.3.6　RTK 测量高程与水准测量高程比较

四等水准测量成果平差完成后，应对 RTK 测量的高程与水准测量成果进行比较，以检验 RTK 高程测量精度及 A 市似大地水准面精化模型精度，为 RTK 高程测量精度评定提供依据。

4　1：500 地形图更新测绘

4.1　数字地形图修补测精度要求

（1）地物点平面位置测定精度如表 A-4 所示。

（2）地物点高程测定精度：主要水工建筑物、道路交叉处及路中高程、铺装面，高程测定精度为 ±0.10m（相对于邻近图根点），其他为 ±0.15m。

表 A–4 地物点平面位置测定精度（DB33/T 552—2005）

单位：cm

地物点类别	地物点对邻近图根点点位中误差	地物点间距中误差	适用范围
一	≤ ±5	≤ ±5	指道路、街道两侧有地界作用的建（构）筑物拐点
二	≤ ±7.5	≤ ±7.5	指街道内部有地界作用的建（构）筑物拐点
三	≤ ±25	≤ ±20	其他地物点

4.2 图根控制测量

4.2.1 图根控制

在测区一级 GNSS 控制的基础上加密图根控制网，图根控制可采用 GNSS-RTK 方式测量或图根导线形式布设。图根导线主要为附合导线和结点导线网，个别导线无法贯通的地区，采用支导线形式补充。

原则上建议在建筑密集区（建成区）、较大农村居民地采用图根导线形式布设图根控制，GNSS 信号较好的地方采用 RTK 测量布设图根控制。

4.2.2 图根点埋设

图根点一般采用临时标志，选用铁钉、木桩等材料，并辅以油漆标绘。平坦开阔地区图根点的布设密度不小于 64 点/平方千米，每幅图必须埋设 2 个固定点（包括等级控制点），应互相通视或与高等级点通视。

4.2.3 图根点编号

图根点以"英文大写字母"加序号，如 NA001、NA002……或 NB001、NB002……（N 代表 2014 年，A、B 代表作业组代号或随机分配）。

4.2.4 图根 RTK 测量

图根点可采用 RTK 方式测定其平面坐标及图根高程。采用 RTK 方式测定图根点坐标及高程的，要求采用绍兴 CORS 系统，其采用仪器、观测技术要求、外业观测基本要求如下。

（1）RTK 点观测技术要求

测量精度应符合规范 CJJ/T 8—2011 和 CJJ/T 73—2010 的相关要求。

①数据采集器设置控制点的单次观测平面收敛精度应≤2cm，高程收敛精度应≤3cm；②数据采集器设置控制点的单次观测平面收敛精度不应大于 2cm；③RTK 平面控制点测量流动站观测时应采用三脚架对中、整平，每次观测历元数应不少于 10 个，采样间隔 1s，各次测量的平面坐标较差应不大于 4cm；④应取各次测量的平面坐标中数作为最终成果；⑤观测点位中误差≤5cm；⑥观测时必须检测周边已有同等级以上控制点，平面校核高等级控制点时，其点位互差≤5cm，校核同等级控制点时，其点位互差≤5cm。高程校核高等级控制点时，其高程互差≤40mm$\sqrt{L}$mm，校核同等级控制点时，其高程互差≤40$\sqrt{L}$mm。

（2）RTK 转换参数的确定

2000 坐标系与城市坐标系间转换参数采用绍兴 CORS 系统的转换参数，高程模型采用 A 市区大地水准面精化模型。作业中不得采用点校正等其他随机模型。

（3）外业观测

GNSS-RTK 流动站观测时应采用三角对中支架对中、整平（对中误差不得大于 2mm），天线高测前丈量 2 次取中数（对中支架可固定高度，高度取位至 0.001m），测后复核。

GNSS-RTK 流动站不宜在隐蔽地带、成片水域和强电磁波干扰源附近观测。

GNSS-RTK 流动站有效观测卫星数 ≥5 个，6≤PDOP 值 ≥4。

检测周边已有同等级以上控制点，符合限差要求后可进行未知点测量。

对每个控制点需初始化观测 2 次，符合限差要求后换点观测，否则重测。

对每个控制点须进行 2 次 GNSS 观测（要求在不同时间段进行），2 组观测值的点位互差在限差之内取中数，否则重测。

每天观测结束后，应及时将数据转存到计算机硬盘且及时备份，确保观测数据不丢失。

观测时所用到的脚架、对中基座使用前应全部认真、仔细地检查，对达不到要求的予以维修、校正或更换。

（4）RTK 测量质量检核

为检验 RTK 测量精度，应分别采用 GNSS 静态观测及全站仪观测方式对 RTK 点进行坐标、边长和高程检查，其检测点应均匀分布在测区，且检测点不少于总点数的 10%。

用全站仪检测时，宜按一级点观测要求进行边长、角度观测，观测数据宜进行相关气象及常数改正。

检核工作结束后，应对 RTK 测量精度进行评定，并与外业检测的结果作为成果提交内容之一。

4.2.5 图根导线

（1）图根导线布设基本要求：为确保地物点的测定精度，本次作业原则上只布设一级图根导线，技术要求按 ×× 省地方标准 DB33/T 552—2005 要求执行。图根附合导线的主要技术要求如表 A-5 所示。

表 A-5　图根光电测距导线测量的技术要求（DB33/T 552—2005）

图根级别	附合导线长度（m）	平均边长（m）	导线相对闭合差	方位角闭合差（″）	测距中误差（mm）	测角测回数 DJ_2	测距测回数（单程）	测距一测回读次数
一	1500	120	1/6000	$\pm 24\sqrt{n}$	±15	1	1	2
二	1000	100	1/4000	$\pm 40\sqrt{n}$	±15	1	1	2

注：①n 为测站数，导线网中结点与高级点或结点与结点间的长度不大于附合导线长度的 0.7 倍。

②一级图根导线，当导线较短，由全长相对闭合差折算的绝对闭合差限差小于 13cm 时，按 13cm 计。

③二级图根导线，当导线较短，由全长相对闭合差折算的绝对闭合差限差小于 15cm 时，按 15cm 计。

④测区图根控制分两级布设是考虑地形条件的限制，二级图根点是一级图根的补充，不能作为首级控制下的直接加密形式。

⑤因地形条件影响，一、二级图根导线的总长和平均边长可放长至 1.5 倍，但其绝对闭合差均不应大于 25cm。

⑥当附合导线的边数超过 12 条时，其测角精度应提高一个等级。

（2）图根支导线

因地形限制图根导线无法附合时，可布设少量图根支导线。支导线总边数不多于 4 条，总长度不超过 XX 省地方标准 DB33/T 552—2005 中一级图根导线规定长度的 1/2，最大边不超过平均边长 2 倍。

（3）图根控制观测

图根导线水平角观测采用 DJ$_2$ 级全站仪，水平角观测一测回，边长测量采用 II 级全站仪，实测边长一测回。图根导线测定边长时，直接在全站仪中设置仪器常数、棱镜常数，进行边长改正。图根点高程采用电磁波测距三角高程测定。垂直角观测采用 DJ$_2$ 级全站仪一测回测定，同时量取仪器高、觇标高，量取至毫米。

4.3　地形图测绘基本要求

4.3.1　成图软件选择

南方 CASS2008 版地形地籍成图软件其分层、符号库编码设置基本与 GB/T 20257.1—2007 版图式一致，故野外数据采集及编辑软件统一采用南方 CASS2008 版地形地籍成图软件及其数据成果格式，成果需提供 DWG 格式，便于后续处理时内码转为统一编码。

作业时可先按软件默认的图层设置进行成图，最终图层名称转换可在院检合格后统一进行。

4.3.2　数据采集

（1）测图范围内的地物点、地形点原则上需实测坐标，个别隐蔽建筑物拐点无法实测的，可采用交会法或勘丈法补充。

（2）每次设站开始测图前，必须进行测站点检查，检查结果不超限时，方可进行碎部点测量。

（3）立尺点应保证与图式符号的定位点或定位线严格一致。为了减弱棱镜常数对碎部点的误差影响，测图时宜选择小棱镜，并在全站仪设置中加入棱镜常数改正。

（4）碎部高程测量：高程碎部点要实测，不允许在地物点（如房角）上带注高程，高程点的测注位置应能较好反映整体地势的变化情况。

（5）依山而建的房屋，其房后的坎子应测绘完整，并适当测注高程，高程点的密度及位置以满足绘制等高线的要求为准。

4.4　地形图测绘具体要求

4.4.1　水系及其附属设施的表示

（1）河流、沟渠、池塘均测绘岸边线，不测绘水涯线；但其中的小岛应测绘水涯线。

（2）堤坝应测注坝顶高程，注记结构性质。

（3）沟渠的宽度图上大于 1.0mm 时以双线表示，小于 1.0mm 时用单线表示，单线沟渠的立尺点应在沟渠的中心线上。

（4）道路两边的排水沟当其实际长度大于 10m 时，用水沟符号表示，否则不表示。

（5）各式水闸、滚水坝、拦水坝均应测绘，水闸应注意测绘高程及性质注记。

（6）河岸上栅栏连同陡坎用《图式》4.2.43（b）的形式表示，放入水系层，不得把栅栏移位表示。

（7）城市建成区内有纪念意义的古井、公用水井应测绘表示，但农村居民地院落内的不表示，机井应注记"机"字。

4.4.2 居民地及设施的测绘表示

4.4.2.1 居民地和垣栅的测绘表示

（1）围墙、栅栏、栏杆一般应测绘外边线，考虑到建立拓扑关系的需要，测绘时应大概判断一下归属，并考虑这类线状地物的整体构造。

（2）对于栏杆式围墙，按谁占主体表示谁的原则进行表示。当底座高出地面1m以上（含1m）时，按围墙表示，否则按栏杆表示，测点位置应在底座的拐点处。

（3）房屋的阳台和飘楼，统一采用阳台符号表示，测绘时不区分阳台和飘楼。

（4）架空房屋以房屋的外围轮廓投影为准，四角支柱实测表示。

（5）正规悬空房屋（无柱）包括楼梯间，图上宽度达1mm的，均应按《图式》要求测绘表示。

（6）门廊以柱或围护物为准，独立门廊以顶盖投影为准，支柱位置应实测。

（7）室外楼梯、台阶按投影测绘，但台阶图上不足3级的一般不表示；室外楼梯、台阶、阶梯路上的休息平台，长度在1m以上（含1m）的应据实表示，使用与该幢房屋一致的编码。

（8）临时性房屋不表示，建筑物顶层的楼梯间、电梯间、水箱间、临时性搭盖、假（夹）层、阁楼均不计算层数，也不表示。

（9）建筑中房屋据实测绘，若外形已确定，并能调注材料、层数但尚未竣工的，按建成房屋表示。

（10）不规则简易房用相应编码测绘轮廓线，并在其中加注"简"字。

（11）对不宜实际测绘分割的裙楼按其最高层标注。

（12）房屋底层的车库不计算层次。如底层车库的外围轮廓线在房屋的主体结构线之外，则多出部分按房屋据实表示，注"车"。地下室出入口据实表示。

（13）地下室按图式4.3.1（b）形式表示，其结构层次按"砼15－2"形式表示，其中15表示地上层数，－2表示地下层数。

（14）门顶只表示企事业单位、机关团体等较大型的，农村居民地和住宅小区内较小的不表示。门墩图上宽度大于1mm（含1mm）的，依比例表示，否则不依比例表示。

（15）单位名称注记一般不允许使用简注形式，个别单位用地面积较小，单位名称注记不下时，可适当考虑简注。

（16）房屋建筑结构分类严格按表A-6执行。

（17）新增设"房屋幢号"层，描述房屋幢号信息，在图上把房屋幢号以括号形式按自然数标注在房屋右上角，如房屋幢号编码220009。

（18）雨罩、室外空调机平台均不表示，单位大门前可移动的各类雕塑不表示。

分类		内容	简注
编号	名称		
1	钢、钢结构	承重的主要构件是用钢材建造的，包括悬索结构	钢
2	钢、钢筋混凝土结构	承重的主要构件是用钢、钢筋混凝土建造的，如一幢房屋一部分梁柱采用钢、钢筋混凝土构架建筑	砼
3	钢筋混凝土结构	承重的主要构件是用钢筋混凝土建造的，包括薄壳结构、大模板现浇结构及使用滑模、升板等建造的钢筋混凝土结构的建筑物	
4	混合结构	承重的主要构件是用钢筋混凝土和砖木建造的，如一幢房屋的梁，以砖为承重墙，或者梁是用木材建造，柱是用钢筋混凝土建造	混
5	砖木结构	承重的主要构件是用砖、木材建造的，如一幢房屋采用木制房架、砖墙、木柱建造	砖
6	其他结构，如木、竹、土坯结构	凡不属于上述结构的房屋都归此类	木、竹、土或简
7	建筑中的房屋	指已建屋基或虽基本成型但未建成的一般房屋	建
8	破坏房屋	指破坏或半破坏的房屋，不分建筑结构	破
9	棚房	指有棚顶、四周无墙或仅有简陋墙壁的建筑物	棚

（19）机关单位、住宅小区、厂矿门口安装电动门的墙体，单位名称标示墙体，按其实际的投影范围测绘，统一用门墩符号表示。

4.4.2.2　工矿设施的表示

（1）露天采掘场应测绘范围线并注记性质，其内部的地貌可以根据实地情况用等高线表示，也可以只测注高程点，不绘等高线。

（2）大型露天设备、大型水塔、烟囱、液气体存储设备等应测绘范围线，并配以各自的性质注记。

（3）打谷场、球场均应测绘表示并注记性质，但居民地门前和单位内部的小块水泥地可不表示。

（4）单位内部的储水池应区别表示，但如在居民院落内部的可不表示。其内的花圃、花坛、小范围的假石山也不表示，但应在居民院落内部的水泥地坪上适当测注高程。

（5）建筑物顶部的各类微波站、雷达站等不表示，但地面上的各种微波站、雷达站、通信中继站等，应按图式表示。

（6）各种宣传橱窗、广告牌等应表示，但装饰性广告牌不表示。

（7）道路及街道两旁的路灯应表示，单位、住宅小区内部的路灯不表示。

（8）电话亭、咪表、邮政信箱需实测表示。消火栓实测，报亭实测范围线并注"报"字，活动的垃圾箱、临时性岗亭等不表示。

（9）花坛的高度大于地面高度 20cm 以上时，按花坛表示，否则用地类界或与其共用边界的其他地物代码表示。

（10）施工地内部的临时性工棚（房）不表示，施工地内部的地形、地貌也不表示，只在范围内注记"建筑工地"字样。

4.4.3 交通及其附属设施的表示

（1）公路（国道、省道及县乡道）应按对应符号测绘表示，并正确注记等级及编号。

（2）过街天桥及隧道均应据实测绘，隧道的出入口也应测绘准确。公交站台应测绘并用相应符号表示。

（3）城市街道按主干路（四车道及以上）、次干路（二车道）、支路（可通行汽车）分类按《图式》4.4.14 表示。

（4）街道上的车行指示灯、人行指示灯按《图式》4.4.24 表示。

（5）立交桥等大型桥梁的桥墩位置应实测表示，不允许随意配置。各种车行桥均应注记性质及可通过的载重吨数。

（6）城市道路上的路标应表示，各种装饰性的道路指示牌不表示。

（7）交通路口、道路上独立的监视摄像头用 CASS2008 软件中市政部件中的视频监视器符号表示。

（8）渡口、固定码头、浮码头、停泊场均应表示，渡口要注记性质，但旅游船只的停泊场及临时停泊码头不表示。

4.4.4 管线及其附属设施的表示

（1）电力线、通信线路图上可不连线，但骨架线应保留，放在"骨架线"层。以铁塔形式架设的输电线应连线并注记伏数，如 220kV。跨度较大的双杆电力线也应连线。低压电杆的拉杆不表示，高压电杆的拉杆择要表示。

（2）各种电线杆测绘时，均应测绘到图式符号的中心定位点位置，所以测绘时应注意进行方向或距离改正。

（3）依比例表示的架空管线的墩架应实际测绘，不允许随意配置；不依比例表示的架空管线的墩架，转弯处实测，其余可配置表示。

（4）地面上的各种管线，长度小于 10m 时可不表示，地下管线能够判明走向且长度大于 50m 时应表示，否则可不表示。

（5）主要道路上的各种检修井均应表示，但不测范围线；次要道路、巷道、单位及住宅小区、居民地内部的各类检修井不表示；污水篦子、水龙头不表示。

（6）各类过河管线原则上均应表示，但当其图上长度不足以绘制出相应符号时，可不表示。过河管线标应表示。

（7）重要的地下管道，如输气线、输水线、地下光缆，应按桩位实测并连线。

4.4.5 植被的测绘表示

（1）应特别注意地类界的测绘，当一个地块内含有多种小面积的其他植被时，可适当进行综合取舍，只表示主要的地类。

（2）单位内部的植草砖以地类界区分，图上以注记"草砖"表示，放植被层。

（3）城市及居民地内部的零星小面积菜地，统一用旱地表示。

（4）独立树应注记树名，居民地内部的零星散树不表示。

（5）行树、活树篱笆、狭长的竹林、灌木林等应实测端点及弯点，不允许随意配置。

（6）每块水田内部测注一个田面高程点，小块的可不测注。

（7）一般耕地符号配置时，应注意要以其长期耕种的主要作物进行表示。例如，现阶段水田往往可能种植的是蔬菜、西瓜或可能抛荒，但仍应以水田表示。

4.4.6　对以上没有涉及的地形、地貌要素的表示

（1）各类境界线不进行测绘表示。

（2）各类说明注记原则上随层（随被说明地物层）。

（3）其他没有明确的地形、地物按 GB/T 20257.1—2007《1∶500　1∶1000　1∶2000 地形图图式》、××省地方标准 DB33/T 552—2005《1∶500、1∶1000、1∶2000 基础数字地形图测绘规范》要求进行测绘表示。

4.5　图形数据要求

4.5.1　图层设置

为满足市规划局对测绘成果的使用，特制定如表 A-7 所示的分层方案（共分 15 层）。

表 A-7　图形数据分层方案

序号	层名	数据特征	颜色（号）
1	控制点	点、线、注记	红
2	居民地	点、线、注记	紫
3	工矿设施	点、线、注记	11
4	交通设施	线、注记	青
5	管线设施	点、线、注记	黄
6	水系设施	点、线、注记	蓝
7	地貌	点、线、注记	绿
8	高程点	点、注记	红
9	等高线	线、注记	黄
10	植被	点、线、注记	绿
11	房屋分层线	线	紫
12	房屋幢号	注记	白
13	骨架线	线	白
14	图廓	线、注记	白
15	辅助	线	白

注：详见《分层分色模板》。

4.5.2　数据要求

（1）数据满足拓扑关系。

（2）作业环境需统一，包括 CASS 编码、层名、颜色、点符号和线符号。

（3）所有要素（包括注记）必须有唯一的 CASS 编码。

（4）线实体中不得使用圆弧、二维多段线、三维多段线、拟合线等进行数据表达。

（5）植被、水系、工矿设施及地貌土质、房屋等均需满足构面要求，不允许有缝隙存在。

（6）简单房屋、建筑中房屋、破坏房屋、棚房等数据的楼层属性统一赋为 1 层。

（7）房屋按栋采集外边线构面，分层部分用房屋分层线表示。

（8）房屋辅助面包括阳台、廊房、门顶、围墙、台阶、室外楼梯、依比例尺表示的墩（柱）等具有面状结构的房屋附属结构，按范围线采集。

（9）植被、地质地貌类数据按实测范围线，属于零散符号，没有明确边线的不构面。

（10）工矿设施及辅助设施按实测范围线构面。

（11）线状要素遇注记不断开，保持符号及属性的连续。《规范》要求断开的要素除外。

（12）需要标注的单位标志点有工矿企业、机关事业单位、私企公司等的法定名称；地名标志点包括镇（街）名、村名等行政名称。

（13）横排注记可以是字符串，竖排或倾斜注记应根据采用的编辑软件，选择采用单个字符还是字符串注记。

（14）要求注记必须按《基础地理信息要素分类与代码》分类（分层、分编码），与地形、地物分类相对应，注记随目标层，与对象分离，要保持唯一性，允许空格和分行。

（15）注记要注意排列整齐，尽量不压盖其他地物。

（16）平面坐标和高程坐标显示小数位：平面 3 位，高程 2 位。

4.6　其他

（1）数据文件名要统一，如分幅图、测区总图（即标段总图）、分幅接合图等均要用统一规则的文件名。

（2）测区总图以合同标段名作为文件名，如"2014 年 A 市 E 镇、F 镇、G 镇 1∶500 地形图更新测绘"。

（3）分幅图数据文件命名规则：按图幅号命名，即"X – Y"坐标号，如"313.50 – 568.00"。

（4）测绘机关统一注记为：A 市规划局。

（5）测绘成果目录按××省测绘局统一的"市级目录数据库.mdb"格式进行编制。

（6）电子数据成果要满足面向对象、标准化、剖分性（完整、无缝、不重叠）的基本要求。

4.7 数据质量控制

4.7.1 几何精度要求

（1）平面精度、高程精度和基本等高距符合本设计的相关要求。

（2）各要素的图形能正确反映实地地物的形态特征，无变形扭曲。

（3）相邻图幅对应图形、属性一致，对应要素符合接边误差小于 $2\sqrt{2}$ 倍中误差；在不打开线型的情况下，线状地物能严格接边；当由于不同期测图造成不能自然接边时，允许保持不接边状态，但需将问题记录，留待有可靠资料时再进行接边。

4.7.2 数据逻辑一致性要求

（1）数据分层、分色及相关要素处理正确。

（2）所有应实交的地物线划要完全吻合，无悬挂点，有向点、有向线方向正确。

（3）所有要素符号不允许自相交或重复绘制。

4.7.3 属性精度要求

（1）地理要素的分类编码应正确无误。

（2）地理要素的属性信息应完整、正确。

4.7.4 要素完整性要求

（1）地形要素符合本设计书的取舍要求，各种要素正确、完备，无错误和遗漏。

（2）地形要素的几何描述完整。

（3）注记应完整、正确。

（4）地理要素的分层与组织应正确，不得有重复或遗漏。

5 数据编辑与入库

鉴于篇幅限制，该部分内容省略。

6 质量保证措施与质量目标

6.1 一般规定

（1）加强全体作业人员的质量意识教育，加强各工序质量管理，自觉把好测绘产品生产中的质量关。做好小组、作业队和生产单位的三级检查，加强测绘成果成图的外业检查和数据检查，确保达到入库前的有关数据标准。质检工作应贯穿于生产全过程，各级检查应配备足够的技术力量，有组织、有计划地工作。各级检查不得省略或代替，应认真填写检查记录和精度统计表。

（2）项目负责人及各作业员要加强对本项目技术设计书、GB/T 20257.1—2007《图式》及南方 CASS2008 软件的学习，熟练掌握新图式、新软件与旧图式、旧软件的不同之处，能使用新软件正确表示地形地物。

（3）熟练应用"内外业一体化"数字测图技术，不断提高劳动生产率。

（4）做好各种仪器设备的测前检校工作，同时做好各项后勤保障工作，确保测绘工作的顺利开展。

（5）切实做好安全、保密工作，特别是日常交通安全、棱镜杆防触电及山地作业时的人身安全，有效预防各类事故发生。

（6）搞好与当地群众关系，严禁发生斗殴及违纪、违法事件。

6.2 质量检查程序

（1）测前检查：是生产准备的检查。目的是检查技术设计书、生产实施计划及质量安全保证措施是否符合规定且可行；生产所需资料是否齐全，各种仪器、材料等在数量、质量、规格上是否满足作业标准，仪器检验项目和精度是否符合规范要求；作业人员是否熟悉各项作业规定、方法及质量安全规定等。

（2）测中检查：是作业单位对作业组、作业员在生产过程中的工作质量进行的经常性检查，单位质检人员参与指导。目的是及时发现和纠正生产过程中不符合技术标准的作业方法，解决质量方面存在的各种问题，从而不断提高作业质量。检查包括生产初期、生产中期、生产后期 3 个阶段。

（3）测后检查：是在外业工作结束，作业队过程检查已基本完成后，由生产单位质检科组织，对测绘产品作业质量进行的最后一次检查。目的是检查完成的测绘产品是否全面符合技术标准和有关规定，审核作业队对产品质量的评定意见，撰写测区质量检查报告，经项目负责人审核后随产品一并交甲方验收。项目负责人对最后上交给甲方的测绘产品质量全面负责。

6.3 检查方法及数量

（1）检查的方法为室内图面检查、计算机数据检查，室内外巡视检查、仪器设站检查、钢尺量距检查等。

（2）作业组、作业队对成果应进行 100% 的室内外检查。

（3）生产单位质检部门对成果应进行 100% 的室内检查，室外检查不少于 30%。

6.4 图幅拼接与资料整理

6.4.1 图幅拼接

不同作业组施测的地形图，按道路、河流等自然地形划块，接边时注意跨河、道路的电力线、通信线路的连接。图幅接边原则：东南接，西北送。

6.4.2 资料整理

（1）测绘记录资料需要标准化，仪器自动打印记录前要经过编辑处理。记录表格内容包括：文件名称、项目名称、测绘单位名称、比例尺、责任人（作业人、检查人、审查人等）栏，签字、日期、页码（第 n 页共 n 页）及需要说明的信息。

（2）各类文件可分册装订。文件应有封面及扉页，封面应有资料名称、项目名称、测绘单位、项目实施日期、编制单位、编制日期等，并在编制单位处加盖单位公章；扉页有编制人、审核人、项目技术负责人及项目经理签字等。

（3）各类图均应有图框。图框应有以下信息：图名、项目名称、测绘单位、比例尺、各责任人、日期等，属于地形图类图，则按地形图框要求编制。可订入成册文件内的图尽量插入成册文件中，不再单独另出图。

（4）所有文件应有纸质文件（复印件除外）和电子文件。装订成册的纸质文件应与电子文件对应，即纸质成册文件所有文件与电子文件夹内容一致。

（5）项目竣工资料应有总封面及扉页。封面应有资料名称、项目名称、测绘单位、项目实施日期、编制单位、编制日期等，并在编制单位处加盖公章；扉页有编制人、审核人、单位技术负责人及法定代表签字等。

（6）项目质监检验合格后，测绘单位将整改后的最终竣工资料提交建设或监理单位检查，符合要求后与建设单位交接。

7　提交资料

（1）技术设计、技术总结、院级检验报告；

（2）GPS 一级点通视图、GPS 控制网平差资料或 GPS 一级点 RTK 观测记录资料、GPS 一级点点之记；

（3）四等水准观测平差资料；

（4）图根导线观测、计算资料；

（5）控制点成果表；

（6）测区总图；

（7）分幅图；

（8）地形图入库成果；

（9）仪器检定资料、检校资料；

（10）测区分幅接合图；

（11）完整的数据文件一套。

附录B 数字地形图测绘技术总结示例

2014 年度 A 市 1：500 地形图更新测绘

专 业 技 术 总 结

A 市城市勘测院

二〇一四年六月

2014 年度 A 市 1：500 地形图更新测绘

专 业 技 术 总 结

编写单位：（盖章）A 市城市勘测院

编 写 人：

　　　年　　月　　日

审核意见：

审 核 人：

　　　年　　月　　日

目　录

1　概述

1.1　项目名称、任务的来源及内容

根据《A 市"十二五"基础测绘规划》与 2014 年基础测绘年度计划，为了行政区划调整后尽快为 A 市各部门提供东部三镇的 1∶500 大比例尺用图，以及保证测绘成果的完整性和时效性，对东部三镇进行一次性整体完成 1∶500 地形图测绘，我院承担了 1∶500 地形图（DLG）更新测绘项目。

测区位于 A 市新城区（E 镇、F 镇、G 镇）内，区域总面积 136.68 平方千米，实际测绘面积 92.18 平方千米。任务内容主要为一级 GNSS 控制测量、图根控制测量、数字化地形测量、数据入库。

1.2　完成工作量

（1）布设一级 GNSS 点 941 个。

（2）沿一级 GNSS 点线路敷设 6 个水准环、5 条附合水准，观测四等水准线路 84.0 千米。

（3）布设图根点 5945 个。

（4）测绘 1∶500 地形图 92.18 平方千米。

1.3　测区概况和已有资料的利用情况

1.3.1　测区自然地理概况

测区位于 A 市新城区东部三镇，北部地势平坦、东南部以山地为主。测区年平均气温 16.5℃，平均降水量 1438mm。测区内交通便捷，G104 国道、G329 国道等主要道路穿境而过。

1.3.2　已有资料的利用情况

1.3.2.1　平面控制资料

测区内及周边有 A 市城市控制网改造中布设的三、四等 GNSS 点。本次采用 S121、A3009、A3017、A3018、A3019、A3020、B2004、B4012、B4049、B4061 等，其成果属 A 市城市坐标系，作为整个测区的平面起算点。

1.3.2.2　高程控制资料

测区内有 A 市城市控制网改造中布设一、二、三等水准点。本次采用 Ⅰ15、Ⅰ22（06）、Ⅱ02、Ⅱ03、Ⅱ11、Ⅱ3-28、Ⅳ3-26、3017、S316，其成果属 1985 国家高程基准（二期）成果，作为整个测区的高程起算点。

1.3.2.3　地形图资料

测区有 1∶10 000 数字地形图，作为控制点位设计用图。

2 技术设计执行情况

2.1 作业技术依据

（1）CJJ/T 8—2011《城市测量规范》（以下简称《规范》）；

（2）CJJ/T7 3—2010《卫星定位城市测量技术规范》；

（3）CH/T 2009—2010《全球定位系统实时动态测量（RTK）技术规范》；

（4）GB/T 12898—2009《国家三、四等水准测量规范》（以下简称《水准测量规范》）；

（5）GB/T 13923—2006《基础地理信息要素分类与代码》；

（6）GB/T 20257.1—2007《国家基本比例尺地图图式第一部分：1∶500 1∶1000 1∶2000 地形图图式》（以下简称《图式》）；

（7）DB33/T 552—2005《1∶500 1∶1000 1∶2000 基础数字地形图测绘规范》；

（8）ZCB 001—2005《××省1∶500、1∶1000、1∶2000 基础数字地形图产品检验规定和质量评定》；

（9）GB/T 20258.1—2007《基础地理信息要素数据字典 第1部分：1∶500 1∶1000 1∶2000 基础地理信息要素数据字典》；

（10）《××省基础地理信息要素字典》；

（11）DB33/T 817—2010《基础地理信息要素分类与图形表达代码》；

（12）《A市基础地理信息建设标准与规范》；

（13）《A市大比例尺基础地理信息数据生产技术规定》；

（14）《A市基础地理信息数据建库技术规定》；

（15）《"4D"产品数据成果入库提交技术规定》；

（16）《A市基础地理信息分类与代码》；

（17）《A市基础地理信息要素数据字典》；

（18）《A市基础地理信息要素矢量模型》；

（19）《A市基础地理信息元数据标准》；

（20）本项目技术设计书。

2.2 基本技术参数

（1）平面系统采用 A 市城市坐标系（系投影面为 −242m 的抵偿坐标系）。

（2）高程采用 1985 国家高程基准（二期）。

（3）建筑区和平坦地区采用数字测图。测绘地物的平面位置和高程注记点，一般不测绘等高线，基本等高距 0.5m，山地山体基本等高距 1m。

（4）测图比例尺为 1∶500，图幅规格为 50cm×50cm。

（5）图幅编号采用该图幅西南角坐标整千米数作图号，可取图名的则加注图名。

（6）控制测量软件：一级 GNSS 网检测采用华测 Compass 软件进行基线解算和控制网平差；四等水准平差计算采用武汉大学测绘学院现代测量平差软件包。

（7）地形图数据格式：成图采用 CASS9.1 软件，生成 *.dwg 格式数据。

（8）地物点精度按 DB33/T 552—2005《1：500 1：1000 1：2000 基础数字地形图测绘规范》执行，如表 B-1 所示。

表 B-1 地物点点位中误差与间距中误差

地物点类型	相对邻近图根点点位中误差（cm）	相邻地物点间距中误差（cm）
一类地物点	±5.0	±5.0
二类地物点	±7.5	±7.5
三类地物点	±25.0	±20.0

（9）地形图高程精度按 DB33/T 552—2005《1：500 1：1000 1：2000 基础数字地形图测绘规范》执行，高程注记点相对于邻近图根点的高程中误差不得大于 ±15cm。

2.3 平面控制测量

2.3.1 一级 GNSS 控制网布设基本要求

控制点布设原则：便于观测和利用、稳固和易于长期保存。所有一级 GNSS 点原则上要求有 2 个以上通视方向，通视有困难的点保证至少要有一个通视方向。

本次测量，共布设一级 GNSS 点 941 个，控制面积 92.18 平方千米，满足设计要求。

2.3.2 选点与埋石

2.3.2.1 选点

（1）首先按照控制网布设略图进行实地选点。一级 GNSS 点选在视野开阔、被测卫星的地平高度角大于 15°、地基稳固、能够长期保存、便于安置接收设备和操作的地方。

（2）一级 GNSS 点点位与大功率无线电发射源（如电视台、微波站等）的距离均大于 200m，与高压输电线（10kV 以上）的距离大于 50m。

2.3.2.2 埋石

（1）硬质路面：用工程钻机打孔取芯，将铺设的材料（如水泥）取出，把搅和好的水泥砂浆灌入，再嵌入控制点标志，不做平台，与路面同高。对于个别不能埋设预制标石的地方也采用此方法（如沥青路）。

（2）土质及沙石路面：埋设预制标石，标石上表面高出地面 3~5cm。

2.3.2.3 标志类型

一级 GNSS 点标志使用不锈钢标志。

2.3.2.4 一级 GNSS 点编号

一级 GNSS 点编号为"N×××"，为 N001~N941。

2.3.3 一级 GNSS 点主要技术指标和外业观测

2.3.3.1 根据技术设计书要求控制点技术要求如表 B-2 和表 B-3 所示。

表 B-2　RTK 平面控制点测量技术要求

等级	相邻点间平均边长（m）	点位中误差（cm）	边长相对中误差	观测次数	起算点等级
一级	≥500	≤±5	≤1/20000	≥4	四等及以上
二级	≥300	≤±5	≤1/10000	≥3	一级及以上
三级	≥200	≤±5	≤1/6000	≥2	二级及以上

表 B-3　RTK 高程控制点测量主要技术

等级	高程中误差（cm）	观测次数	起算点等级	备注
四等	≤±3	≥2	三等及以上水准	利用 A 市精化水准面模型，并经过 10% 以上点的外业检测合格后，方可使用
等外	≤±5	≥2	四等及以上水准	

2.3.3.2　外业观测

（1）观测方式确定

本项目一级 GNSS 控制点采用 GNSS-RTK 方式测量。RTK 作业使用 A 市 CORS 系统，施测采用 A 市 CORS 信号以网络 RTK 方式进行。采用双频 GNSS 接收机分别对控制点进行 GNSS-RTK 测量。

（2）RTK 转换参数确定

2000 坐标系与城市坐标系间转换参数采用 A 市 CORS 系统的转换参数，高程模型采用 A 市区大地水准面精化模型。作业采用统一的参数模型。

（3）一级 GNSS-RTK 点外业观测

按照设计要求，对每个控制点进行 2 组 GNSS 观测（要求在不同时间段进行观测）。每组初始化观测 2 次，互差在 3cm 之内取中数作为本组观测成果数据，超限重测；两组观测值的点位互差在 4cm 之内，取中数作为最终成果，超限重测。

GNSS-RTK 流动站观测一级控制点时应采用三脚架对中、整平（对中误差不大于 2mm），天线高测前丈量 2 次取中数。

GNSS-RTK 观测的采样间隔为 1s，每次观测历元 30 个，有效观测卫星数 ≥5 个，PDOP 值 ≤6。

每天观测结束后，应及时将数据转存到计算机硬盘且及时备份，确保观测数据不丢失。

2.3.4　一级 GNSS 控制网观测仪器的使用

（1）南方 GNSS 接收机 3 台。

（2）中纬 ZDL700 自动安平水准仪 2 台。

接收机标称精度均满足《卫星定位城市测量技术规范》的要求。

2.4　高程控制测量

本次高程控制测量采用四等水准与 GNSS-RTK 技术相结合。对于一级点，采用 A 市精化水准面模型，辅以四等水准均匀复核了 260 个一级点（占 27.6%），检测结果为 ±2.4cm。

2.4.1 水准检测

用四等水准精度对起算点进行了检测，检测结果如表 B-4 所示。

表 B-4 水准起算点检测表

起止点	路线长度（km）	观测高差（m）	理论高差（m）	高差不符值（mm）	高差容许值（mm）
Ⅱ02—Ⅱ03	5.719	-0.1710	-0.185	14.0	±71.7
Ⅱ03—Ⅰ22（06）	5.490	0.7414	0.733	8.4	±70.2
Ⅱ02—Ⅰ15	14.261	-0.1879	-0.210	22.1	±113.2
Ⅱ03—3017	6.723	0.3135	0.303	10.5	±77.7
S316—Ⅱ3-28	10.108	-46.1233	-46.135	11.7	±95.2
Ⅰ15—Ⅱ3-28	13.198	0.5145	0.496	18.5	±108.9
Ⅱ3-28—Ⅱ11	5.145	20.6556	20.659	-3.4	±68.0
Ⅱ11—Ⅳ3-26	5.395	-20.2485	-20.261	12.5	±69.6

布设四等水准网作为本测区的首级高程控制检测，四等水准路线均匀布设，覆盖全测区，组成多结点水准网，水准环、线的布设原则满足《国家三、四等水准测量规范》的规定。

水准测量使用中纬电子水准仪观测。在使用前，水准仪做了以下几项检验：水准仪的检定、i 角检校。

水准观测在标尺分划线成像清晰、稳定时进行。视线长度、前后视距差、视线高度按表 B-5 所示规定执行。

表 B-5 四等水准测量的主要技术要求（DB33/T 552—2005）

等级	水准线路长度（km）	视线度（m）	前后视距差（m）	前后视距累积差（m）	视线高度（m）	基辅分划或黑红面读数差（mm）	基辅分划、黑红面或两次高差的差（mm）	附合路线闭合差（平地、丘陵）（mm）
四等	≤15	≤80	≤5.0	≤10.0	三丝能读数	3.0	5.0	$±20\sqrt{L}$

注：L 为路线长度，不足 1km 按 1km 计；当成像清晰、稳定时，视线长度可以放长 20%。

2.4.2 四等水准观测

四等水准测量观测顺序为：后—后—前—前。

水准野外测量记录采用电子记簿并集册提交。

视距 2 次读数取其平均值作为最终的视距。

2.4.3 水准网平差

四等水准网平差计算采用武汉大学测绘学院现代测量平差软件包。四等水准网均组成闭合环和附合路线进行检查，总长度84.046km，网中误差为±3.5mm，其精度均符合限差要求。

2.5 地形图更新测绘

2.5.1 图根控制

在测区一级GNSS控制的基础上加密图根控制网，图根控制采用GNSS-RTK方式测量或图根导线形式布设。图根导线主要为附合导线和结点导线网，个别导线无法贯通的地区，采用支导线形式补充。

本测区内共布设图根点5945点，满足设计要求每平方千米64点的要求。

2.5.1.1 图根点的编号

图根点以"英文大写字母"加序号，如NA001、NA002……或NB001、NB002……（N代表2014年，A、B代表作业组代号或随机分配）。

2.5.1.2 图根点的埋设

图根点一般设置临时标志，土质地面打入20cm长的木桩，木桩上钉上小钉，铺装地面打入10cm长的钢钉，或打"＋"字，刻方框，红漆涂描。

2.5.1.3 图根GNSS-RTK测量

GNSS-RTK每个工作日联测多于一个的高等级控制点，通过联测检查，平面及高程精度均满足设计要求。

RTK图根施测采用A市CORS信号以网络RTK方式进行，测量手簿设置控制点单次观测的平面收敛精度≤±2cm，高程收敛精度≤±3cm。RTK平面控制点测量流动站观测时采用三脚架对中、整平，每次观测历元数大于20个，采样间隔2s。各次测量的平面坐标、高程较差满足≤±4cm要求后，取中数作为最终结果。

2.5.1.4 图根RTK测量质量检核

图根RTK测量精度的检测，是在地形图外业数据采集时测站检查时进行。经各测站实地检查，图根点测量精度良好。

2.5.1.5 图根导线测量

图根导线使用全站仪观测，并自动记录。观测之前对全站仪、对中杆进行检校，正确设定全站仪的各项常数。平差计算采用北京清华山维工程测量控制网微机平差系统NASEW95程序，相关数据及成果由计算机统一输出成电子数据。

2.5.2 地形图测绘基本要求

2.5.2.1 成图软件选择

本次测绘采用南方CASS9.1，成果提供DWG格式，便于后续处理时内码转为统一编码。

2.5.2.2 数据采集

（1）测图范围内的地物点、地形点原则上均实测坐标，个别隐蔽建筑物拐点无法实测的，采用交会法或勘丈法补充。

（2）每次设站开始测图前，进行测站点检查，检查结果不超限时，再进行碎部点测量。

（3）立尺点与图式符号的定位点或定位线严格一致。减弱棱镜常数对碎部点的误差影响，测图时使用小棱镜，并在全站仪设置中加入棱镜常数改正。

（4）碎部高程测量：高程碎部点均实测，高程点的测注位置较好地反映整体地势的变化情况。

（5）依山而建的房屋，其房后的坎子均测绘完整，并适当测注高程，高程点的密度及位置以满足绘制等高线的要求为准。

2.5.3 地形图测绘具体要求

2.5.3.1 水系及其附属设施的表示

（1）河流、沟渠、池塘均测绘岸边线，不测绘水涯线；其中的小岛测绘水涯线。

（2）堤坝测注坝顶高程，注记结构性质。

（3）沟渠的宽度图上大于 1.0mm 时以双线表示，小于 1.0mm 时用单线表示，单线沟渠的立尺点在沟渠的中心线上。

（4）道路两边的排水沟当实际长度大于 10m 时，用水沟符号表示，否则不表示。

（5）各式水闸、滚水坝、拦水坝均测绘，水闸测绘高程及性质注记。

（6）河岸上栅栏连同陡坎按《图式》4.2.43（b）的形式表示，放入水系层。

（7）城市建成区内有纪念意义的古井、公用水井均测绘表示，但农村居民地院落内的不表示，机井注记"机"字。

2.5.3.2 居民地和垣栅的测绘表示

（1）围墙、栅栏、栏杆一般测绘外边线，考虑到建立拓扑关系的需要，测绘时要大概判断一下归属，并考虑到这类线状地物的整体构造。

（2）对于栏杆式围墙，按谁占主体表示谁的原则进行表示。当底座高出地面 1.0m 以上（含 1.0m）时，按围墙表示，否则按栏杆表示，测点位置在底座的拐点处。

（3）房屋的阳台和飘楼，分别采用相应的图示符号表示。

（4）架空房屋以房屋的外围轮廓投影为准，四角支柱实测表示。

（5）正规悬空房屋（无柱）包括楼梯间，图上宽度达 1mm 的，均按《图式》要求测绘表示。

（6）门廊以柱或围护物为准，独立门廊以顶盖投影为准，支柱位置均实测。

（7）室外楼梯、台阶按投影测绘，但台阶图上不足 3 级的不表示；室外楼梯、台阶、阶梯路上的休息平台，长度在 1m 以上（含 1m）据实表示，使用与该幢房屋一致的编码。

（8）临时性房屋不表示，建筑物顶层的楼梯间、电梯间、水箱间、临时性搭盖、假（夹）层、插层、阁楼（暗楼）、装饰性塔楼均不计算层数，也不表示。

（9）建筑中房屋据实测绘，若外形已确定，并能调注材料、层数但尚未竣工，按建成房屋表示。

（10）不规则简易房用相应编码测绘轮廓线，并在其中加注"简"字。

（11）对不宜实际测绘分割的裙楼按其最高层标注。

（12）房屋底层的车库不计算层次（如设计时层高超过 2.2m，且理论上应算作独立层的除外）。如底层车库的外围轮廓线在房屋的主体结构线之外，则多出部分按房屋据实表示，注"车"。地下室出入口据实表示。

（13）地下室按《图式》4.3.1（b）形式表示，其结构层次按"砼15－2"形式表示，其中15表示地上层数，－2表示地下层数。

（14）门顶、雨罩等只表示企事业单位、机关团体等较大型的，农村居民地和住宅小区内较小的不表示。门墩图上宽度大于1.0mm（含1.0mm）的，依比例表示，否则按不依比例表示。

（15）单位名称注记全名。

（16）房屋建筑结构分类严格按表B-6所示执行。

表B-6　房屋建筑结构分类（DB33/T 552—2005 附录B）

分类		内容	简注
编号	名称		
1	钢、钢结构	承重的主要构件是用钢材建造的，包括悬索结构	钢
2	钢、钢筋混凝土结构	承重的主要构件是用钢、钢筋混凝土建造的，如一幢房屋一部分梁柱采用钢、钢筋混凝土构架建筑	砼
3	钢筋混凝土结构	承重的主要构件是用钢筋混凝土建造的，包括薄壳结构、大模板现浇结构及使用滑模、升板等建造的钢筋混凝土结构的建筑物	
4	混合结构	承重的主要构件是用钢筋混凝土和砖木建造的，如一幢房屋的梁，以砖墙为承重墙，或者梁是用木材建造，柱是用钢筋混凝土建造	混
5	砖木结构	承重的主要构件是用砖、木材建造的，如一幢房屋采用木制房架、砖墙、木柱建造	砖
6	其他结构，如木、竹、土坯结构	凡不属于上述结构的房屋都归此类	木、竹、土或简
7	建筑中的房屋	指已建屋基或虽基本成型但未建成的一般房屋	建
8	破坏房屋	指破坏或半破坏的房屋，不分建筑结构	破
9	棚房	指有棚顶、四周无墙或仅有简陋墙壁的建筑物	棚

（17）新增设"房屋幢号"层，描述房屋幢号信息，在图上把房屋幢号以括号形式按自然数标注在房屋右上角，房屋幢号编码220009。

（18）室外空调机平台均不表示，单位大门前可移动的各类雕塑不表示。

（19）机关单位、住宅小区、厂矿门口安装电动门的墙体，单位名称标示墙体，按其实际的投影范围测绘，统一用门墩符号表示。

2.5.3.3　工矿设施的表示

（1）露天采掘场均测绘范围线并注记性质，其内部的地貌根据实地情况测注高程点，不绘等高线。

（2）大型露天设备、大型水塔、烟囱、液气体存储设备等测绘范围线，并配以各自的性质注记。

（3）打谷场、球场均测绘表示并注记性质，居民地门前和单位内部的小块水泥地不表示。

（4）单位内部的储水池区别表示，但居民院落内部的不表示。其内的花圃、花坛、小范围的假石山不表示，但在居民院落内部的水泥地坪上适当测注高程。

（5）建筑物顶部的各类微波站、雷达站等不表示，地面上的各种微波站、雷达站、通信中继站等，按图式表示。

（6）各种宣传橱窗、广告牌等均表示，装饰性广告牌不表示。

（7）道路及街道两旁的路灯均表示，单位、住宅小区内部的路灯不表示。

（8）电话亭、咪表、邮政信箱等市政部件均实测表示。消火栓实测，报亭实测范围线并注"报"字，活动的垃圾箱、临时性岗亭等不表示。

（9）花坛的高度大于地面高度 20cm 以上时，按花坛表示，否则用地类界或与其共用边界的其他地物代码表示。

（10）施工地内部的临时性工棚（房）不表示，施工地内部的地形、地貌不表示，只在范围内注记"施工地"字样。

2.5.3.4 交通及其附属设施的表示

（1）公路（国道、省道及县乡道）按对应符号测绘表示，并正确注记等级及编号。公路、街道按其铺面材料分类，以砼、沥、砾、石、砖、碴、土等注记于图中路面上，铺面材料改变处，用地类界符号分开。

（2）过街天桥及隧道均据实测绘，隧道的出入口均测绘准确。公交站台测绘并用相应符号表示。

（3）城市街道按主干路（四车道及以上）、次干路（二车道）、支路（可通行汽车）分类按《图式》4.4.14 表示。

（4）街道上的车行指示灯、人行指示灯按《图式》4.4.24 表示。

（5）立交桥等大型桥梁的桥墩位置均实测表示。各种车行桥均注记性质。

（6）城市道路上的路标均表示，各种装饰性的道路指示牌不表示。

（7）交通路口、道路上独立的监视摄像头用 CASS 软件中市政部件中的视频监视器符号表示。

（8）渡口、固定码头、浮码头、停泊场均表示，渡口注记性质，旅游船只的停泊场及临时停泊码头不表示。

2.5.3.5 管线及其附属设施的表示

（1）电力线、通信线路不连线，骨架线应保留，放在"骨架线"层。以铁塔形式架设的输电线均连线并注记伏数。跨度较大的双杆电力线均连线。低压电杆的拉杆不表示，高压电杆的拉杆择要表示。

（2）各种电线杆测绘时，均测绘到图式符号的中心定位点位置。

（3）依比例表示的架空管线的墩架均实际测绘；不依比例表示的架空管线的墩架，转弯处实测，其余的配置表示。

（4）地面上的各种管线，当长度小于10m时不表示，地下管线能够判明走向且长度大于50m时表示，否则不表示。

（5）主要道路或主干管线上的各种检修井均表示，不测范围线；次要道路、巷道、单位及住宅小区、居民地内部的各类检修井不表示；污水篦子、水龙头不表示。

（6）各类过河管线均表示，当其图上长度不足以绘制出相应符号时，不表示。过河管线标均表示。

（7）重要的地下管道，如输气线、输水线、地下光缆按桩位实测并连线。对过境新城区的国家重要管线均据实测绘上图，注记专有名称，准确表示位置走向。

2.5.3.6 植被的测绘表示

（1）当一个地块内含有多种小面积的其他植被时，适当进行综合取舍，只表示主要的地类。

（2）单位内部的植草砖以地类界区分，图上以注记"草砖"表示，放植被层。

（3）城市及居民地内部的零星小面积菜地，统一用空地表示。

（4）高大、有明显方向意义或纪念意义的独立树均表示，有名称的注记树名，居民地内部的零星散树不表示。

（5）行树、活树篱笆、狭长的竹林、灌木林等均实测端点及弯点。

（6）每块水田内部测注一个田面高程点。

（7）一般耕地符号配置时，以其长期耕种的主要作物进行表示。

2.5.3.7 对以上没有涉及的地形、地貌要素的表示

（1）各类境界线不进行测绘表示。

（2）各类说明注记随层。

（3）其他没有明确的地形、地物按 GB/T 20257.1—2007《1：500 1：1000 1：2000 地形图图式》、××省地方标准 DB33/T 552—2005《1：500、1：1000、1：2000 基础数字地形图测绘规范》要求进行测绘表示。

2.5.4 图形数据要求

2.5.4.1 图层设置

图层设置按如表 B-7 所示分层方案（共分 15 层）。

表 B-7 图形数据分层方案

序号	层名	数据特征	颜色（号）
1	控制点	点、线、注记	红
2	居民地	点、线、注记	紫
3	工矿设施	点、线、注记	（11）
4	交通设施	线、注记	青
5	管线设施	点、线、注记	黄

序号	层名	数据特征	颜色（号）
6	水系设施	点、线、注记	蓝
7	地貌	点、线、注记	绿
8	高程点	点、注记	红
9	等高线	线、注记	黄
10	植被	点、线、注记	绿
11	房屋分层线	线	紫
12	房屋幢号	注记	白
13	骨架线	线	白
14	图廓	线、注记	白
15	辅助	线	白

2.5.4.2　数据要求

（1）数据满足拓扑关系。

（2）作业环境统一，包括 CASS 编码、层名、颜色、点符号和线符号。

（3）所有要素（包括注记）只有唯一的 CASS 编码。

（4）线实体中不使用圆弧、二维多段线、三维多段线、拟合线等进行数据表达。

（5）植被、水系、工矿设施及地貌土质、房屋等均满足构面要求，没有缝隙存在。

（6）简单房屋、建筑中房屋、破坏房屋、棚房等数据的楼层属性统一赋为 1 层。

（7）房屋按栋采集外边线构面，分层部分用房屋分层线表示。

（8）房屋辅助面包括阳台、廊房、门顶、围墙、台阶、室外楼梯、依比例尺表示的墩（柱）等具有面状结构的房屋附属结构，按范围线采集。

（9）植被、地质地貌类数据按实测范围线，属于零散符号，没有明确边线的不构面。

（10）工矿设施及辅助设施按实测范围线构面。

（11）线状要素遇注记不断开，保持符号及属性的连续。《规范》要求断开的要素除外。

（12）需要标注的单位标志点有工矿企业、机关事业单位、私企公司等的法定名称；地名标志点包括镇（街）名、村名等行政名称。

（13）横排注记可以是字符串，竖排或倾斜注记应根据采用的编辑软件，选择采用单个字符还是字符串注记。

（14）注记按《基础地理信息要素分类与代码》分类（分层、分编码），与地形、地物分类相对应，注记随目标层，与对象分离，要保持唯一性，允许空格和分行。

（15）注记排列整齐，尽量不压盖其他地物。

（16）平面坐标和高程坐标显示小数位：平面 3 位，高程 2 位。

2.5.5　其他

（1）数据文件名统一，如分幅图、测区总图（即标段总图）、分幅接合图等均用统一规则的文件名。

（2）测区总图以合同标段名作为文件名，如"1∶500 地形图（DLG）更新测绘（2014）"。

（3）分幅图数据文件命名规则：按图幅号命名，即"X - Y"坐标号，如"313.50 - 568.00"。

（4）测绘机关统一注记为：A 市规划局。

（5）测绘成果目录按××省测绘局统一的"市级目录数据库.mdb"格式进行编制。

（6）电子数据成果要满足面向对象、标准化、剖分性（完整、无缝、不重叠）的基本要求。

2.6 数据编辑与入库

本项目对 A 市区 2014 年度更新测绘的地形图数据入库，以 ArcGIS 格式存储在 Oracle 数据库中。

对 E 镇、F 镇、G 镇 92.18 平方千米测绘的地形图按新数据库要求入库。入库的主要方法是：根据 A 市数据分层标准将 DLG 数据进行分层，将分层正确的数据转换成 ArcGIS 的 File Geodatabase 格式；根据系统要求的属性结构进行各层属性结构的建立并赋相应属性，数据检查无误后进行数据入库。考虑到工作的简便性，初步只对本次修测的工作先构面赋值、数据整理、入库检查。待完成法定质检后，再导入原市区 GIS 库，进行接边处理等。

2.6.1 技术流程（如图 B-1 所示）

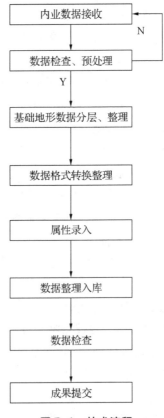

图 B-1 技术流程

2.6.2　数据格式转换

FME2012 和 ArcGIS10 平台。GDB 格式转换成 DXF，再导入 DXF 格式数据到 WalkISurvey2012 软件。建库完成后导出 E00 数据，然后利用 FME 转换，最后导入 ARCGIS，生成 GDB 格式数据。

数据转换是由程序自动实现的，人工干预得少，基本保证图属一致性。为了验证数据转入的正确性，将原数据以加入接边工程的方式导入底图，进行相应的检查和比对。

图形数据检查主要是检查转入的图形和原 DWG 图形有无变化，地图坐标系统是否一致，实体对象的属性是否正确。

2.6.3　属性录入

对转换后的数据，用自编程序对要素进行代码赋值，其属性按照标准属性结构进行属性录入，以满足数据建库的要求。

属性录入完成后，对各层的属性进行属性数据检查，主要包括字段非空检查、字段唯一性检查、字段值范围检查。

检查各图层的图形数据和属性数据是否一致，属性是否正确，要素代码是否为空。

2.6.4　各类要素处理原则

2.6.4.1　测量控制点要素类处理

（1）测量控制点点要素处理

将测量控制点归并到 SCP_PT 层。测量控制点必须表示完整，如果该测量控制点处只有点名，而根据点的坐标信息能够判断出高程的，要把高程值加到测量控制点点名下方，如无法判断高程值则将其删除。

（2）测量控制点线要素处理

将测量控制点短横线归并到 SCP_LN 层。统一用测量控制点分数线表示。

（3）测量控制点注记要素处理

将测量控制点注记归并到 ANNO 层。在归并图层后，对没有测量控制点符号有点号或有控制点符号没有注记高程的，将该测量控制点删除。

2.6.4.2　水系要素类处理

（1）水系点要素处理

将水系点归并到 HYD_PT 层。对于水系点要素中的有向点要素，要根据其所指示的方向赋旋转角度，即沟渠用沟渠流向，河流用河流流向。对于有名称的泉等水系点，将其名称赋到水系点的名称属性里。

（2）水系线要素处理

将水系线归并到 HYD_LN 层。

除储水池等人工形成的水系面以外，都要根据水系面反衍生成常水位岸线，当常水位岸线与防洪墙等其他水系线要素重叠时，重叠表示；接边处的常水位岸线要删除，同时删除两条河流交叉处的常水位岸线。

依比例涵洞以涵洞出入口线、边线和结构线配合表示；不依比例涵洞用点符号表示；半依比例涵洞用涵洞线表示，并赋相应代码。

依比例水闸以水闸上、下的上边线及结构线同时配以水闸符号表示，如有水闸名称，要在水闸结构线中赋名称属性。

加固岸根据原始底图区分，如有防洪墙、无防洪墙、有栏杆、防洪墙有栅栏等，分类代码赋为相应类型的加固岸代码。

（3）水系面要素处理

水系构面时，要以原始底图的水系边线作为边界进行，当水系面遇桥梁及依比例涵洞时，要将河流面贯通表示。当水系遇桥梁时，如水系较桥梁宽，要以桥边线作为水系面的边线，反之以水系原来宽度进行构面；当水系面遇涵洞时，处理方法同上；当水系面遇到台阶或室外楼梯时，将台阶或室外楼梯扣除。

水系构面时要将水系名称属性赋到名称属性里，当水系面交叉时要区分不同的情况对水系进行不同形式的构面处理。

有名称的河流与没有名称的河流交汇时，有名称的河流构成一个完整面，没有名称的河流断开，分别构面。有名称的河流与荡漾湾交汇时，河流与荡漾湾分开构面。

同时，沟渠构面时要根据原始底图的沟渠边线来区分支渠与干渠，即原始底图沟渠边线为地面干渠的要构地面干渠面，为地面支渠的构地面支渠面。有名称的沟渠要赋名称属性。

当植被符号出现在以土质无滩陡岸或石质无滩陡岸所围成的封闭区域内，将该封闭区域作为池塘面处理，并在水系面的使用类型中赋相应的植被名称。植被注记仍放到植被与土质注记层，植被与土质面层不再构面。

（4）水系注记要素处理

将转换后的注记根据图层及注记内容统一归并到 ANNO 层。

2.6.4.3　居民地及设施要素类处理

（1）居民地及设施点要素处理

将居民地点归并到 RES_PT 层。对于居民地点要素中的有向点要素，要根据其所指示的方向赋旋转角度。将归并图层后的 ANNO 层根据其所表示的具体内容生产居民地名称属性点。

其中，由于村名无法区分行政等级，故将所有的村名归并为行政村，并赋行政村分类代码。其他注记无法明确判断属于哪类地物的，要根据其内容进行归并，一般可归并为其他企、事业单位。

旅游点根据性质，赋以相应的公园、景点等代码。如果注记内容表示的为庙宇、土地庙等点状地物，要将名称赋值到相应的庙宇及土地庙点的名称属性里。所有的名称属性点都必须保持唯一性，只保留能够概略表示该地名的名称属性点。

（2）居民地及设施线要素处理

将房屋线除外的居民地及设施线（如围墙等）归并到 RES_LN 层，房屋线不入库。

围墙用围墙内边线、外边线统一表示，赋相应代码，不依比例围墙统一转换为围墙线。围墙短线删除。

地下建筑物出、入口为有向点，要根据原始数据中的辅助线及其所示方向来采集建筑物出、入口的方向，如图 B-2 所示。并将旋转角度赋到建筑物出、入口点的旋转角度属性中。

(a) 原始建筑物出、入口（线）

(b) 采集建筑物出、入口（点）

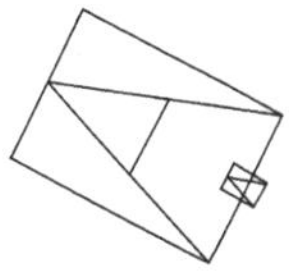

图 B-2 建筑物出、入口方向的处理

原始数据的宣传橱窗（广告牌）包括骨架线及配置线。根据转换后的宣传橱窗代码将骨架线入库，并赋宣传橱窗、广告牌（线）的代码。

原始数据中的阳台线要严格按照底图进行入库，并根据原始底图的实际位置进行阳台构面。

原始数据中的活树篱笆用骨架线配以活树篱笆符号表示，在入库时将活树篱笆的配置符号删除，只入库活树篱笆线并赋活树篱笆线代码。

原始数据中的悬空通廊是以骨架线配以边线和符号线表示的，在入库时将悬空通廊的骨架线转为边线，符号线转为配置线，并赋相应代码。

原始底图的室外楼梯及台阶没有区分边线及配置线的，在入库时根据转换后的数据重新区分边线及配置线。

（3）居民地及设施面要素处理

一般居民地面根据房屋边线进行构面，在构面前需对房屋边线及阳台线进行拓扑处理，使其完全封闭。同时，要根据原始底图对房屋的类别进行区分，如一般房屋、棚房、简单房、破房等类型，并赋相应的分类代码。对于一般房屋要根据原始底图注记赋建筑结构和层数属性。对于原始底图中没有标注结构或层数的相应属性值为空。

喷水池要根据原始底图的轮廓线进行构面；积肥池根据原始底图的轮廓线进行构面表示，原始数据中标注"厕"字的封闭区域，要进行构面并赋厕所面代码。

阳台以阳台线及阳台面进行构面表示，要根据原始底图的阳台线及房屋线进行构面，同时对阳台面及阳台线分别赋分类代码属性。

露天体育场面要进行构面，并配以内跑道线进行表示，当露天体育场面中标注"球"字时，根据外跑道线构面表示。

原始数据中的水闸房屋、抽水机泵房，将其构面并归并到 RES_PT 层，用一般房屋面表示，其余均不构面。

原始数据中有温室、大棚点的要采集温室点，有温室、大棚轮廓线的要采集轮廓线，温室、大棚不构面。当温室、大棚的边线用房屋边线表示时，将温室用相应的房屋面表示。粮仓等其他附属设施的处理方法同温室、大棚的处理方法。

（4）居民地注记要素处理

根据转换后注记要素的图层名属性及内容属性，将居民地注记归并到 ANNO 要素层。

2.6.4.4　交通要素类处理

（1）交通点要素处理

将交通点归并到 TRA_PT 层。对于标有"停车场"的注记，要根据其所指示的实际位置生成停车场点，并赋停车场点代码。

（2）交通线要素处理

将交通线归并到 TRA_LN 层，交通层不构面。原始数据中无道路中心线的，要根据转换后的道路边线，绘出道路结构线。凡是有路名的主干道，要绘出道路结构线，并赋道路名称及宽度属性。对有名称或通路的桥采集结构线，结构线赋名称及宽度属性。桥通路时，桥结构线要与道路结构线重叠表示。

单层桥入库时只入骨架线代码，同时采集结构线。其他类型的车行桥同单层桥处理方法。

原始底图中的门洞、下跨道归并到 TRA_LN 层。入库时，门洞、下跨道只入门洞、下跨（线）赋相应的代码，配置短线不再入库。

（3）交通注记要素处理

将转换后的注记要素根据其图层属性及注记内容归并到 ANNO 层。

2.6.4.5　管线要素类处理

（1）管线点要素处理

将管线点归并到 PIP_PT 层。根据分类代码表，将原始数据中的有向点通过编码转换转为相应数据库代码，并赋旋转角度。原始数据中为井盖的，将其归类为井，其他管线点要与相应的管线配套进行表示。不同的电杆区别表示，其中输电电杆沿用省标准（分类编码为 5103010104），新增配电电杆（分类编码为 5102010104）、通信电杆（分类编码为 5201010104）。

（2）管线线要素处理

将管线（线）归并到 PIP_LN 层。各类管线要与相应的管线附属设施配套表示。

（3）管线注记要素处理

将管线注记要素根据其图层属性及注记内容归并到 ANNO 层。

2.6.4.6　地貌要素类处理

（1）地貌点要素处理方法

将地貌点要素转换后，根据分类代码归并到 TER_PT 层。对于高程点统一转换为高程注记点中的高程。对于山体上的山峰点，如果有名称则要在山峰点的名称属性中赋名称属性。

（2）地貌线要素处理

将转换后的线要素（即分类代码以"7"开头的线要素）归到 TER_LN 层。

对于自然斜坡，用自然斜坡（坡脚线）、自然斜坡（坡顶线）及配以自然斜坡（齿线）进行表示，以加固点符号来区分加固与不加固。

对于陡崖原始底图有符号齿线较长的情况，根据分类代码将原始底图的符号齿线全部删除，只将陡崖的符号线进行入库。

水系面边线以加固坎线型表示的，统一转换成石质无滩陡岸，并赋石质无滩陡岸代码；水系面边线以未加固坎线型表示的，统一转换成土质无滩陡岸，并赋土质无滩陡岸代码。同时，水系面边线若是田坎等要素，要根据其线型来转换成相应的石质无滩陡岸与土质无滩陡岸，并赋相应的代码。

斜坡、田坎、垄等根据代码对应关系，将各种线转换成对应的地物并赋对应的分类代码。

等高线需根据底图来区分首曲线、计曲线等，并赋高程属性。除等高线以外的所有地貌线的高程值为空。等高线不需连接成一条线，只要能够实接即可。等高线遇面状地物时需断开。

（3）地貌注记要素处理

转换后的原始数据根据其图层属性及注记所标示的内容进行图层归并。

2.6.4.7　植被与土质要素类处理

（1）植被与土质点要素处理

将植被与土质点归并到 VEG_PT 层。入库后根据分类代码将行树点符号删除，只入库行树线。

（2）植被与土质线要素处理方法

将植被与土质线归并到 VEG_LN 层。

（3）植被与土质面要素处理方法

植被与土质在构面处理时，要严格按照底图所表示的植被范围进行，并根据对应的植被点来区分植被的类型。若同一个植被面有多种植被点，则以较多的一种作为该植被面植被类型，若大致一致则任何一种都可。植被面标出有植被名称的，要将植被名称赋到植被面的名称属性里。当植被面以水生作为类型且其边界是陡岸时，要将该植被面构到水系面中，并将水系面的使用类型赋为植被名称，植被注记及植被点依然归并到植被注记与植被点层。

（4）植被与土质注记要素处理方法

根据转换后数据的图层属性及注记内容，将植被注记归并到 ANNO 层。

2.6.5　其他规定

（1）有名称及通路的桥，都应采集中心线，不通路的桥不需采集中心线。

（2）道路代码名称相同的认为是同一道路，断开距离小于 1m 且无明显断开物的，也认为是同一道路，道路宽度取整表示。

（3）露天体育场的跑道面应包括球场内的植被面，方便今后统计露天体育场的面积。

（4）植被面应加作物类型。

（5）控制点中的导线点和 GPS 点应赋上等级，点名仍保持完整（包括等级）。

（6）有地类界范围线的独立竹、散树、单独菜园应构面成竹林、小面积树林、菜园。

（7）自行车停车线、电力检修井范围线用地类界表示范围，里面用注记注明。燃气调压站用阀门符号表示。小型变电室边用地类界表示，电信交接箱范围线用地类界表示。单个树木符号的，用疏林面构面。台阶和室外楼梯，简单地用边线表示，复杂的用边线加配置线表示。

2.7　A市基础地理信息系统数据库建设

2.7.1　DLG数据入库

2.7.1.1　数据转换入库

（1）将符合要求的数据通过 ARCSDE 进行数据入库。

（2）将通过检查的入库数据导入 A 市基础地理信息系统数据库中。

2.7.1.2　数据整理

数据转入数据库后，将数据按照属性结构标准进行配置，将各层中的点状符号规范化。在数据库中，为使图面比较整洁、美观，按照图式要求进行图面整饰。

（1）文字大小及颜色根据要求进行设置。

（2）面状地物的颜色应综合设置。

（3）符号标准化。

（4）文字和符号进行调整后，针对压盖符号的文字进行了相应的移动和处理。

2.7.2　数据库检查

所有数据入库完毕，对数据进行整体检查以保证数据库的正确性。

检查内容包括图形检查、属性检查。图形检查主要是进行图形的完整性、正确性，以及拓扑关系正确性和逻辑关系一致性检查。属性检查包括属性的完整性、正确性、规范性等检查，以确保整个数据库的完整性与正确性。

2.8　出现的主要技术问题和处理方法，以及特殊情况的处理

（1）个别单位、厂房、居民地因拒绝或无法进入内部测量，如某某山中央酒库、A市某金属制品有限公司、某某石膏线厂等，这种情况在图上有明确注明。

（2）部分特殊部门、特殊桥梁（如××高速等）无法进入的，施测至铁丝网。

（3）一层房屋，顶层为石棉瓦或铁皮时，作为简单房屋表示；墙壁为砖的二层房屋，即使顶层为石棉瓦或铁皮，和二层砖结构房屋注记相同，即注记为"砖2"。

（4）单户进出的通道按整体房子表示。

3　质量情况

3.1　质量控制

整个工程都是通过过程控制来完成的，对每一个过程采取了有效的控制措施和方法。

（1）作业员自检：每个作业人员对自己的测绘成果 100% 自检，检查无误后提交作业组检查。

（2）作业组自检：作业组对自己的测绘成果 100% 自检，检查无误后提交项目组检查。

（3）项目组检查：项目工程技术负责人、质检员等组成检查组，对作业组的工作进行监督和指导，并对其成果进行 100% 的检查，查出问题后作业组进行了改正。

（4）院部检查：院组织技术力量，协同项目负责人，对工程项目进行最终检查，检查

量超过 20% 。根据检查结果对项目质量进行质量评定。

3.2 成果精度情况

3.2.1 一级 GNSS-RTK 控制点平面检测

平面检测分别采用 GNSS 静态观测及全站仪观测方式对一级 GNSS-RTK 点进行坐标、边长及角度检测。

（1）全站仪检测

全站仪观测采用 2″仪器。用全站仪检测时，按一级点观测要求进行边长、角度观测。观测数据前，根据实际情况进行相应的气象及常数改正。

全站仪共测设 37 站，检测了 95 条边长和 58 个水平角，部分结果如表 B-8 所示。

表 B-8 一级 GNSS-RTK 点测边测角精度统计表（部分）

测站	观测方向	RTK 坐标反算值		全站仪检测值		较差		
		水平角 （° ′ ″）	边长 （m）	水平角 （° ′ ″）	边长 （m）	Δβ （″）	Δs （cm）	边长较差 相对误差
N055	N353—N168	304 57 38	370.263	304 57 25	370.246	13″	1.7	1/21 780
			170.787		170.782		0.5	1/34 157
N159	N161—N162	36 33 06	226.051	36 33 20	226.044	14″	0.7	1/32 293
			314.799		314.788		1.1	1/28 618
N159	N161—N160	96 44 35	226.051	96 44 48	226.044	13″	0.7	1/32 293
			217.476		217.467		0.9	1/24 164
N060	N059—N061	183 20 30	199.739	183 20 16	199.732	14″	0.7	1/28 534
			313.253		313.245		0.8	1/39 157
N060	N059—N261	84 44 01	199.739	84 43 53	199.732	8″	0.7	1/28 534
			410.563		410.549		1.4	1/29 326

由表 B-8 可知，GNSS-RTK 与全站仪的检测较差均在限差内。

（2）GNSS 静态检测

在测区内均匀选取一级 GNSS-RTK 控制点 100 个做静态检测，检测比率为 10.6% 。

GNSS 基线解算采用华测 Compass 随机商用软件，选择独立基线按多基线处理模式统一解算，采用符合要求的固定解作为基线解算的最终成果。GPS 平差采用华测 Compass 随机商用软件，平差后边长最大相对误差为 1/34 527 （N922 ~ N924），平面最大点位中误差为 1.77cm （N922）。GNSS 静态检测部分成果如表 B-9 所示。

表 B-9 GNSS 静态检测成果平面坐标比较表（部分）

序号	点号	静态平差成果		GNSS-RTK 成果		较差
		X（m）	Y（m）	X（m）	Y（m）	Δs（cm）
1	N001	3 327 036.770	568 014.451	3 327 036.765	568 014.445	0.8
2	N006	3 327 405.373	566 700.469	3 327 405.372	566 700.474	0.5
3	N009	3 327 669.086	565 782.706	3 327 669.077	565 782.703	0.9
4	N013	3 328 047.893	564 507.521	3 328 047.893	564 507.537	1.6
5	N019	3 328 962.418	565 181.848	3 328 962.422	565 181.845	0.5
6	N034	3 328 584.823	566 372.295	3 328 584.809	566 372.285	1.7
7	N040	3 328 360.863	567 301.694	3 328 360.857	567 301.686	1.0
8	N055	3 326 031.146	568 459.674	3 326 031.146	568 459.67	0.4
9	N061	3 328 129.480	569 955.031	3 328 129.471	569 955.026	1.0
10	N071	3 330 648.786	565 691.571	3 330 648.788	565 691.575	0.4
11	N076	3 330 068.288	566 920.126	3 330 068.28	566 920.128	0.8
12	N080	3 329 866.339	567 973.682	3 329 866.338	567 973.67	1.2
13	N084	3 329 680.300	568 936.400	3 329 680.303	568 936.387	1.3

由表 B-9 可知，GNSS-RTK 与 GPS 静态观测成果较差值均在限差之内。

通过全站仪、GNSS 静态观测数据与 GNSS-RTK 所测数据的比较可以看出，GNSS-RTK 观测平面数据精度能够满足《规范》要求。

3.2.2 一级 GNSS-RTK 控制点精化高程检测

精化高程检测采用四等水准的方法。在测区内均匀选取一级 GNSS-RTK 控制点 260 个做四等水准测量，检测比率为 27.6%。

（1）四等水准测量

精度情况：6 条闭合，5 条附合线路闭合差、附合差小于 1/3 限差，占 100%，如表 B-10 所示。

表 B-10 水准闭合环闭合差统计表

序号	路线总长（km）	闭合差/附合差（mm）	
		实测	允许
1	9.168	0.3	±60.5
2	9.569	−4.2	±61.8
3	14.920	0.2	±77.2
4	9.484	7.1	±61.5
5	11.688	18.6	±68.3
6	4.927	0.6	±44.3
7	5.490	8.4	±46.8

序号	路线总长（km）	闭合差/附合差（mm）	
		实测	允许
8	3.052	−0.3	±34.9
9	5.145	−3.4	±45.3
10	5.395	12.5	±46.4
11	10.108	11.7	±63.5

由表 B-10 可知，水准网闭合差、附合差各项精度均满足规范要求。

观测数据经整理后编制平差数据文件，采用武汉大学测绘学院现代测量平差软件包，对整个水准网进行严密平差。平差后，最弱点高程中误差为 ±5.90mm（N656、N677），高程中误差为 ±3.5mm，其他各项指标均符合《规范》，达到设计要求。

（2）四等水准高程与精化高程比较（如表 B-11 所示）

表 B-11　四等水准高程与精化高程比较表（部分）

点号	水准高程	精化高程	较差	点号	水准高程	精化高程	较差
	H（m）	h（m）	ΔH（cm）		H（m）	h（m）	ΔH（cm）
N001	6.919	6.924	−0.5	N395	7.211	7.228	−1.7
N002	6.541	6.498	4.3	N396	5.374	5.407	−3.3
N003	5.796	5.775	2.1	N398	6.900	6.910	−1.0
N004	8.409	8.392	1.7	N399	5.272	5.289	−1.7
N005	6.465	6.473	−0.8	N401	5.277	5.291	−1.4
N006	6.022	6.031	−0.9	N404	7.527	7.517	1.0
N007	7.322	7.327	−0.5	N405	5.053	5.068	−1.5
N008	6.097	6.095	0.2	N410	5.395	5.403	−0.8
N009	8.109	8.099	1.0	N411	5.174	5.177	−0.3
N010	6.384	6.368	1.6	N412	5.200	5.216	−1.6
N011	7.471	7.476	−0.5	N415	5.825	5.824	0.1
N012	5.878	5.871	0.7	N416	4.304	4.302	0.2
N014	8.058	8.073	−1.5	N418	5.136	5.148	−1.2
N015	5.388	5.401	−1.3	N419	5.371	5.351	2.0
N016	5.415	5.397	1.8	N420	5.468	5.466	0.2
N017	4.812	4.791	2.1	N421	5.123	5.111	1.2
N019	5.692	5.682	1.0	N439	5.126	5.147	−2.1
N020	5.691	5.680	1.1	N441	5.268	5.286	−1.8
N021	5.857	5.863	−0.6	N442	5.013	5.032	−1.9

高程较差中误差 $Mh = ±2.36$cm

由表 B-11 可知，精化高程与四等水准高程的较差中误差为 ±2.36，能够满足 GNSS 高程测量四等水准高程中误差 ±0.030m 的规范要求（CJJ/T 73—2010 第 41 页），可见 RTK 测高符合四等水准精度要求。

3.3 成果质量评述

本测区的一级 GNSS 控制点分布均匀、精度良好，能满足测区控制布网的要求；图根点根据地物分布和复杂情况布设灵活，建筑物密集区内布设比较多，完全满足全站仪测图采点需要。地形图地物施测齐全、各要素表示主次分明，符号表示正确，高程注记均匀、恰当。数学精度良好，符合规范要求。综上所述，本测区内、外业工作都达到技术设计与规范的要求，资料可提交质检。

4　上交测绘成果和资料清单

（1）技术设计、技术总结、院级检验报告；

（2）一级 GNSS 点通视图、GNSS-RTK 观测计算资料、一级 GNSS 点点之记；

（3）四等水准观测平差资料、四等水准线路图；

（4）图根导线观测、计算资料；

（5）控制点成果表；

（6）测区总图；

（7）地形图入库成果；

（8）仪器检定资料、检校资料；

（9）测区分幅接合图；

（10）完整的数据文件一套。

A 市城市规划测绘院

2014 年 11 月

参考文献

[1] 宁津生，陈俊勇，李德仁，等．测绘学概论[M]．武汉：武汉大学出版社，2007．

[2] 王金玲．测量学基础[M]．北京：中国电力出版社，2007．

[3] 王晓春．地形测量[M]．北京：测绘出版社，2010．

[4] 潘松庆．工程测量技术[M]．郑州：黄河水利出版社，2011．

[5] 覃辉．土木工程测量[M]．上海：同济大学出版社，2005．

[6] 李生平．建筑工程测量[M]．武汉：武汉工业大学出版社，2002．

[7] 赵文亮．地形测量[M]．郑州：黄河水利出版社，2006．

[8] 吴立军．测量学[M]．郑州：黄河水利出版社，2006．

[9] 王金山，周圆．地形测量学基础[M]．北京：教育科学出版社，2005．

[10] 林玉祥，吴文波．实用测量软件及其应用[M]．北京：教育科学出版社，2006．

[11] 国家测绘地理信息局职业技能鉴定指导中心．测绘综合能力[M]．北京：测绘出版社，2012．

[12] 覃辉．CASIO fx-4850P/4800P/3950P 编程函数计算器在土木工程中的应用[M]．广州：华南理工大学出版社，2006．

[13] 全国地理信息标准化技术委员会．GB/T 20257.1—2007 国家基本比例尺地图图式第一部分：1∶500、1∶1000、1∶2000 地形图图式[S]．北京：中国标准出版社，2007．

[14] 全国地理信息标准化技术委员会．GB/T 14912—2005 1∶500、1∶1000、1∶2000 外业数字测图技术规程[S]．北京：中国标准出版社，2005．

[15] 何保喜．全站仪测量技术[M]．郑州：黄河水利出版社，2005．

图书购买或征订方式

关注官方微信和微博可有机会获得免费赠书

 淘宝店购买方式：
直接搜索淘宝店名：**科学技术文献出版社**

 微信购买方式：
直接搜索微信公众号：**科学技术文献出版社**

 重点书书讯可关注官方微博：
微博名称：**科学技术文献出版社**

 电话邮购方式：

联系人：王　静
电话：010-58882873，13811210803
邮箱：3081881659@qq.com
QQ：3081881659

汇款方式：

户　名：科学技术文献出版社
开户行：工行公主坟支行
帐　号：0200004609014463033